U0202501

高职高专规划教材

建筑机械使用与安全管理

安书科　翟文燕　主编

中国建筑工业出版社

图书在版编目（CIP）数据

建筑机械使用与安全管理/安书科，翟文燕主编．
北京：中国建筑工业出版社，2012.5
高职高专规划教材
ISBN 978-7-112-14365-8

Ⅰ．①建…　Ⅱ．①安…②翟…　Ⅲ．①建筑机械-
使用方法②建筑机械-安全管理　Ⅳ．①TU6

中国版本图书馆 CIP 数据核字（2012）第 107937 号

本书选择了现代施工工程中使用较为广泛、科技含量高、知识延展性好的国内外典型产品，重点介绍了起重吊装机械、土石方机械、水平和垂直运输机械、桩工及水工机械、钢筋加工机械、混凝土机械、装修机械等建筑施工机械的结构组成、工作原理、正确使用方法及安全操作规程，同时介绍了施工设备管理制度、安全检查制度、使用与维修保养制度、机械设备使用监督检查制度等机械设备安全管理方面的制度，最后列举了涉及建筑机械使用的重大安全事故案例。

本书可作为工程机械和安全管理专业的专业教材，还可作为安全员、工程机械产品设计人员和施工管理人员的参考书。

* * *

责任编辑：朱首明　田立平
责任设计：张　虹
责任校对：肖　剑　刘　钰

高职高专规划教材
建筑机械使用与安全管理
安书科　翟文燕　主编
*
中国建筑工业出版社出版、发行（北京西郊百万庄）
各地新华书店、建筑书店经销
霸州市顺浩图文科技发展有限公司制版
北京市安泰印刷厂印刷
*
开本：787×1092毫米　1/16　印张：17¼　字数：423千字
2012 年 8 月第一版　2017 年 1 月第三次印刷
定价：**34.00** 元
ISBN 978-7-112-14365-8
（22444）

前　　言

　　建筑机械是现代化建设工程中的重要技术装备，概括地说，凡城建、交通、水利、矿山和国防等领域均需使用，在国民经济发展中起着十分重要的作用。

　　我国的建筑施工机械行业经过四十余年的发展历史，已基本形成了从设计、制造到销售服务，且产品门类齐全、品种基本完善的工业体系，许多产品的技术水平已接近或部分达到国际先进水平。近年来，仍不断从国外工业发达国家引进自动化程度高、技术性能先进的工程机械产品。

　　编者积累多年从事教育及施工的经验，主要依照《建筑机械使用安全技术规程》JGJ 33—2001，查阅大量相关文献资料，选择了现代施工工程中使用较为广泛、科技含量高、知识延展性好的国内外典型产品，编写了本教材。书中重点介绍了主要类型建筑施工机械的结构组成、工作原理、正确使用方法、安全操作规程及典型机械事故案例等。本教材具有实用性，便于学生和工程技术人员自学并指导工程实践。

　　全书共15章，由陕西省建筑职工大学安书科、翟文燕担任主编。第7章和第9章由安书科编写，绪论、第1章～第4章由翟文燕编写，第6章、第8章、第10章和第14章由陕西省建筑职工大学杨文波编写，第5章、第11章～第13章、第15章、综合题由陕西省建筑职工大学王景芹编写。全书由陕西建工集团总公司杨百成和陕西建设技师学院孙勇韬统稿。

　　本书编写中参考了许多现代工程施工机械方面的文献，对文献作者为推进我国工程施工机械的发展所作出的贡献表示敬意，并借此机会向他们表示由衷的感谢。

　　鉴于编者的水平和经验有限，书中难免会有不足和疏漏之处，恳请使用本教材的老师和读者批评指正。

目　　录

1 绪 论

建筑机械在工程中有至关重要的作用，优良的建筑机械和完善的建筑机械安全管理制度能够促进工程的高效运行。了解和熟悉机械基础知识，正确掌握建筑机械的使用方法，规范建筑机械的安全操作，并充分发挥其效能，能够极大提高工程的施工效率，并且保证工程的施工质量。

1.1 建筑机械的定义

建筑机械是工程建设和城乡建设所用机械设备的总称，在我国又称为"建设机械"、"工程机械"等。概括地说，凡土石方施工工程、路面建设与养护、流动式起重装卸作业和各种建筑工程所需的综合性机械化施工工程所必需的机械装备，称为建筑机械。它主要用于国防建设工程、交通运输建设、能源工业建设和生产、矿山等原材料工业建设和生产、农林水利建设、工业与民用建筑、城市建设、环境保护等领域。

在世界各国，对这个行业的称谓基本类同，其中美国和英国称为建筑机械与设备，德国称为建筑机械与装置，俄罗斯称为建筑与筑路机械，日本称为建设机械。在我们国家部分产品也称为建设机械，而在机械系统，根据国务院组建该行业批文时统称为工程机械，一直延续到现在。各国对该行业划定产品范围大致相同，我国工程机械与其他各国比较还增加了铁路线路工程机械、叉车与工业搬运车辆、装修机械、电梯、风动工具等行业。

1.2 建筑机械的分类

建筑机械可以分为以下几种类型：

（1）木工机械：包括带锯机、圆盘锯、木工平面刨（手压刨）等。

（2）手持电动工具：包括电剪刀、射钉枪、拉铆枪、冲击钻、电锤等。

（3）起重吊装机械：包括塔式起重机、自行式起重机、桅杆式起重机、桥式起重机、门式起重机、电动卷扬机、电动葫芦等。

（4）土石方机械：包括单斗挖掘机、推土机、拖式铲运机、自行式铲运机、静作业压路机、振动压路机、平地机、碎石机、电动凿岩机、风动凿岩机、凿岩台车、振动冲击夯、蛙式打夯机、潜孔钻机等。

（5）水平和垂直运输机械：包括自卸式汽车、平板拖车、油罐车、散装水泥车、机动翻斗车、带式输送机、叉车、施工升降机（人货两用电梯）、自立式起重架、井架式、平台式起重机、物料提升机等。

（6）桩工及水工机械：包括柴油锤桩机、振动沉拔桩锤、强夯机械、螺旋钻孔机、履带式打桩机、静力压桩机、转盘钻孔机、离心泵、潜水泵、泥浆泵等。

（7）钢筋加工机械：包括钢筋调直切断机、钢筋切断机、钢筋弯曲机、钢筋冷拔机、钢筋冷镦机、钢筋冷拉机、预应力钢丝拉伸设备、钢筋冷挤压连接机等。

（8）混凝土机械：包括混凝土搅拌机、混凝土搅拌站、混凝土搅拌输送车、混凝土泵车、混凝土喷射机、混凝土振动器、混凝土真空吸水泵、液压滑升设备等。

（9）装修机械：包括灰浆搅拌机、柱塞式、隔膜式灰浆泵、挤压式灰浆泵、喷浆机、高压无气喷涂机、水磨石机、地面抹光机等。

（10）铆焊设备：包括风动铆接工具、电动液压铆接钳、交流电焊机、旋转式直流电焊机、硅整流电焊机、氩弧焊机、二氧化碳气体保护焊机、等离子切割机、埋弧焊机、竖向钢筋电渣压力焊机、对焊机、点焊机、气焊设备等。

（11）钣金和管工机械：包括咬口机、法兰卷圆机、仿形切割机、圆盘下料机、套丝切管机、弯管机、坡口机等。

1.3   建筑机械的发展历程

建筑机械的发展大致经历了四个阶段。

（1）以满足减轻劳动强度为目的的机械驱动阶段。此阶段的机械设备以机械传动为特点，结构笨重，功能单一，作业效率低下。

（2）以提高生产效率为目的，机械设备采用液压传动，这一阶段建筑机械设备的作业效率提高较快，液压元件行业的技术进步一直伴随着工程机械的发展。

（3）建筑机械的电子控制阶段，建筑机械的控制精度及机械作业效率大大提高，初步实现了机电液一体化。

（4）进入 21 世纪后，人类为了实现可持续发展，提出了建筑机械的环保技术、智能技术和信息技术，建筑机械发展进入了第四个发展阶段。

2 建筑机械专业基础知识

2.1 建筑机械的基础知识

各种建筑机械由若干机构及零部件组成，主要有传动机构、动力部分、电气控制、安全装置及工作机构组成。

2.1.1 传动机构

传动机构一般有：带传动（平带、V型带、圆带等）、齿轮传动（开式、闭式）、链传动以及钢丝绳传动等。

1. 带传动

建筑机械中的混凝土搅拌机、砂浆搅拌机、卷扬机、水泵、机动翻斗车、蛙式打夯机等，大都有带传动部分，在带传动中 V 型带使用比较普遍。带传动的特点是：中心距变化范围广、结构简单、传动平稳、可以缓冲、成本低。带传动一般放于传动的第一级（高速级），因转速高，离心力大，所以必须使用牢固的金属防护罩封闭，防止发生伤人事故。

2. 齿轮传动

齿轮传动应用广泛，它结构紧凑、效率高、寿命长、传动准确等。缺点是要求精度高，齿轮传动有开式、闭式两种。闭式传动使用安全，润滑条件好。中小型机械一般采用开式。安全规定中一般要求有轮必有罩，有轴必有套，以防齿轮伤害。安装后齿轮必须紧固。

3. 链传动

链传动也是一种常见的传动形式，链轮传动中心距变化大，要求不严，但在冲击荷载作用下，工作寿命短。对链条传动部位也必须安装防护罩。

4. 钢丝绳传动

中小型机械中也有使用钢丝绳作为传动系统的，如：混凝土搅拌机、砂浆搅拌机上料斗的传动。选用钢丝绳应规格合适，按照磨损和断丝的规定更换，安全系数不小于 5，卷筒上至少保留二到三圈。

2.1.2 动力部分

中小型建筑机械的动力多采用电动机，有些边远和电力不足的地区，也选用内燃机做动力。

1. 电动机

对电动机的选用主要视其功率、形式、额定电压以及电机转速。功率以机械负载的大小及工作时间而定。其防护形式应根据使用条件可分别选择开启式、防护式、封闭式和防爆式。电机的额定电压应与供电系统的电压相一致。

电动机驱动的设备在使用时，必须做到：

（1）每台设备应做到一机一闸，并安装漏电开关，根据电机的功率单独配备开关箱，选用额定电压等于或大于线路的额定电压的闸具，其额定电流不小于所控制电动机额定电流的三倍，熔丝按电动机额定电流的 1.5～2.5 倍选用，开关箱与设备距离不大于 3m。

（2）电器线路要绝缘良好，不得破皮漏电。

（3）对新安装和停用时间较长的电动机，应检测其绝缘阻值，当大于 0.5MΩ 才能使用。

2. 内燃机

内燃机分柴油机和汽油机，建筑机械一般常用柴油机作为动力。内燃机的燃料无论是柴油或汽油，两种都属易燃品，要远离明火及易燃物，在运转中不得添加油料，须加油时必须待发动机停止运转后进行。

内燃机露在外面的传动部分都要安装防护罩，靠手摇起动的内燃机，起动时要五指并拢握住摇柄，由下往上提拉，防止机器回火摇把反击。打着火以后，要低速空转 3～5min，再投入工作。对于水冷却的内燃机，要加足冷却水，水箱内水温度高时，应打开水箱盖，操作人员要躲开水气流冲出的方向，防止烫伤。

2.1.3　电气控制

电气控制系统一般称为电气设备二次控制回路，不同的设备有不同的控制回路，而且高压电气设备与低压电气设备的控制方式也不相同。

常用的控制线路的基本回路由以下几部分组成。

（1）电源供电回路。供电回路的供电电源有 AC380V 和 220V 等多种。

（2）保护回路。保护（辅助）回路的工作电源有单相 220V、36V 或直流 220V、24V 等多种，对电气设备和线路进行短路、过载和失压等各种保护，由熔断器、热继电器、失压线圈、整流组件和稳压组件等保护组件组成。

（3）信号回路。能及时反映或显示设备和线路正常与非正常工作状态信息的回路，如不同颜色的信号灯，不同声响的音响设备等。

（4）自动与手动回路。电气设备为了提高工作效率，一般都设有自动环节，但在安装、调试及紧急事故的处理中，控制线路中还需要设置手动环节，通过组合开关或转换开关等实现自动与手动方式的转换。

（5）制动停车回路。切断电路的供电电源，并采取某些制动措施，使电动机迅速停车的控制环节，如能耗制动、电源反接制动，倒拉反接制动和再生发电制动等。

（6）自锁及闭锁回路。启动按钮松开后，线路保持通电，电气设备能继续工作的电气环节叫自锁环节，如接触器的动合触点串联在线圈电路中。两台或两台以上的电气装置和组件，为了保证设备运行的安全与可靠，只能一台通电启动，另一台不能通电启动的保护环节，叫闭锁环节，如两个接触器的动断触点分别串联在对方线圈电路中。

2.1.4　安全装置

安全装置通过自身的结构功能限制或防止机器的某种危险，或限制运动速度、压力等危险因素。常见的安全装置有联锁装置、双手操作式装置、自动停机装置，限位装置等。

2.1.5 工作机构

完成不同工作所需要的机构。

2.2 液压传动基础知识

用液体作为工作介质，主要以液压压力来进行能量传递的传动系统称为液压传动系统。常用工作介质主要是水或液压油，起重机液压系统传递能量的工作介质是液压油，液压油同时还肩负着摩擦部位的润滑、冷却和密封等作用，常用的液压油有 20 号、30 号和 40 号液压油。液压传动系统一般是由动力、控制、执行（工作）和辅助等四部分组成。

2.2.1 动力部分

液压系统中的动力部分主要液压元件是油泵，它是能量转换装置，通过油泵把发动机（或电动机）输出的机械能转换为液体的压力能，此压力能推动整个液压系统工作并使机构运转。

液压系统常用的油泵有齿轮泵、柱塞泵、叶片泵、转子泵和螺旋泵等。汽车起重机采用的油泵主要是齿轮泵和柱塞泵。

1. 齿轮泵

它是由装在壳体内的一对齿轮所组成。根据需要齿轮油泵设计有二联或三联油泵，各泵有单独或共同的吸油口及单独的排油口，分别给液压系统中各机构供压力油，以实现相应的动作。

2. 柱塞泵

它有轴向柱塞泵和径向柱塞泵之分。这种油泵的主要组成部分有柱塞、柱塞缸、泵体、压盘、斜盘、传动轴及配油盘等。

2.2.2 控制部分

液压系统中的控制部分主要由不同功能的各种阀类所组成，这些阀类的作用是用来控制和调节液压系统中油液流动的方向、压力和流量，以满足工作机构性能的要求。根据用途和工作特点之不同，阀类可分为三种类型，即方向控制阀、压力控制阀和流量控制阀。

方向控制阀有单向阀和换向阀等；压力控制阀有溢流阀、减压阀、顺序阀和压力调节阀等；流量控制阀有节流阀、调速阀和温度补偿调速阀等。

以下以汽车起重机液压系统控制部分采用的各种阀类为例作一介绍。

1. 方向控制阀

汽车起重机常采用的方向控制阀为换向阀。换向阀也称分配阀，属于控制元件，它的作用是改变油液的流动方向，控制起重机各工作机构的运动，多个换向阀组合在一起称为多联阀，起重机下车常用二联阀操纵下车支腿，上车常用四联阀，操纵上车的起升机构、变幅机构、伸缩机构、回转机构。换向阀主要由阀芯和阀体两种基本零件组成，改变阀芯在阀体内的位置，油液的流动通路就发生变化，工作机构的运动状态也随之改变。

2. 压力控制阀

汽车起重机常采用的压力控制阀为平衡阀和溢流阀。

平衡阀是控制元件，它安装在起升机构、变幅机构、伸缩机构的液压系统中，防止工作机构在负载作用下产生超速运动，并保证负载可靠地停留在空中。平衡阀是保证起重机安全作业不可缺少的重要元件，其构造由主阀芯、主弹簧、导控活塞、单向阀、阀体、端盖等组成。主阀芯的开启受导控活塞的控制。主阀弹簧一般为固定式，也有的为可调式。通过调整端盖上的调节螺钉来改变平衡阀的控制压力。

溢流阀属于控制元件，它是液压系统的安全保护装置，可限制系统的最高压力或使系统的压力保持恒定。起重机使用溢流阀是先导式溢流阀，它主要由主阀和导阀两部分组成。主阀随导阀的启闭而启闭，主阀部分有主阀芯、主阀弹簧、阀座等。导阀部分有导阀、导阀弹簧、阀座、调整螺钉等。当系统压力高于调定压力时，导阀开启少量回油。由于阻尼作用，主阀下方压力大于上方压力，主阀上移开启，大量回油，使压力降至调定值，转动调节螺钉即可调整系统工作压力的大小。

3. 流量控制阀

汽车起重机常采用的流量控制阀为液压锁，液压锁又叫做液控单向阀，是控制元件。它安装在支腿液压系统中，能使支腿油缸活塞杆在任意位置停留并锁紧，支承起重机，也可以防止液压管路破裂可能发生的危险。凡是支腿油缸都装有液压锁，它主要由阀体、柱塞和两个单向阀组成，柱塞可左右移动，打开单向阀。

2.2.3　执行（工作）部分

液压传动系统的执行（工作）部分主要是靠油缸和液压马达（又称油马达）来完成，油缸和液压马达都是能量转换装置，统称液动机。

以下以汽车起重机用油缸和液压马达为例作简要介绍。

1. 油缸

油缸是执行元件，它将压力能转变为活塞杆直线运动的机械能，推动机构运动，变幅机构、伸缩机构、支腿等均靠油缸带动。油缸是由缸筒、活塞、活塞杆、缸盖、导向套、密封圈等组成。

2. 液压马达

液压马达又称油马达，是执行元件。它将压力能转变为机械能，驱动起升机构和回转机构运转。起重机上常用的油马达有齿轮式马达和柱塞式马达。轴向柱塞式油马达因其容积效率高、微动性能好，在起升机构中最为常用。油马达与油泵互为可逆元件，构造基本相同，有些柱塞马达与柱塞泵则完全相同，可互换使用。

2.2.4　辅助部分

液压系统的辅助部分是由液压油箱、油管、密封圈、滤油器和蓄能器等组成。它们分别起储存油液、传导液流、密封油压、保持油液清洁、保持系统压力、吸收冲击压力和油泵的脉冲压力等作用。

2.2.5 液压系统的基本回路

1. 调压回路

调压回路的作用是限定系统的最高压力，防止系统的工作超载。

如图 2-1 所示，是起重机主油路调压回溢流阀来调整压力的，由于系统压力在油泵的出口处较高，所以溢流阀设在油泵出油口侧的旁通油路上，油泵排出的油液到达 A 点后，一路去系统，一路去溢流阀，这两路是并联的，当系统的负载增大、油压升高并超过溢流阀的调定压力时，溢流阀开启回油，直至油压下降到调定值时为止。该回路对整个系统起安全保护作用。

2. 卸荷回路

当执行机构暂不工作时，应使油泵输出的油液在极低的压力下流回油箱，减少功率消耗，油泵的这种工况称为卸荷。卸荷的方法很多，起重机上多用换向阀卸荷，如图 2-2 所示是利用滑阀机能的卸荷回路，当执行机构不工作时，三位四通换向阀阀芯处于中间位置，这时进油口与回路口相通，油液流回油箱卸荷，图中 M、H、K 型滑阀机都能实现卸荷。

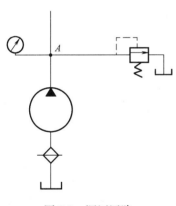

图 2-1 调压回路

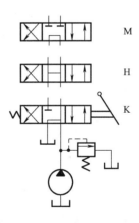

图 2-2 利用滑阀机能卸荷

3. 限速回路

限速回路也称为平衡回路，起重机的起升马达、变幅油缸及伸缩油缸在下降过程中，由于载荷与自重的重力作用，有产生超速的趋势，运用限速回路可靠地控制其下降速度，如图 2-3 所示为常见的限速回路。

当吊钩起升时，压力油经右侧平衡阀的单向阀通过，油路畅通。当吊钩下降时，左侧通油，但右侧平衡阀回油通路封闭，马达不能转动，只有当左侧进油压力达到开启压力，通过控制油路打开平衡阀芯形成回油通路，马达才能转动使重物下降，如在重力作用下马达发生超速运转，则造成进油路供油不足，油压降低，使平衡阀芯开口关小，回油阻力增大，从而限定重物的下降速度。

4. 锁紧回路

起重机执行机构经常需要在某个位置保持不动，如支腿、变幅与伸缩油缸等，这样必须把执行元件的进口油路可靠地锁紧，否则便会发生"坠臂"或"软腿"。

锁紧回路较危险。除用平衡阀锁紧外，还有如图2-4所示的液控单向阀锁紧，它用于起重机支腿回路中。

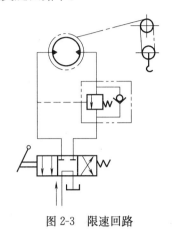

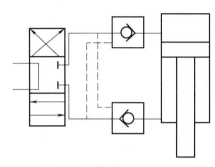

图2-3　限速回路　　　　　　　　　图2-4　液控单向阀锁紧回路

当换向阀处于中间位置，即支腿处于收缩状态或外伸支承起重机作业状态时，油缸上下腔被液压锁的单向阀封闭锁紧，支腿不会发生外伸或收缩现象，当支腿需外伸（收缩）

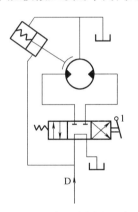

时，液压油经单向阀进入油缸的上（下）腔，并同时作用于单向阀的控制活塞打开另一单向阀，允许油缸伸出（缩回）。

5. 制动回路

如图2-5所示为常闭式制动回路，起升机构工作时，扳动换向阀，压力油一路进入油马达，另一路进入制动器油缸推动活塞压缩弹簧实现松闸。

2.2.6　流动式起重机液压系统

如图2-6所示是QY-8型汽车起重机的液压系统。该系统由油泵1供油，压力油经滤清器6、分路阀5后，可分别给上车或下车供油。当阀5在图示位置时，压力油经中心回转接头22流入上车四联换向阀D、C、B、A，如果将阀5变换到左位，则压

图2-5　常闭式制动回路

力油流入支腿换向阀2、3，上车回油经阀A，中心回转接头22返回油箱23，下车回油经阀3返回油箱。

四联换向阀A、B、C、D分别控制卷扬机构的起升马达18、回转机构的回转马达15、变幅油缸13、伸缩油缸11的动作，当四个阀都处于中位时，油泵卸荷，油液全部流回油箱，由于四联换向阀油路串联，故当空载或轻载时，各工作机构可以进行组合动作。上车的起升、变幅和伸缩油路中分别装有平衡阀12、14和19，用以控制负载下降的速度，防止重物坠落和油缸回缩。

起升马达18通过两级齿轮减速器驱动卷筒转动，在减速器高速轴上装有常闭式瓦块制动器17，制动器靠弹簧力制动，当制动油缸通入压力油时，可以克服弹簧压力将制动器打开，制动油缸前装有单向节流阀16，它与主油路在K点相接。由于相接点K位于起升控制阀A之前，所以只要阀A处于中位时，没有压力油进入制动油缸，制动器17处于制动状态。而阀A处于工作位置，起升马达18旋转时，制动油缸进入压力油，制动松

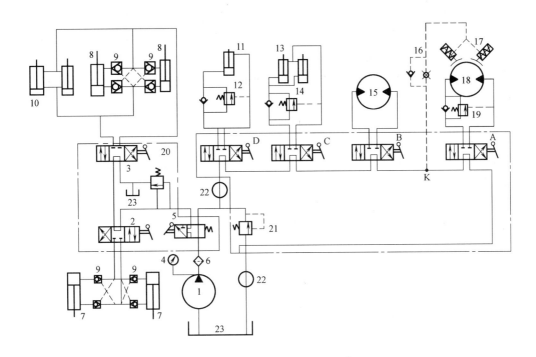

图 2-6 QY-8 型汽车起重机液压系统

1—油泵；2—前支腿换向阀；3—后支腿换向阀；4—压力表；5—分路阀；6—滤清器；
7—前支腿油缸；8—后支腿油缸；9—双向液压锁；10—稳定器油缸；11—伸缩油缸；
12、14、19—平衡阀；13—变幅油缸；15—回转马达；16—单向节流阀；17—制动器；
18—起升马达；20、21—溢流阀；22—中心回转接头；23—油箱

开，单向节流阀 16 的作用是使制动器油缸滞后于起升马达 18 进油，这样可以避免马达转动瞬间发生溜钩现象。回转马达 15 的回路中没有制动装置，它的制动靠阀 B 的 M 型滑阀机来实现。下车的蛙式支腿油缸 7、8 分别由串联的 M 型三位四通阀 2、3 操纵，支腿油缸装有双向液压锁 9。在后支腿回路中，并联有稳定器油缸 10，放后支腿时，压力油同时将稳定器油缸的活塞杆推出，将后桥挂起；收后支腿时，油缸收缩，将后桥放下。

溢流阀 20、21 分别保护上车与下车油路。上车与下车的工作压力不同，下车的工作压力为 16MPa，上车的工作压力为 25MPa。在油泵出口处装有滤清器 6，用以保护油泵以外的液压元件，为了避免滤清器堵塞而损坏滤芯或其他元件，滤清器前面管路设有压力表 4，当空载时，如果压力表读数超过 1MPa，则说明滤清器很脏应进行保养清洗。阻尼塞对压力油起阻尼作用，能保护压力表并防止压力表指针剧烈摆动。

2.2.7 液压系统的安全技术要求

(1) 液压系统应有压力表，指示准确。

(2) 液压系统应有防止过载和冲击的装置。采用溢流阀时，溢流压力不得大于系统工作压力的 110%。

(3) 应有良好的过滤器或其他防止液压油污染的措施。

(4) 液压系统中，应有防止被吊重或臂架驱动使执行元件超速的措施。

（5）液压系统工作时，液压油的温升不得超过 40℃。

（6）支腿油缸处于支承状态时，基本臂在最小幅度悬吊最大额定起重量，15min 后，变幅油缸和支腿油缸活塞杆的回缩量均应不大于 6mm。

（7）平衡阀必须直接或用钢管连接在变幅油缸、伸缩油缸和起升马达上，不得用软管连接。

（8）各平衡阀的开启压力应符合说明书要求。

（9）使用蓄能器时，蓄能充气压力与安装应符合规定。

（10）手动换向阀的操作与指示应方向一致，操纵轻便，无冲击跳动。起升离合器操纵手柄应设有锁止机构，工作可靠。

（11）液压系统应按设计要求用油，油量满足工作需要。

（12）油泵和液压马达无异响，系统工作正常，不得漏油。

3 木 工 机 械

3.1 木工机械概况

木工机械主要是木工机床，木工机床是从原木锯剖到加工成木制品过程中所用的切削加工设备，它主要用于建筑、家具和木门等制造部门。木工机床可分为木工锯机、木工刨床、木工车床、木工铣床、木工钻床、开榫机、榫槽机、木工砂光机以及修整、刃磨木工刀具的辅机等。木工机床对于原木锯剖成成木制品起到至关重要的作用。

3.2 安全操作规程

（1）木工机械操作人员必须熟练掌握各种机械的构造、性能和操作、维护方法，做到专人使用、专人负责。

（2）操作木工机械时，应穿戴好工作服，扎紧袖口，女同志必须戴好工作帽，辫子放入帽内；不许戴手套、围巾等进行操作。

（3）机械开始工作前必须先试车，各部件运转正常后方能开始工作。

（4）木工机械上的轴、链条、皮带轮、皮带及其他运转部分，都应设置防护罩和防护板。

（5）机械运转中如有不正常情况或发生其他故障时，应立即切断电源，停车检修。

（6）更换刨刀、锯片时，必须切断总电源。

3.3 带锯机

3.3.1 概述

带锯机在木材工业中应用广泛，机型繁多，按工艺用途可分为大带锯机、再剖带锯机和细木工带锯机；按锯轮安置方位分为立式的、卧式的和倾斜式的，立式的又分为右式的和左式的；按带锯机安装方式分为固定式的和移动式的；按组合台数分为普通带锯机和多联带锯机等。

3.3.2 结构组成及工作原理

带锯机是以环状无端的带锯条为锯具，绕在两个锯轮上做单向连续的直线运动来锯切木材的锯机，主要由床身、锯轮、上锯轮升降和仰俯装置、带锯条张紧装置、锯条导向装置、工作台、导向板等组成。床身由铸铁或钢板焊接制成。锯轮分有幅条式的上锯轮和幅板式的下锯轮；下锯轮为主动轮，上锯轮为从动轮，上锯轮的重量应比下锯轻2.5～5倍。

带锯条的切削速度通常为 30～60m/s。上锯轮升降装置用于装卸和调整带锯条的松紧；上锯轮仰俯装置用于防止带锯条在锯切时从锯轮上脱落。带锯条张紧装置则能赋予上锯轮以弹性，保证带锯条在运行中张紧度的稳定。旧式的采用弹簧或杠杆重锤机构，新式的则采用气压、液压张紧装置。导向装置俗称锯卡，用以防止锯切时带锯条的扭曲或摆动。下锯卡固定在床身下端，上锯卡则可沿垂直滑轨上下调节。锯卡结构有滚轮式和滑块式，滑块式系用硬木或耐磨塑料制成。如图 3-1 所示为带锯机外形图。

图 3-1 带锯机

3.3.3 带锯机的操作方法

带锯机的技术规格不同，但其构造大同小异，工作原理与制材用带基本相同，现以 MJ346A 型机床为例介绍其构造特点。

MJ346A 型细木工带锯机主要由机座（机身）、上下锯轮、工作台面、调整手轮、锯条、制动装置、电动机等部件组成。机床的所有传动部分采用封闭结构，以保证操作安全。机座、上下锯轮、工作台面等均用铸铁制成。直径相同的两个锯轮分别装在机身的上方和下方，上锯轮能够上下调整，以便装卸锯条和调节锯条的张紧度。下锯轮为主动轮，通过皮带轮传动。为了减少锯条与锯轮的磨损及杂音，锯轮轮缘上缠绕一层皮带。工作台面直接装在机身上，中间有一条缝隙，做为锯条的通路。锯条附设在台面左侧，工作台面可以倾斜 40°。为了防止锯割时锯条左右摆动，在台面的下面及上面各装有一个锯卡子，下锯卡直接装在工作台面的下面，上锯卡装在机身上，可以上下移动。在上锯卡后面有一滑轮，当锯条向后跑时，它起限制作用，不致使锯条掉落。机床采用集中排出锯末的方法，保证了工作地点的清洁。

3.3.4 带锯机安全操作规程

（1）作业前，检查锯条，如锯条齿侧的裂纹长度超过 10mm，锯条接头处裂纹长度超过 10mm，以及连续缺齿两个和接头超过三个锯条均不得使用。裂纹在以上规定内必须在裂纹两端冲止裂孔。锯条松紧度调整适当后，先空载运载，如声音正常、无串条现象时，方可作业。

（2）作业中，操作人员应站在带锯机的两侧，跑车开动后，行程范围内的轨道周围不准站人，严禁在运行中上、下跑车。

（3）原木进锯前，应调好尺寸，进锯后不得调整。进锯速度应均匀，不能过猛。

（4）在木材的尾端越过锯条 0.5m 后，方可进行倒车。倒车速度不宜过快，要注意木槎、节疤碰卡锯条。

（5）平台式带锯作业时，送接料要配合一致。送料、接料时不得将手送进台面。锯短料时，应用推棍送料。回送木料时，要离开锯条 50mm 以上，并须注意木槎、节疤碰卡锯条。

（6）装设有气力吸尘罩的带锯机，当木屑堵塞吸尘管口时，严禁在运转中用木棒在锯轮背侧清理管口。

（7）锯机张紧装置的压砣（重锤），应根据锯条的宽度与厚度调节档位或增减副砣，不得用增加重锤重量的办法克服锯条口松或串条等现象。

3.4 圆盘锯

3.4.1 结构组成及工作原理

圆盘锯，它由底座、安装在底座上的机架、安装在机架上的电机、安装在机架上的工作台、安装在机架上的主轴、安装在电机和主轴之间的皮带传动机构、安装在主轴上并露出工作台的圆锯片所构成。调整系统由前支座、后支座、带扇形蜗轮的前支架、后支架、导向柱、电机座、升降蜗杆蜗轮及手轮、回转蜗杆及手轮构成。圆锯片可以升降偏转，以适应锯口深浅、倾角大小的不同，调整方便。锯片带防护及吸尘口，安全可靠。它可广泛应用于木制品的圆锯加工中。如图 3-2 所示为圆盘锯外形图。

圆盘锯的特征在于机架上安装有一个主轴高度和倾角调整系统，主轴、电机及皮带传动机构均安装在这个主轴高度和倾角调整系统上，主轴高度和倾角调整系统由固定在机架上带有圆弧槽且下部带有横向的蜗杆孔的前支座、固定在机架后面带圆弧槽的后支座、下部为扇形蜗轮、安装固定在前后支架的两组对应的导向柱孔中的两根导向柱、固定在两根导向柱后端的电机支撑座、安装在前支架的蜗杆孔并伸出机架的升降蜗杆、固定在升降蜗杆端部的升降手轮、以其下部的扇形蜗轮啮合在升降蜗杆上、上部带轴孔及轴安装在前支架的横向轴孔中、后部带主轴安装孔的升降蜗轮、安装在前支座

图 3-2 圆盘锯

的横向蜗杆孔中和机架右侧孔中、并与前支架下部的扇形蜗轮啮合和回转蜗杆固定在回转蜗杆端部的回转手轮构成，电机安装在电机支撑座上，主轴安装在主轴安装孔中。

3.4.2 圆盘锯安全操作规程

（1）圆盘锯必须装设分料器，开料锯与料锯不得混用。锯片上方必须安装保险挡板和滴水装置，在锯片后面，离齿 10～15mm 处，必须安装弧形楔刀。锯片的安装，应保持与轴同心。

（2）锯片必须锯齿尖锐，不得连续缺齿两个，裂纹长度不得超过 20mm，裂缝末端应冲止裂孔。

（3）被锯木料厚度，以锯片能露出木料 10～20mm 为限，夹持锯片的法兰盘的直径应为锯片直径的 1/4。

（4）起动后，待转速正常后方可进行锯料。送料时不得将木料左右晃动或高抬，遇木

节要缓缓送料。锯料长度应不小于500mm。接近端头时，应用推棍送料。

（5）如锯线走偏，应逐渐纠正，不得猛扳，以免损坏锯片。

（6）操作人员不得站在和面对与锯片旋转的离心力方向操作，手不得跨越锯片。

（7）必须紧贴靠尺送料，不得用力过猛，遇硬节疤应慢推。必须待出料超过锯片150mm时方可上手接料，不得用手硬拉。

（8）短窄料应用推棍，接料使用刨钩。严禁锯小于500mm长的短料。

（9）木料走偏时，应立即切断电源，停机调整后再锯，不得猛力推进或拉出。

（10）锯片运转时间过长应用水冷却，直径600mm以上的锯片工作时应喷水冷却。

（11）必须随时清除锯台面上的遗料，保持锯台整洁。清除遗料时，严禁直接用手清除。清除锯末及调整部件，必须先拉闸断电，待机械停止运转后方可进行。

（12）严禁使用木棒或木块制动锯片的方法停机。

3.5　木工平面刨（手压刨）

3.5.1　木工平面刨（手压刨）外形图

如图3-3所示为木工平面刨（手压刨）的外形图。

图3-3　木工平面刨（手压刨）

3.5.2　木工平面刨（手压刨）安全操作规程

（1）作业前，检查安全防护装置必须齐全有效。

（2）刨料时，手应按在料的上面，手指必须离开刨口50mm以上。严禁用手在木材后端送料跨越刨口进行刨削。

（3）刨料时应保持身体平衡，双手操作。刨大面时，手应按在木料上面；刨小面时，手指应不低于料高的一半，并不得小于30mm。

（4）每次刨削量不得超过1.5mm。进料速度应均匀，严禁在刨刀上方回料。

（5）被刨木料的厚度小于30mm，长度小于400mm时，应用压板或压棍推进。厚度在15mm，长度在250mm以下的木料，不得在平刨上加工。

（6）被刨木料如有破裂或硬节等缺陷时，必须处理后在施刨。刨旧料前，必须将料上的钉子、杂物清除干净，遇木槎、节疤要缓慢送料。严禁将手按在节疤上送料。

（7）同一台平刨机的刀片和刀片螺丝的厚度、重量必须一致，刀架与刀必须匹配，刀架夹板必须平整贴紧，合金刀片焊缝的高度不得超刀头，刀片紧固螺丝应嵌入刀片槽内，槽端离刀背不得小于10mm。紧固螺丝时，用力应均匀一致，不得过松或过紧。

（8）机械运转时，不得将手伸进安全挡板里侧去移动挡板或拆除安全挡板进行刨削。严禁戴手套操作。

（9）两人操作时，进料速度应配合一致。当木料前端越过道口300mm后，下手操作人员方可接料。木料刨至尾端时，上手操作人员应注意早松手，下手操作人员不得猛拉。

（10）换刀片前必须拉闸断电并挂"有人操作，严禁合闸"的警告牌。

思　考　题

1. 木工机械主要有哪些机型？
2. 简述木工机械安全操作。
3. 简述带锯机结构组成及工作原理。
4. 简述圆盘锯的结构组成及工作原理。

4 手持电动工具

4.1 手持电动工具概况

电动工具是一种低值易耗品，因而有较大的市场发展潜力。在义乌小商品批发市场上了解到，电锤这类电动工具销售量比较热销。外贸销售的生意主要集中在欧美、中东地区。

手持式电动工具是指用手握持或悬挂进行操作的电动工具。比如施工中常用的电钻，电焊钳等。

4.1.1 分类

Ⅰ类工具：工具在防止触电的保护方面不仅依靠基本绝缘，而且它还包含一个附加的安全预防措施，其方法是将可触及的可导电的零件与已安装的固定线路中的保护（接地）导线连接起来，以这样的方法来使可触及的可导电的零件在基本绝缘损坏的事故中不成为带电体。

Ⅱ类工具：其额定电压超过 50V。工具在防止触电的保护方面不仅依靠基本绝缘，而且它还提供双重绝缘或加强绝缘的附加安全预防措施和没有保护接地或依赖安装条件的措施。

Ⅲ类工具：其额定电压工具外壳有金属和非金属两种，但手持部分是非金属，非金属处有"回"符号标志不超过 50V。由特低电压电源供电，工具内部不产生比安全特低电压高的电压。这类工具外壳均为全塑料。

4.1.2 各类工具的使用场所

空气湿度小于 75% 的一般场所可选用Ⅰ类或Ⅱ类手持式电动工具，其金属外壳与 PE 线的连接点不得少于 2 个。除塑料外壳Ⅱ类工具外，相关开关箱中漏电保护器的额定漏电动作电流不应大于 15mA，额定漏电动作时间不应大于 0.1s，其负荷线插头应具备专用的保护触头。所用插座和插头在结构上应保持一致，避免导电触头和保护触头混用。

在潮湿场所或在金属构架上进行作业，应选用Ⅱ类或由安全隔离变压器供电的Ⅲ类工具。金属外壳Ⅱ类手持式电动工具使用时，其金属外壳与 PE 线的连接点不得少于 2 个，相关开关箱中漏电保护器的额定漏电动作电流不应大于 15mA，额定漏电动作时间不应大于 0.1s，其负荷线插头应具备专用的保护触头，所用插座和插头在结构上应保持一致，避免导电触头和保护触头混用。其开关箱和控制箱应设置在作业场所外面。在潮湿场所或金属架上严禁使用Ⅰ类手持式电动工具。

在狭窄场所（如锅炉、金属容器、金属管道内等）必须选用由安全隔离变压器供电的Ⅲ类手持式电动工具，其开关箱和安全隔离变压器均应设置在狭窄场所外面，并连接 PE

线。漏电保护器应采用防溅型产品，其额定漏电动作电流不应大于 15mA，额定漏电动作时间不应大于 0.1s。操作过程中，应有人在外面监护。

4.2　手持电动工具安全操作规程

（1）使用刀刃的机具，应保持刃磨锋利，完好无损，安装正确，牢固可靠。

（2）使用砂轮的机具，应检查砂轮与接盘间的软垫并安装稳固，螺母不得过紧，凡受潮、变形、裂纹、破碎、磕边缺口和接触过油、碱类的砂轮均不得使用，并不得将受潮的砂轮片自行烘干使用。

（3）在潮湿地区或在金属构架、压力容器、管道等导电良好的场所作业时，必须使用双重绝缘或加强绝缘的电动工具。

（4）非金属壳体的电动机、电器，在存放和使用时不应受压、受潮，并不得接触汽油等溶剂。

（5）作业前的检查应符合下列要求：

① 外壳、手柄不得出现裂缝、破损；

② 电缆软线及插头等完好无损，开关动作正常，保护接零连接正确牢固可靠；

③ 各部防护罩齐全牢固，电气保护装置可靠。

（6）机具起动后，应空载运转，应检查并确认机具联动灵活无阻。作业时，加力应平稳，不得用力过猛。

（7）严禁超载使用。作业中应注意异响及温升，发现异常应立即停机检查。在作业时间过长，机具温升超过 60℃时，应停机，自然冷却后再行作业。

（8）作业中，不得用手触摸刃具、模具和砂轮，发现其有磨钝、破损情况时，应立即停机修整或更换，然后再继续进行作业。

（9）机具转动时，不得撒手不管。

（10）使用冲击电钻或电锤时，应符合下列要求：

① 作业时应握电钻或电锤手柄，打孔时先将钻头抵在工作表面，然后开动，用力适度，避免晃动。转速若急剧下降，应减少用力，防止电机过载，严禁用木杆加压；

② 钻孔时，应注意避开混凝土中的钢筋；

③ 电钻和电锤为 40%断续工作制，不得长时间连续使用；

④ 作业孔径在 25mm 以上时，应有稳固的作业平台，周围应设护栏。

（11）使用瓷片切割机时应符合下列要求：

① 作业时应防止杂物、泥尘混入电动机内，并应随时观察机壳温度，当机壳温度过高及产生碳刷火花时，应立即停机检查处理；

② 切割过程中用力应均匀适当，推进刀片时不得用力过猛。当发生刀片卡死时，应立即停机，慢慢退出刀片，应在重新对正后方可再切割。

（12）使用角向磨光机时应符合下列要求：

① 砂轮应选用增强纤维树脂型，其安全线速度不得小于 80m/s。配用的电缆与插头应具有加强绝缘性能，并不得任意更换；

② 磨削作业时，应使砂轮与工件面保持 15°～30°的倾斜位置。切削作业时，砂轮不

得倾斜，并不得横向摆动。

（13）使用电剪时应符合下列要求：

① 作业前应先根据钢板厚度调节刀头间隙量；

② 作业时不得用力过猛，当遇刀轴往复次数急剧下降时，应立即减少推力。

（14）使用射钉枪时应符合下列要求：

① 严禁用手掌推压钉管和将枪口对准人；

② 击发时，应将射钉枪垂直压紧在工作面上，当两次扣动扳机，子弹均不击发时，应保持原射击位置数秒钟后，再退出射钉弹；

③ 在更换零件或断开射钉枪之前，射枪内均不得装有射钉弹。

（15）使用拉铆枪时应符合下列要求：

① 被铆接物体上的铆钉孔应与铆钉过度配合，并不得过盈量太大；

② 铆接时，当铆钉轴未拉断时，可重复扣动扳机，直到拉断为止，不得强行扭断或撬断；

③ 作业中，接铆头或并帽若有松动，应立即拧紧。

4.3 电剪刀

4.3.1 概述

电剪刀是以单相串励电动机作为动力，通过传动机构驱动工作头进行剪切作业的双重绝缘手持式电动工具，具有方便剪切各种形状钢板，重量轻，安全可靠等特点。广泛用于汽车、造船、飞机及修配等部门的钣金工种，对金属薄板进行剪切作业。如图 4-1 所示为一般的电剪刀。

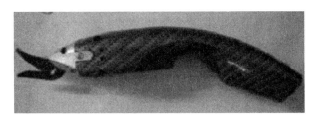

图 4-1 电剪刀

4.3.2 结构组成及工作原理

电剪刀由电动机、减速器、偏心轴—连杆机构、开关、不可重接插头和刀具等组成。电动机采用单相串励电动机，置于塑料机壳内，塑料机壳既是支撑电动机的结构件又是定子附加绝缘，与转子附加绝缘构成双重绝缘结构。

电动机通过减速器驱动偏心轴—连杆机构，使刀杆带动上刀头作往复运动剪切金属板材，下刀头固定在刀架上不动。

电源线为三芯护套软电缆，与三柱橡胶插头构成不可重接插头。

4.3.3 电剪刀安全操作规程

（1）作业前应先根据钢板厚度调节刀头间隙量。

（2）使用刀具的机具，应保持刃磨锋利、完好无损、安装正确、牢固可靠。

（3）作业前的检查应符合下列要求：

① 外壳、手柄不出现裂缝、破损；

② 电缆软线及插头等完好无损，开关动作正常，保护接零连接正确、牢固可靠；

③ 各部防护罩齐全牢固，电气保护装置可靠。

（4）机具起动后，应空载运转，应检查并确认机具联动灵活无阻。作业时，加力应平稳，不得用力过猛。

（5）作业时不得用力过猛，当遇刀轴往复次数急剧下降时，应立即减少推力。

（6）严禁超载使用。作业中应注意异响及温升，发现异常应立即停机检查。在作业时间过长，机具温升超过 60℃时，应停机，自然冷却后再行作业。

（7）作业中，不得用手触摸刀具，发现其有磨钝、破损情况时，应立即停机修整或更换，然后再继续进行作业。

（8）机具转动时，不得撒手不管。

4.4 射钉枪

4.4.1 概述

射钉枪又称射钉器，由于外形和原理都与手枪相似，故常称为射钉枪。它是利用发射空包弹产生的火药燃气作为动力，将射钉打入建筑体的工具。发射射钉的空包弹与普通军用空包弹只是在大小上有所区别，对人同样有伤害作用。此产品的主要特点是可在设定范围内自由调节射钉力度。此产品采用新型弹夹，便于使用，并内置消声器，极大地降低了工作噪音。如图 4-2 所示为一般的射钉枪。

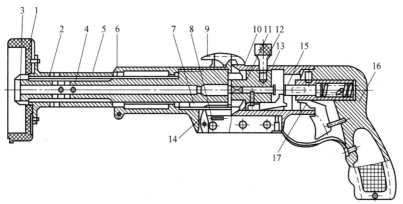

图 4-2　SHD66-3 型射钉枪结构

1—护罩消；2—音外壳；3—枪管螺帽；4—枪管；5—消音管；6—前部外套；7—退壳器；8—销轴；9—杠杆；
10—后部外套；11—击针体；12—转动轮；13—机针；14—凸轮；15—击杆；16—枪把；17—扳机

4.4.2   安全操作规程

（1）严禁用手掌推压钉管和将枪口对人。

（2）击发时，应将射钉枪垂直压紧在工作面上。当两次扣动扳机，子弹均不击发时，应保持原射击位置数秒钟后，再退出射钉弹。

（3）在更换零件或断开射钉枪之前，射枪内均不得装有射钉弹。

4.5   拉铆枪

4.5.1   概述

拉铆枪，用于各类金属板材、管材等制造工业的紧固铆接，目前广泛地使用在汽车、航空、铁道、制冷、电梯、开关、仪器、家具、装饰等机电和轻工产品的铆接上。为解决金属薄板、薄管焊接螺母易熔，攻内螺纹易滑牙等缺点而开发，它可铆接不需要攻内螺纹、不需要焊接螺母的拉铆产品，铆接牢固效率高，使用方便。如图 4-3 所示为一般的拉铆枪。

图 4-3   拉铆枪

4.5.2   用途

如果某一产品的螺母需装在外面，而里面空间狭小，无法让压铆机的压头进入进行压铆且涨铆等方法无法达到强度要求的时候，这时压铆和涨铆都不可行，必须用拉铆，其适用于各厚度板材、管材（0.5～6mm）紧固领域。使用气动或手动拉铆枪可一次铆固，方便牢固，取代传统的焊接螺母，弥补金属薄板、薄管焊接易熔，焊接螺母不顺等不足。

4.5.3   安全操作规程

（1）使用拉铆枪时应符合下列要求：

① 被铆接物体上的铆钉孔应与铆钉过度配合，并不得过盈量太大；

② 铆接时，当铆钉轴未拉断时，可重复扣动扳机，直到拉断为止，不得强行扭断或撬断；

③ 作业中，接铆头或并帽若有松动，应立即拧紧。作业前应先根据钢板厚度调节刀头间隙量。

（2）作业前的检查应符合下列要求：

① 外壳、手柄不出现裂缝、破损；

② 电缆软线及插头等完好无损，开关动作正常，保护接零连接正确、牢固可靠；

③ 各部防护罩齐全牢固，电气保护装置可靠。

（3）严禁超载使用。作业中应注意异响及温升，发现异常应立即停机检查。在作业时间过长，机具温升超过 60℃时，应停机，自然冷却后再行作业。

4.6 冲击钻

4.6.1 概述

冲击钻的冲击机构有犬牙式和滚珠式两种。滚珠式冲击电钻由动盘、定盘、钢球等组成。动盘通过螺纹与主轴相连，并带有 12 个钢球；定盘利用销钉固定在机壳上，并带有 4 个钢球。在推力作用下，12 个钢球沿 4 个钢球滚动，使硬质合金钻头产生旋转冲击运动，能在砖、砌块、混凝土等脆性材料上钻孔。脱开销钉，使定盘随动盘一起转动，不产生冲击，可作普通电钻用。

冲击钻电机电压有 0～230V 与 0～115V 两种不同的电压，控制微动开关的离合，取得电机快慢二级不同的转速，配备了顺逆转向控制机构、松紧螺丝和攻牙等功能。如图 4-4 所示为一般的冲击钻。

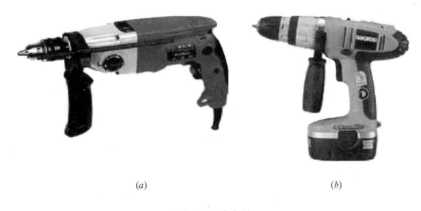

(a)   (b)

图 4-4 冲击钻

4.6.2 用途

主要适用于对混凝土地板、墙壁、砖块、石料和多层脆性材料上进行冲击打孔；另外还可以在木材、金属、陶瓷和塑料上进行钻孔和攻牙（套丝），配备有电子调速装备的冲击钻还可进行顺、逆转等。

4.6.3 正确的使用方法

（1）操作前必须查看电源是否与电动工具上的常规额定 220V 电压相符，以免错接到 380V 的电源上。

（2）使用冲击钻前请仔细检查机体绝缘防护、辅助手柄及深度尺调节等情况，机器有无螺丝松动现象。

（3）冲击钻必须按材料要求装入 $\phi6～25\text{mm}$ 之间允许范围的硬质合金冲击钻头或钻孔

通用麻花钻头。严禁使用超越范围的钻头。

（4）冲击钻导线要保护好，严禁满地乱拖防止轧坏、割破，更不准把电线拖到油水中，防止油水腐蚀电线。

（5）使用冲击钻的电源插座必须配备漏电开关装置，并检查电源线有无破损现象，使用当中发现冲击钻漏电、震动异常、高热或者有异声时，应立即停止工作，找电工及时检查修理。

（6）冲击钻更换钻头时，应用专用扳手及钻头锁紧钥匙，杜绝使用非专用工具敲打冲击钻。

（7）使用冲击钻时切记不可用力过猛或出现歪斜操作，事前务必装紧合适钻头并调节好冲击钻深度尺，垂直、平衡操作时要徐徐均匀地用力，不可强行使用超大钻头。

（8）熟练掌握和操作顺逆转向控制机构、松紧螺丝及钻孔攻牙等功能。

4.6.4 维护与保养

（1）由专业电工定期更换冲击钻的碳刷及检查弹簧压力。

（2）保障冲击钻机身整体是否完好、清洁及污垢是否清除，保证冲击钻转动顺畅。

（3）由专业人员定期检查手电钻各部件是否损坏，对损伤严重而不能再用的应及时更换。

（4）及时增补因作业中机身上丢失的机体螺钉紧固件。

（5）定期检查传动部分的轴承、齿轮及冷却风叶是否灵活完好，适时对转动部位加注润滑油，以延长手电钻的使用寿命。

（6）使用完毕后要妥善保管。

4.6.5 安全操作规程

（1）作业前的检查应符合下列要求：

① 外壳、手柄不得出现裂缝、破损；

② 电缆软线及插头等完好无损，开关动作正常，保护接零连接正确牢固可靠；

③ 各部防护罩齐全牢固，电气保护装置可靠。

（2）机具起动后，应空载运转，应检查并确认机具联动灵活无阻。作业时，加力应平稳，不得用力过猛。

（3）作业时应掌握电钻或电锤手柄，打孔时先将钻头抵在工作表面，然后开动，用力适度，避免晃动；转速若急剧下降，应减少用力，防止电机过载，严禁用木杆加压。

（4）钻孔时，应注意避开混凝土中的钢筋。

（5）电钻和电锤为40%断续工作制，不得长时间连续使用。

（6）作业孔径在25mm以上时，应有稳固的作业平台，周围应设护栏。

（7）严禁超载使用。作业中应注意异响及温升，发现异常应立即停机检查。在作业时间过长，机具温升超过60℃时，应停机，自然冷却后再行作业。

（8）作业中，不得用手触摸刀具、模具和砂轮，发现其有磨钝、破损情况时，应立即停机修整或更换，然后再继续进行作业。

（9）机具转动时，不得撒手不管。

4.7 电锤

4.7.1 概述

用电类工具中，电锤是电钻中的一类，主要用来在混凝土、楼板、砖墙和石材上钻孔。在墙面、混凝土、石材上面进行专业打孔，还有多功能电锤，调节到适当位置配上适当钻头可以代替普通电钻、电镐使用。

电锤是在电钻的基础上，增加了一个由电动机带动有曲轴连杆的活塞，在一个汽缸内往复压缩空气，使汽缸内空气压力呈周期变化，变化的空气压力带动汽缸中的击锤往复打击钻头的顶部，好像我们用锤子敲击钻头，故名电锤。

由于电锤的钻头在转动的同时还产生了沿着电钻杆的方向的快速往复运动（频繁冲击），所以它可以在脆性大的水泥混凝土及石材等材料上快速打孔。高档电锤可以利用转换开关，使电锤的钻头处于不同的工作状态，即只转动不冲击，只冲击不转动，既冲击又转动。如图 4-5 所示为一般的电锤。

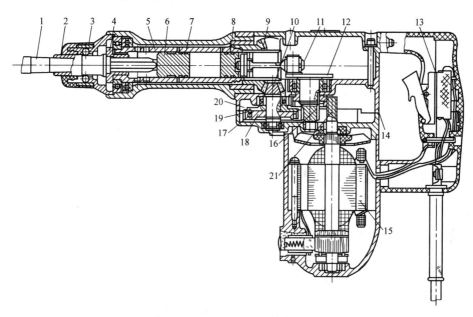

图 4-5 JLZC-22 型电锤结构原理图

1—钻头；2—钻杆；3—控制环；4—钎套；5—旋转套筒；6—冲击锤；7—绝缘密封环；8—活塞；
9—大伞齿轮；10—小伞齿轮；11—连杆；12—偏心轴；13—开关；14—变速箱；
15—电动机；16—一级从动齿轮；17—离合器弹簧；18—二级从动齿轮；
19—钢球；20—离合器盖；21—电枢齿轮轴

4.7.2 电锤的优缺点

优点是效率高，孔径大，钻进深度长。

缺点是震动大，对周边构筑物有一定程度的破坏作用。对于混凝土结构内的钢筋，无法顺利通过，由于工作范围要求，不能够过于贴近建筑物。

4.7.3　工作原理

电锤原理是传动机构在带动钻头做旋转运动的同时，还有一个方向垂直于钻头的往复锤击运动。电锤是由传动机构带动活塞在一个汽缸内往复压缩空气，汽缸内空气压力周期变化带动汽缸中的击锤往复打击钻头的顶部，好像我们用锤子敲击钻头，故名电锤。

4.7.4　电锤安全操作规程

（1）作业前的检查应符合下列要求：

① 外壳、手柄不得出现裂缝、破损；

② 电缆软线及插头等完好无损，开关动作正常，保护接零连接正确牢固可靠；

③ 各部分防护罩齐全牢固，电气保护装置可靠。

（2）机具起动后，应空载运转，检查并确认机具联动灵活无阻。作业时，加力应平稳，不得用力过猛。

（3）作业时应握电钻或电锤手柄，打孔时先将钻头抵在工作表面，然后开动，用力适度，避免晃动；转速若急剧下降，应减少用力，防止电机过载，严禁用木杆加压。

（4）钻孔时，应注意避开混凝土中的钢筋。

（5）电钻和电锤为 40％断续工作制，不得长时间连续使用。

（6）作业孔径在 25mm 以上时，应有稳固的作业平台，周围应设护栏。

（7）严禁超载使用。作业中应注意异响及温升，发现异常应立即停机检查。在作业时间过长，机具温升超过 60℃时，应停机，自然冷却后再行作业。

（8）作业中，不得用手触摸刃具、模具和砂轮，发现其有磨钝、破损情况时，应立即停机修整或更换，然后再继续进行作业。

（9）机具转动时，不得撒手不管。

思　考　题

1. 手持电动工具根据什么进行分类、共有哪几类？

2. 手持电动工具作业前的检查应符合什么要求？

3. 简述电剪刀的工作原理。

4. 射钉枪作业前的检查应符合什么要求？

5. 拉铆枪的主要用途是什么？

6. 简述冲击钻正确的使用方法。

7. 简述电锤的工作原理。

5 起重吊装机械

5.1 起重吊装机械概况

起重机械是结构吊装中非常重要的机械，它的主要任务是将构件吊装到设计位置进行安装，起重机械的种类繁多，常用的有：履带式起重机、轮胎式起重机、汽车式起重机、随车式起重机、塔式起重机、门式起重机、桥式起重机以及各种土法吊装的各种拔杆、桅杆等。

5.1.1 起重机械的分类和使用特点

1. 起重机械的分类

目前工程中常将起重机械分为轻小型起重机械和起重机两大类，如图 5-1 所示。

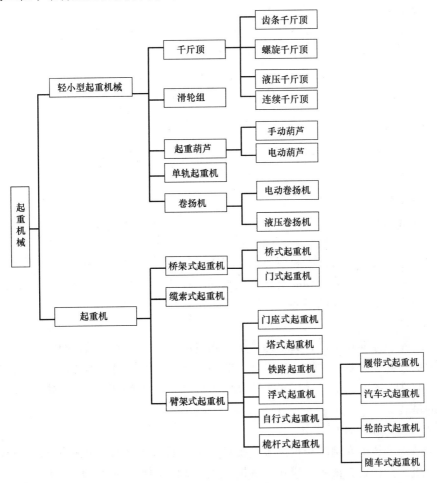

图 5-1 起重机械的分类

其中自行起重机分为：履带式起重机、汽车式起重机、轮胎式起重机、随车式起重机。而汽车式起重机、轮胎式起重机、随车式起重机一般统称为轮式起重机。

（1）桥式起重机

该类起重机安装在车间内，起升高度和跨度固定，起重量不随起升高度和跨度变化，适合车间内的结构配件组对、构件的翻身。

（2）门式起重机

该类起重机一般安装在露天场地，起升高度和跨度固定，其重量不随起升高度和跨度的变化而变化，适合于施工材料堆放场地、构件组装场地的吊装工作。

（3）缆索式起重机

该类起重机由 2 个支架和支架间的钢缆组成，起重小车在钢缆上移动，进行重物的垂直吊装和水平运输。其工作特点是：受地形影响小，工作范围大，故广泛应用于山区和峡谷、河流地区的桥梁以及厂房维修。

（4）塔式起重机

该类起重机又分压杆式和水平臂架加小车式。其主要特点有：

① 用前需安装，使用后需拆除，不适合单件物体的吊装。

② 起重机位置固定或仅能在一定范围（轨道铺设范围）内移动。

③ 起升高度高，如加上附着杆，则更高。

④ 幅度利用率高，可吊装体积较大的物体。

⑤ 起重量小，一般只有几吨。

鉴于上述特点，塔式起重机主要适宜于某一固定范围内，数量多但重量小的场合，如一般建筑工地。在建筑结构工程中，主要用于网架、梁的组装和吊装。

（5）浮式起重机

该类起重机装在专用的船上，主要用于水上吊装，桥梁结构施工常常用到它，建筑结构吊装一般不采用。

（6）自行式起重机

该类起重机可以自己行走，尤其是汽车式起重机和随车式起重机，不需要辅助设施便可长途转移，使用前不需要安装，使用后不需拆除，使用极为方便、效率高、范围广，是现代起重机的代表。但其幅度利用率低（较塔式起重机），起重量随起升高度和幅度的增加而大幅度下降，对施工现场的道路和地基要求较高，台班使用费较高。主要适用于单件或小批量的大、中型构件的吊装。

（7）桅杆式起重机

它是一种非标准起重机，其结构简单，起重量大，可以组合成各种形式，从而形成各种适合现场条件和设备（构件）技术要求的工艺方法。但使用效率低，一般在使用前需专门设计和制造。该类起重机适用于某些其他起重机无法完成的特重、特高、场地受限的特殊场合的吊装。

2. 常用起重机的使用特点

建筑结构吊装中常用的起重机械主要有轻小型起重机械和塔式起重机、桥式起重机、门式起重机、自行式起重机、浮式起重机、缆索式起重机、桅杆式起重机等，它们各有其独特的使用特点。在选择起重机时应充分考虑其特点，才能使其发挥最大效能。

5.1.2 起重机的基本参数

起重机的基本参数表征了其基本性能，为合理选择、正确使用起重机械提供依据。起重机的基本参数主要包括：额定起重量（G_n）；最大起升高度（H）；最大幅度或跨度（R 或 L）；机构工作速度（v）；外形尺寸（长×宽×高）；自重。

1. 额定起重量

额定起重量指起重机容许吊装的最大荷载，单位为 kN（塔式起重机用 kN·m 表示）或 t 表示。它由起重机的整体稳定性、结构强度、各机构的承载能力等决定。这是选择起重机的首要参数。

2. 最大起升高度

最大起升高度是指工作场地地面或轨道面至起重机取物装置（一般为吊钩中心线）的上极限位置的距离，单位为 m。对桥架式、缆索式起重机，该参数是固定的，对具有变幅机构的臂架式起重机，该距离随着起重机臂架伸长、缩短和起重机臂架的倾斜角度的改变而改变。它直接决定了起重机吊装设备（构件）能达到的最大高度。

3. 幅度或跨度

幅度指的是具有变幅机构的臂架式起重机的旋转中心垂线与取物装置垂线间的水平距离，单位为 m，如图 5-2（a）所示。这个距离随着起重机臂架伸长、缩短和起重机臂架的倾斜角度的改变而改变，最大幅度 R 指的是起重机的旋转中心垂线与取物装置垂线间能达到的最大水平距离。该参数直接决定了起重机可达到的吊装位置和可吊装的构件的几何尺寸和起升高度。

跨度针对的是桥架式和缆索式起重机。对于桥架式起重机，指的是桥架两轨道中心线间的水平距离，如图 5-2（b）所示。对于缆索式起重机，指的是两支架中心垂线间的水平距离，如图 5-2（c）所示。对某一固定的桥架式或缆索式起重机，该参数是固定的，它直

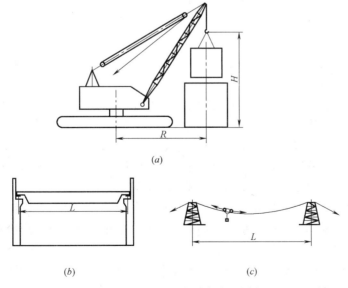

(a)

(b)   (c)

图 5-2 起重机的起升高度和幅度

（a）起重机的高度与幅度；（b）桥架式起重机的跨度；（c）缆索式起重机的跨度

接决定了起重机的工作范围。所以，在设计材料、构件堆放、组装场地时，应根据工艺要求确定该类起重机的这一参数。

4. 工作速度

起重机的工作速度包括起升、变幅、旋转和运行 4 个工作速度。

（1）起升速度，指的是吊钩或取物装置上升的速度。

（2）变幅速度，指的是取物装置从最大幅度移动到最小幅度的平均线速度。

（3）旋转速度，指的是起重机每分钟旋转的转数。

（4）运行速度，指的是起重机行走速度，其单位一般是 m/s，对于自行式起重机，则以 km/h 为单位。

5. 外型尺寸和自重，起重机的外型尺寸和自重同样是不可忽视的重要参数，他们在一定程度上反映了起重机的经济性和通用性能，也是吊装方案可行性需要参考的指标。额定起重量、最大起升高度、幅度或跨度 3 个参数直接影响起重机吊装物体的技术可行性，而工作速度、外型尺寸、自重等，主要影响起重机吊装重物的经济性。

5.2 起重吊装机械安全操作规程

5.2.1 起重机的内燃机、电动机和电气装置的安全操作规程

1. 内燃机（包括柴油机、汽油机）

（1）内燃机作业前的重点检查应符合下列要求：

① 曲轴箱内润滑油油面在标尺规定范围内；

② 冷却系统水量充足、清洁、无渗漏，风扇 V 带松紧合适；

③ 燃油箱油量充足，各油管及接头处无漏油现象；

④ 各种连接件安装牢固，附件完整无缺。

（2）内燃机起动前，离合器应处于分离位置，有减压装置的柴油机，应先打开减压阀。

（3）用摇柄起动汽油机时，由下向上提动，严禁向下硬压或连续摇转。用手拉绳起动时，不得将绳的一端缠在手上。

（4）用小发动机起动柴油机时，每次起动时间不得超过 5min。用直流起动机起动时，每次不得超过 10s。用压缩空气起动时，应将飞轮上的标志对准起动位置。当连续进行 3 次仍未能起动时，应检查原因，排除故障后再起动。

（5）起动后，应低速运转 3～5min，此时，机油压力、排气管排烟应正常，各系统管路应无泄漏现象，待温度和机油压力均正常后，方可开始作业。

（6）作业中内燃机温度过高时，不应立即停机，应继续急速运转降温。当冷却水沸腾需开启水箱盖时，操作人员应戴手套，面部必须避开水箱盖口，严禁用冷水注入水箱或泼浇内燃机体强制降温。

（7）内燃机运行中出现异响、异味、水温急剧上升及机油压力急剧下降等情况时，应立即停机检查并排除故障。

（8）停机前应卸去载荷，进行中速运转，待温度降低后再关闭油门停止运转。装有涡

轮增压器的内燃机，作业后应怠速运转 5～10min，方可停机。

（9）有减压装置的内燃机，不得使用减压杆进行熄火停机。

（10）排气管向上的内燃机，停机后应在排气管口上加盖。

2. 电动机

（1）长期停用或可能受潮的电动机，使用前应测量绝缘电阻，其值不得小于 0.5MΩ。

（2）电动机应装设过载和短路保护装置，并应根据设备需要装设断相和失压保护装置。每台电动机应有单独的操作开关。

（3）电动机的熔丝额定电流应按下列条件选择：

① 单台电动机的熔丝额定电流为电动机额定电流的 150％～250％。

② 多台电动机合用的总熔丝额定电流为其中最大一台电动机额定电流 150％～250％再加上其余电动机额定电流的总和。常用熔丝规格应按表 5-1 采用。

常用熔丝规格　　　　　　　表 5-1

种类	直径(mm)	熔断电流(A)	最高安全工作电流(A)
铅锡合金丝 (铅 75％、锡 25％)	0.508	3.0	2.0
	0.559	3.5	2.3
	0.610	4.0	2.6
	0.710	5.0	3.3
	0.813	6.0	4.1
	0.915	7.0	4.8
	1.220	10.0	7.0
	1.630	16.0	11.0
	1.830	19.0	13.0
	2.030	22.0	15.0
	2.340	27.0	18.0
	2.650	32.0	22.0
	2.950	37.0	26.0
	3.260	44.0	30.0

（4）采用热继电器作电动机过载保护时，其容量应选择电动机额定电流的 100％～125％。

（5）电动机的集电环与电刷的接触面不得小于满接触面的 75％。电刷高度磨损超过原标准 2/3 时应换新。

（6）直流电动机的换向器表面应光洁，当有机械损伤或火花灼伤时应修整。

（7）当电动机额定电压变动在 −5％～＋10％ 的范围内时，可以额定功率连续运行；当超过时，则应控制负荷。

（8）电动机运行中应无异响、无漏电、轴承温度正常且电刷与滑环接触良好。旋转中电动机的允许最高温度应按下列情况取值：滑动轴承为 80℃；滚动轴承为 95℃。

（9）电动机在正常运行中，不得突然进行反向运转。

（10）电动机在工作中遇停电时，应立即切断电源，将起动开关置于停止位置。

（11）电动机停止运行前，应首先将载荷卸去，或将转速降到最低，然后切断电源，启动开关应置于停止位置。

3. 电气装置

（1）电气设备的金属外壳应采用保护接地或保护接零，并应符合下列要求：

① 保护接地：中性点不直接接地系统中的电气设备应采用保护接地。接地网接地电阻不宜大于 4Ω（在高土壤电阻率地区，应遵照当地供电部门的规定）；

② 保护接零：中性点直接接地系统中的电气设备应采用保护接零。

（2）在同一供电系统中，不得将一部分电气设备作保护接地，而将另一部分电气设备作保护接零。

（3）电气设备的每个保护接地或保护接零点必须用单独的接地（零）线与接地干线（或保护零线）相连接。严禁在一个接地（零）线中串接几个接地（零）点。

（4）电气设备的额定工作电压必须与电源电压等级相符。

（5）电气装置遇跳闸时，不得强行合闸。应查明原因，排除故障后方可再行合闸。

（6）严禁带电作业或采用预约停送电时间的方式进行电气检修。检修前必须先切断电源并在电源开关上挂"禁止合闸，有人工作"的警告牌。警告牌的挂、取应有专人负责。

（7）各种配电箱、开关箱应配备安全锁，箱内不得存放任何其他物件并应保持清洁。非本岗位作业人员不得擅自开箱合闸。每班工作完毕后，应切断电源，锁好箱门。

（8）清洗机电设备时，不得将水冲到电气设备上。

（9）发生人身触电时，应立即切断电源，然后方可对触电者做紧急救护。严禁在未切断电源之前与触电者直接接触。

（10）电气设备或路线发生火警时，应首先切断电源，在未切断电源之前，不得使身体接触导线或电气设备，也不得用水或泡沫灭火器进行灭火。

（11）绝缘电阻测量应采用 60s 的绝缘电阻值（R60Ω）；吸收比的测量应采用 60s 绝缘电阻的比值（$R60''/R15''$）。在测定绝缘电阻时应采用 500Ω 或 1000Ω 兆欧表测定 100～1000Ω 的电气设备或回路。

5.2.2   其他要求

（1）操作人员在作业前必须对工作现场环境、行驶道路、架空电线、建筑物以及构件重量和分布情况进行全面了解。

（2）现场施工负责人应为起重机作业提供足够的工作场地，清除或避开起重臂起落机回转半径内的障碍物。

（3）各类起重机应装有音响清晰的喇叭、电铃或汽笛等信号装置。在起重臂、吊钩、平衡重等转动体上应标以鲜明的色彩标志。

（4）起重吊装的指挥人员必须持证上岗，作业时应与操作人员密切配合，执行规定的指挥信号。操作人员应按照指挥人员的信号进行作业，当信号不清或错误时，操作人员可拒绝执行。

（5）操纵室远离地面的起重机，在正常指挥发生困难时，地面及作业层（高空）的指挥人员均应采用对讲机等有效的通信联络进行指挥。

（6）在露天有六级及以上大风或大雨、大雪、大雾等恶劣天气时，应停止起重吊装作业。雨雪过后作业前，应先试吊，确认制动器灵敏可靠后方可进行作业。

（7）起重机的变幅指示器、力矩限制器、起重量限制器以及各种行程限位开关等安全保护装置，应完好齐全、灵敏可靠，不得随意调整或拆除。严禁利用限制器和限位装置代替操纵机构。

（8）操作人员进行起重机回转、变幅、行走和吊钩升降等动作前，应发出音响信号示意。

（9）起重机作业时，起重臂和重物下方严禁有人停留、工作或通过。重物吊运时，严禁从人上方通过。严禁用起重机载运人员。

（10）操作人员应按规定的起重性能作业，不得超载。在特殊情况下需超载使用时，必须经过验算，有保证安全的技术措施，并写出专题报告，经企业技术负责人批准，有专人在现场监护下，方可作业。

（11）严禁使用起重机进行斜拉、斜吊和起吊地下埋设或凝固在地面上的重物以及其他不明重量的物体。现场浇注的混凝土构件或模板，必须全部松动后方可起吊。

（12）起吊重物应绑扎平稳、牢固，不得在重物上再堆放或悬挂零星物件。易散落物件应使用吊笼栅栏固定后方可起吊。标有绑扎位置的物件，应按标记绑扎后起吊。吊索与物件的夹角宜采用45°～60°，且不得小于30°，吊索与物件棱角之间应加垫块。

（13）起吊载荷达到起重机额定起重量的90％及以上时，应先将重物吊离地面200～500mm后，检查起重机的稳定性、制动器的可靠性、重物的平稳性、绑扎的牢固性，确认无误后方可继续起吊。对易晃动的重物应拴拉绳。

（14）重物起升和下降速度应平稳、均匀，不得突然制动。左右回转应平稳，当回转未停稳前不得做反向动作。非重力下降式起重机，不得带载自由下降。

（15）严禁起吊重物长时间悬挂在空中，作业中遇突发故障，应采取措施将重物降落到安全地方，并关闭发动机或切断电源后进行检修。在突然停电时，应立即把所有控制器拨到零位，断开电源总开关，并采取措施使重物降到地面。

（16）起重机不得靠近架空输电线路作业。起重机的任何部位与架空输电导线的安全距离不得小于表5-2的规定。

起重机与架空输电导线的安全距离   表 5-2

电压(kV) 安全距离	<1	1～15	20～40	60～110	220
沿垂直方向(m)	1.5	3.0	4.0	5.0	6.0
沿水平方向(m)	1.0	1.5	2.0	4.0	6.0

（17）起重机使用的钢丝绳，应有钢丝绳制造厂签发的产品技术性能和质量的证明文件。当无证明文件时，必须经过试验合格后方可使用。

（18）起重机使用的钢丝绳，其结构形式、规格及强度应符合该型起重机使用说明书的要求。钢丝绳与卷筒应连接牢固，放出钢丝绳时，卷筒上应至少保留三圈，收放钢丝绳时应防止钢丝绳打环、扭结、弯折和乱绳，不得使用扭结、变形的钢丝绳。使用编结的钢丝绳，其编结部分在运行中不得通过卷筒和滑轮。

（19）钢丝绳采用编结和固接时，编结部分的长度不得小于钢丝绳直径的20倍，并不应小于300mm，其编结部分应捆扎细钢丝。当采用绳卡固接时，与钢丝绳直径匹配的绳卡的规格、数量应符合表 5-3 的规定。最后一个绳卡距绳头的长度不得小于 140mm。绳卡滑鞍（夹板）应在钢丝绳承载时受力的一侧，"U"螺栓应在钢丝绳的尾端，不得正反交错。绳卡初次固定后，应待钢丝绳受力后再度紧固，并宜拧紧到使两绳直径高度压扁 1/3。作业中应经常检查紧固情况。

与绳径匹配的绳卡数　　　表 5-3

钢丝绳直径(mm)	10 以下	10 ～20	21～26	28～36	36～40
最少绳卡数(个)	3	4	5	6	7
绳卡间距(mm)	80	140	160	220	240

（20）每班作业前，应检查钢丝绳及钢丝绳的连接部位。当钢丝绳在一个节距内断丝根数达到或超过表 5-4 根数时，应予报废。当钢丝绳表面锈蚀或磨损使钢丝绳直径显著减少时，应将表 5-4 报废标准按表 5-5 折减，并按折减后的断丝数报废。

钢丝绳报废标准（一个节距内的断丝数）　　　表 5-4

采用的安全系数	钢 丝 绳 规 格					
	6×19+1		6×37+1		6×61+1	
	交互捻	同向捻	交互捻	同向捻	交互捻	同向捻
6 以下	12	6	22	11	36	18
6～7	14	7	26	13	38	19
7 以上	16	8	30	15	40	20

钢丝绳锈蚀或磨损时报废标准的折减系数　　　表 5-5

钢丝绳表面锈蚀或磨损量(%)	10	15	20	25	30～40	>40
折减系数	85	75	70	60	50	报废

（21）向转动的卷筒上缠绕钢丝绳时，不得用手拉或脚踩来引导钢丝绳。钢丝绳涂抹润滑脂，必须在停止运转后进行。

（22）起重机的吊钩和吊环严禁补焊。当出现下列的情况之一时应更换：

① 表面有裂纹、破口；

② 危险断面及钩颈有永久变形；

③ 挂绳处断面磨损超过高度 10%；

④ 吊钩衬套磨损超过原厚度 50%；

⑤ 心轴（销子）磨损超过其直径的 3% ～5%。

（23）当起重机制动器的制动鼓表面磨损达 1.5～2.0mm（小直径取小值，大直径取大值）时，应更换制动鼓；同样，当起重机制动器的制动带磨损超过厚度 50%时，应更换制动带。

5.3　塔式起重机

5.3.1　概述

塔式起重机是臂架安置在垂直的塔身顶部的可回转臂架型起重机。塔式起重机又称塔机或塔吊，是现代工程建设中一种主要的起重机械，它由钢结构、工作机构、电气系统及安全装置四部分组成。下面对塔式起重机的特点、分类型号和主要技术性能参数进行简单介绍。

1. 塔式起重机的主要特点

（1）塔式起重机的主要优点

① 具有足够的起升高度，较大的工作幅度和工作空间。

② 可同时进行垂直、水平运输，能使吊、运、装、卸在三维空间中的作业连续完成，作业效率高。

③ 司机室视野开阔，操作方便。

④ 结构较简单、维护容易、可靠性好。

（2）塔式起重机的缺点

① 结构庞大，自重大，安装劳动量大。

② 拆卸、运输和转移不方便。

③ 轨道式塔式起重机轨道基础的构筑费用大。

2. 塔式起重机的分类与型号

（1）塔式起重机的分类

① 按可否进行移动，分为固定式塔机和移动式塔机。

② 按行走装置不同，移动式塔机又可分为轨道式、汽车式、轮胎式和履带式四种。

③ 按固定方式不同，固定式塔机又可分为有压重固定式和无压重固定式两种。

④ 按回转部位，分为上回转式塔机和下回转式塔机。

⑤ 按变幅方式，分为吊臂变幅式塔机和小车变幅式塔机。

⑥ 按安装形式，可分为自升式、整体快速拆装式和拼装式三种。

目前应用最广的是自升式和快速拆装式塔机。前者为上回转形式，后者为下回转形式。为了扩大塔机的应用范围，满足各种工程施工的要求，自升式塔机一般设计成一机四用的形式，即轨道行走自升式塔机、固定自升式塔机、附着自升式塔机和内爬升式塔机。

（2）塔式起重机的型号

根据《建筑机械与设备产品型号编制方法》ZBJ 04008—88 的规定，塔式起重机的型号组成如下：

QTZ80H：QTZ——组、型、特性代号；80——最大起重力矩（t·m）；H——更新、变型代号。其中，更新、变型代号用汉语拼音字母（大写印刷体）表示；主要参数代号用阿拉伯数字表示，它等于塔式起重机额定起重力矩（单位为 kN·m）×10^{-1}。组、型、特性代号含义如下：QT——上回转式塔式起重机（图 5-3）；QTZ——上回转自升式塔式起重机；QTA——下回转式塔式起重机；QTK——快速安装式起重机；QTP——内爬升式塔式起重机；QTG——固定式塔式起重机；QTQ——汽车式塔式起重机；QTL——轮胎式塔式起重机；QTU——履带式塔式起重机。

另外，现在有的塔机厂家，根据国外标准，用塔机最大臂长（m）与臂端（最大幅度）处所能吊起的额定重量（kN）两个主参数来标记塔机的型号。如中联的 QTZ100，又标记为 TC5613，其意义是，T——塔的英语第一个字母（Tower）；C——起重机英语第一个字母（Crane）；56——最大臂长 56m；13——臂端起重量 13kN（1.3t）。

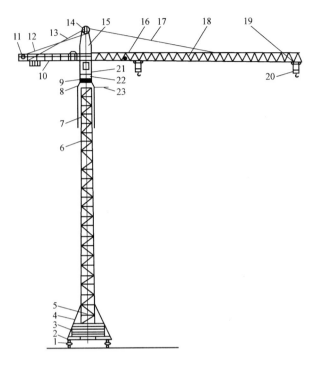

图 5-3   上回转自升式塔式起重机外形结构示意图

1—台车；2—底架；3—压重；4—斜撑；5—塔身基础节；6—塔身标准节；7—顶升套架；8—承座；
9—转台；10—平衡臂；11—起升机构；12—平衡重；13—平衡臂拉锁；14—塔帽操作平台；
15—塔帽；16—小车牵引机构；17—起重臂拉索；18—起重臂；19—起重小车；20—吊钩滑轮；
21—司机室；22—回转机构；23—引进轨道

3. 塔式起重机的主要技术性能参数

（1）起重量 G

① 起重量 G——被起升重物的质量，单位为 t。

② 额定起重量 G_n——起重机允许吊起的重物连同吊具质量的总和。

③ 最大起重量 G_{max}——起重机正常工作条件下，允许吊起的最大额定起重量。

（2）幅度 L

① 幅度 L——起重机置于水平场地时，空载吊具垂直中心线至回转中心线之间的水平距离，单位为 m。

② 最大幅度 L_{max}——起重机工作时，臂架倾角最小或小车在臂架最外极限位置时的幅度。

③ 最小幅度 L_{min}——臂架倾角最大或小车在臂架最内极限位置的幅度。

（3）起重力矩 M

幅度 L 和相应起吊物品重力 Q 的乘积称为起重力矩，单位为 kN·m。塔式起重机的起重能力是以起重力矩表示的。它是以最大工作幅度与相应的最大起重载荷的乘积作为起重力矩的标定值。

（4）起升高度 H

它是指起重机水平停车面至吊具允许最高位置的垂直距离，单位为 m。

（5）工作速度

① 起升（下降）速度 v_n——稳定运动状态下，额定载荷的垂直位移速度，单位为 m/min。

② 起重机（大车）运行速度 v_k——稳定运动状态下，起重机运行的速度。规定为在水平路面（或水平轨面）上，离地 10m 高度处，风速小于 3m/s 时的起重机带额定载荷时的运行速度。

③ 小车运行速度 v_t——稳定运动状态下，小车运行的速度。规定为离地 10m 高度处，风速小于 3m/s 时，带额定载荷的小车在水平轨道上运行的速度。

④ 变幅速度 v_r——稳定运动状态下，额定载荷在变幅平面内水平位移的平均速度。规定为离地 10m 高度处，风速小于 3m/s 时，起重机在水平面上，幅度从最大值至最小值的平均速度。

⑤ 回转速度 W——稳定运动状态下，起重机转动部分的回转速度。规定为在水平场地上离地 10m 高度处，风速小于 3m/s 时，起重机幅度最大，且带额定载荷时的转速，单位为 rpm。

（6）轨距或轮距 K

对于除铁路起重机之外的臂架型起重机，它为轨道中心线或起重机行走轮踏面（或履带）中心线之间水平距离，单位为 m。

（7）起重机总质量 G

它包括压重、平衡重、燃料、油液、润滑剂和水等在内的起重机各部分质量的总和，单位为 t。

5.3.2　自升式塔式起重机的安装与拆卸

塔式起重机的类型多种多样，安装和拆除方法也各不相同，本节介绍工程中最常用的安装、拆除的方法和要求。

1. 一般安全要求

塔式起重机的安装、架设和转移比较频繁，危险性也大。安装架设时必须遵守有关的安全操作规程。

（1）要充分掌握该塔式起重机的性能和特点，严格遵守《塔式起重机安全规程》GB 5144—2006 及随机技术文件中的安装架设顺序和方法，安装单位和安装作业人员必须具备相应的资质，持证上岗。

（2）安装前，安装单位编制可行的安装施工方案，并按照要求提供资质、安装人员上岗证、塔机随机技术文件和告知申请等到当地技术监督部门办理告知手续。经审查合格后才能进行安装工作。

（3）安装时注意风速的变化，风速必须符合设计要求，一般不超过 13m/s。

（4）严格检查起重设备和吊装索具。

（5）各零部件连接正确、可靠。其中包括高强螺栓初拧、终拧的大小，销轴的配合间隙、开口销的固定、钢丝绳末端的固定等。

（6）安装时，要注意观察、监视，统一指挥，联络可靠。

（7）必须按照设计要求安装零部件，不得随意取消、代换和增添，任何修改必须经过专职技术人员的同意才可执行。如：塔式起重机上常见的大型标牌的位置、大小尺寸都具有特殊的意义，在非工作状态时能起到风帆的作用，使风吹向尾部，减少塔顶弯矩，使之符合设计要求，如果随意改变就可能造成重大事故。塔身上不允许张挂大型宣传标语牌，以免增大风载导致倾翻事故。

（8）钢丝绳在使用和安装过程中，不能产生"硬弯"、"笼形畸变"、"松股"、"断丝"、"露芯"等现象。特别是多层不旋转的钢丝绳，要由包装卷筒直接绕进工作卷筒。如要切断，用铁丝扎紧钢丝绳切口两端，防止松散。

（9）在塔式起重机使用说明书中，对使用设备的能力、吊装各部件的重量、重心位置、外型尺寸、吊点高度都有说明，必须严格遵守。吊装前，仔细检查起重设备、吊装索具，进行试吊，确认安全可靠后才能正式吊装。

（10）塔式起重机安装完成后，必须经过当地技术监督局检验合格后，才能使用。

2. 对安装场地的要求

（1）保证安全操作距离不小于500m，塔式起重机任何部位与架空电线的安全距离不小于规范要求。

（2）两台塔式起重机之间的最小距离不小于200m。

（3）保证塔式起重机回转时不经过其他建筑物和街道。

（4）场地的大小要确保最大组装件的长度。

（5）道路应适于运输车辆和自行式起重机方便出入。

（6）建筑物竣工后，要保证塔式起重机方便拆卸，避免无法拆除。

3. 自升式塔式起重机的安装方法

自升式塔式起重机采用"上加节"形式爬升，其爬升原理如图5-4所示。具体操作步骤如下：

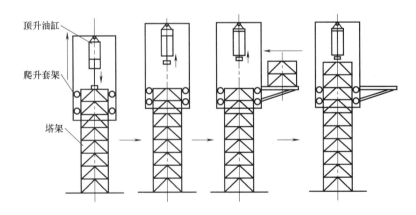

图5-4　自升式塔式起重机爬升原理图

（1）吊钩吊起一个待加节，放在摆渡小车上，然后空钩向外移动到指定位置（由塔式起重机的设计确定）。

（2）开动平衡重移动机构，使平衡重向塔身靠近到指定位置（由设计确定）。

（3）拧下过渡节与塔身的连接螺栓。

（4）开动油泵，使油缸的上腔进油，下腔回油，将活塞杆和横梁支承在塔身上，爬升套架带动起重机顶部沿塔身向上爬升，爬升两个标准节的高度后停止，这时起重机上部和爬升套架的重量靠油缸支撑。

（5）插入支承销，使爬升套架与塔身连接固定。

（6）爬升油缸的下腔进油、上腔回油，活塞杆及横梁向上缩回，起重机上部通过爬升套架和支承插销，支承在内塔身上。

（7）将待加节用摆渡小车推进爬升套架内，这时，油缸的上腔进油、下腔回油，使活塞杆和横梁稍向下移，然后将横梁与推入的待加节系牢。

（8）操纵油缸，使横梁带动待加节上提稍许，推出摆渡小车。

（9）利用油缸将待加节落在塔身上，并与塔身用螺栓联接牢固。

（10）平衡重外移到原位，消除爬升油缸油压，爬升完毕。

5.3.3 轨道式塔式起重机安全操作规程

（1）塔式起重机应有专职司机操作，司机必须持证上岗，并应由专职指挥工持证指挥。

（2）必须遵守"十不吊"等有关安全技术规定。

（3）塔式起重机安装之后，必须按规定验收通过后，方可使用。

（4）夜间作业必须有充足的照明。

（5）起重机必须有可靠接地，所有电气设备外壳都应与机体妥善连接。

（6）起重机行驶轨道不得有障碍物或下沉现象。轨道压板螺栓完整有效，轨道末端应有止挡装置和限位器撞杆。

（7）工作前应检查传动部分润滑油量、钢丝绳磨损情况及各种限位和保险装置等，如不符合要求，应及时修整，经试运转正常后方可正式施工。

（8）司机必须得到指挥信号后，方可进行操作，操作前司机必须按电铃，发信号。

（9）工作休息或下班时，不得将重物悬挂在空中。

（10）工作完毕，起重机应开到轨道中部位置停放，并用夹轨钳夹紧在轨道上，吊钩上升到上限位。起重臂应转至平行于轨道的方向。动臂变幅式塔机起重臂放到最大回转半径处，小车变幅式塔机的小车收置里端。所有控制器必须扳到停止位，拉开电源总开关。

（11）遇有台风警报，下旋式塔机应将夹轨器夹紧撑住转台后部，放下起重臂，用缆风绳拉住塔身上部或将整机放倒在地面上，上旋行走式塔机应用四根缆风绳拉住塔身上部，夹紧夹轨器。

5.4 自行式起重机

自行式起重机是建筑结构吊装工程中一种重要的起重机械，使用非常广泛，可以说，一个国家、一个地区拥有的自行式起重机的吊装能力在一定程度上代表了该国家和地区的吊装水平，因此掌握自行式起重机的合理选择和正确使用，具有自行式起重机的基本知识，不仅是起重专业人员必须的，而且对工程建设的各类人员科学地管理工程也有着重要的意义。

5.4.1 自行式起重机的分类

自行式起重机一般按行驶机构分为履带式、汽车式、轮胎式和随车式，如图 5-5 ～ 图 5-8所示。

图 5-5 履带式起重机

图 5-6 汽车式起重机

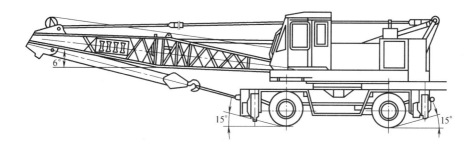

图 5-7 轮胎式起重机

图 5-8 随车式起重机

自行式起重机也可以按照起重量大小、起重臂的形式来划分，而自行式起重机中数量最多、用途广泛的汽车式起重机也有按照变幅机构来划分的，如：机械式汽车起重机用 Q 表示，液压式汽车起重机用 QY 表示，电动式汽车起重机用 QD 来表示等；按照起重臂自行式起重机一般划分为"格构式"和"箱型"两种，随车式起重机按照起重臂划分为"折叠臂"和"伸缩臂"起重机。

5.4.2 自行式起重机的结构组成

自行式起重机除有发动机、底盘、液压控制、照明等汽车的特征组成以外，主要由起重臂、提升机构、变幅机构、旋转机构、行走机构、承重机构等组成。

1. 起重臂

起重臂是起重机将重物提起的支撑机构，起重臂根据结构形式分为"格构式"和"箱型"臂两种。

箱型臂主要由数节截面为箱型的臂套在一起，各节之间可以滑动，在非工作状态时，各节臂在液压装置的作用下缩回到基本臂中，便于起重机的移动。工作时可根据具体吊装工程对臂长的要求，用液压装置进行顶升，使用方便。但是箱型臂起重能力小，臂长受限制，一般中小型起重机采用箱型臂。

格构式臂主要由臂头、臂脚和中间节组成，各节臂之间用螺栓连接，根据具体要求组合成不同长度。格构式臂起重能力大，起升高度高，但是吊装辅助工作量大，起重机转场不便，不如箱型臂方便、快捷。

2. 提升机构

起重机用以提升重物到高处的机构叫提升机构，它包括起升滑车组、钢丝绳、卷扬机等。它的承载能力是一定的，不随起重机臂长和幅度变化。

3. 变幅机构

变幅机构是用于改变起重臂的倾角而改变起重机幅度的机构，分为机械式和液压式。机械式变幅机构由变幅滑轮组和液压卷扬机组成，一般用格构式臂。液压变幅机构由液压缸、液压泵和液压线路组成，一般用于箱型臂。变幅机构的承载能力也是一定的，不随幅度的变化而变化。

4. 旋转机构

旋转机构提供起重机的旋转运动，其基本构造是在起重机的承重结构上固定一内齿大齿轮与之啮合一外齿小齿轮，小齿轮的转轴与起重机旋转部分相连，当小齿轮旋转时，不仅绕自身轴旋转，而且绕起重机旋转中心公转。

起重机工作时，要求机身水平，即要保证小齿轮公转在同一水平面上，否则旋转机构将增加载荷。旋转机构的承载能力同样是确定的。

5. 行走机构

行走机构用于起重机转移场地，改变吊装位置。这是自行式起重机与其他起重机的主要区别标志之一。

除传动系统外，自行式起重机的行走机构分轮式和履带式两大类，汽车式、随车式、轮胎式起重机属于轮式，履带式属于履带式。

行走机构的能力一般与起重机的吊装能力无关。

6. 承重机构

自行式起重机承重机构主要承受起重机自重和吊装载荷，并传送到地面。自行式起重机的承重机构分为履带和支腿两类。支腿有"蛙式"、"液压式"和"组装式"等形式，支腿一般用于汽车吊、轮胎吊和随车吊。吊装时用支腿将起重机顶升离开地面，使吊装荷载直接作用在支腿上。

5.4.3 履带式起重机

1. 概述

履带式起重机与轮式起重机主要区别是起重机的行走机构不同，由于履带式起重机结构简单、易于操作、适用各种自然环境、可以吊物行走等优点，随着自动化和液压技术的成熟，公路网的日趋完善，越来越多的大型履带起重机进行使用，而履带式起重机转场运输难、效率低下的缺点造成了目前小吨位的履带式起重机基本淘汰，但履带式起重机越来越向大吨位方向发展，目前最大的履带起重机为3200t，我们国家现使用的最大履带起重机为3200t。

1）履带式起重机的构造

履带式起重机由动力装置（发动机）、传动装置（包括主离合器、减速器、换向机构等）、回转机构、行走机构（包括履带、行走支架）、卷扬机构（包括吊钩升降机构和吊杆升降机构）、操作系统、工作装置（包括吊杆、起重滑车组等）及电气设备（照明和喇叭）以及自动控制系统等几部分组成。

2）履带式起重机的特点

履带式起重机将起重机构安装在专用底盘上，其行走机构和吊装作业都由履带支撑，履带的接触面积较大，可以支撑大载荷。因此，一般大型起重机较多采用履带式，履带式起重机对地面要求较低，带载行走时载荷不得大于允许其重量的75％（或按照起重机说明书）。履带式起重机行走速度慢，转场时需要解体拖车拖运，同时由于液压技术受到材料等的限制，履带式起重机一般采用格构式起重臂，格构式起重臂起重能力大，起升高度高，但每次改变臂长和转场需要拆除安装，吊装的辅助工作量大，拆装时间长，使用效率低下。

3）履带式起重机的转移

履带式起重机可根据运距、运输条件和设备的情况，采用自行转移、拖车运输和铁路运输等方法。一般情况下，起重机的短途运输可自行转移，中、长途运输可采用分件拆除、拖车运输或者火车运输的方法。

（1）自行转移

一般在山区、工地现场、非高等级道路时，运距不超过5km，履带起重机可以自行转移。起重机自行转移时，在行驶前必须对起重机行走机构进行检查，搞好润滑、紧固、调整等保养工作，吊杆拆至最短。行走时，驱动轮应在后面，刹住回转台，吊杆和履带平行并放低，吊钩要升起。按照事先确定好的行车路线行驶，在地面承载力达不到要求时采用铺设"路基箱"或者提前处理地面的方式提高承载力。在途中注意上空电线，机体和吊杆与电线的安全距离必须符合。在上下坡中，禁止中途变速或空挡滑行，上陡坡必须倒行。上下坡要有专人监护，准备好垫木支护，防止起重机快速下滑引起事故。

（2）拖车运输

① 准备工作

A. 了解所运输的起重机的自重、各部分自重、外型尺寸、运输路线、公路桥梁的承载力和桥洞高度等问题。

B. 根据所运输的起重机部件的外型尺寸和自重选择相应的平板拖车，根据现在高速公路的各项规定，一般不允许超载，但也不宜以大带小，避免载重太轻，运输中颤动太大而损坏起重机零部件。

C. 准备好一定数量的道木、三角垫木、道链、紧线器、跳板、铁丝和钢丝绳等材料。

D. 根据起重机的说明书拆除吊杆、配重、吊钩、钢丝绳等需拆除运输的部件，有时只将吊杆首节拆去，留下根部一节不拆，另用一根钢丝绳将其拉住，这节吊杆虽然不重，但因钢丝绳和吊杆的夹角较小，因此钢丝绳受力往往很大，必须按照受力选择钢丝绳的直径。

② 上车和固定

起重机可以从固定或活动的登车台开上拖车，也可以采用拖车的两个钢制的上车板上车，如果没有可选择的场地，用跳板或者适当规格的方木搭成 10°～15° 左右的坡道，从坡道上拖车。起重机上坡道前应认真检查行走机构的工作状况和制动器的作用是否良好，上坡道时将履带对正，尾部对着拖车向上倒行。如果驾驶室对着拖车向上开行，在起重机重心即将离开坡道时，起重机会发生"点头"现象，吊杆可能会砸着驾驶室，此时必须适当关小油门，以保证安全。此外，在坡道上严禁打方向和回转，如果发生危险可将起重机慢慢退下来。

起重机上拖车必须由经验丰富的人指挥，并由熟悉该机车的驾驶员操作。上拖车时，拖车驾驶员必须离开驾驶室，拖车制动牢固，前后车轮用三角垫木垫实。遇雨雪天气时，还要做好防滑措施。

起重机在拖车上的停放位置应是起重机的重心大致在拖车载重面的中心上，起重机停好后应将起重机的所有制动器制动牢固。履带前后用三角垫木垫实并固定，履带左右两面用钢丝绳和道链或紧线器紧固。如运距远、路面差，必须将尾部用高凳或者道木踩垫实，吊杆中部两侧用绳索固定。在运距短、路面平坦、但转弯困难的情况下，吊杆不必固定以便必要时发动起重机配合转弯。

此外，在吊杆头部用红布做出明显标记，在通过有较低电线地区时，起重机最高处需捆绑竹竿，以便顺利通过。

③ 运输

装有起重机的拖车在行走时要保持平稳，避免紧急刹车，途中坚持中速行驶，转弯、下坡减速，遇有涵洞通过困难时，可先将起重机开下拖车，待通过后再上拖车。

④ 下拖车

起重机下拖车比上拖车更要注意安全操作。除将坡道按规定搭设牢固，由熟练的驾驶员操作和经验丰富的人员外，必须注意：

A. 用慢速挡向下开行，不能放空挡。否则，下行速度过快，会因猛烈地冲击地面而使起重机受损。

B. 在下行途中不可刹车，否则起重机会因刹车自动拐弯滑出坡道，造成危险。

4）铁路运输

长途转运起重机应采用价格更加低廉的铁路平板运输，不过铁路运输有手续繁琐、周期长的缺点。所需申请铁路平板的规格，根据起重机部件外形尺寸和重量来确定。

起重机一般可用货场的平台上铁路平板，有顶头上车和侧向上车两种。上车前必须刹住铁路平板制动器并用道木将平板垫实，以免在上车中平板翘头或倾覆。垫实处应留有一定空隙，防止上车后拆除垫木困难。

起重机上平板后停车位置与固定方法和拖车相同，但必须注意将支垫吊杆的高凳或道木趿搭设在起重机停放的同一个平板上，固定吊杆的绳索也绑在这个平板上。如吊杆长度超出一个铁路的平板，则必须另挂一个辅助平板，但吊杆在此平板上不设支垫，也不用绳索固定，吊钩钢丝绳应抽掉。

铁路运输车身较高、重量较重的起重机时，常用凹形平板装载，以便顺利通过隧道。起重机必须从侧向开上凹形平板，又因为凹形平板的载重面都比货场平台低，所以必须侧向搭设一个 $10°\sim15°$ 的坡道。在凹形平板上，为防止起重机滑动，需在履带的前后左右电焊角钢代替三角木和绳索捆绑。

2. 履带式起重机的组装方法

1) 基本臂的组装方法

(1) 将基础臂节吊到与本体相联接的水平位置上，慢慢地移动本体，使基础臂根部销孔与之相吻合，插入销子，再用锁紧销固定。

(2) 将拉紧器安装在基础臂节上面的托架上。

(3) 将起重臂的变幅钢绳挂在吊挂装置与拉紧器之间，然后将变幅钢绳慢慢拉紧，使基础臂节稍稍抬起，移动本体，使它处于顶部臂节连结状态。

(4) 把基础臂节轻轻放下，使其上侧的联接销孔与相应的顶部臂节连接销孔相吻合，然后插入销子，再用锁紧销固定好，之后轻轻地抬起基础臂节。

(5) 在起重臂的下面垫上枕木，将拉紧器与顶部臂节用吊挂钢绳联结起来，将拉紧器与托架相连接的连接销卸下，慢慢地卷起变幅钢绳，升高 A 型架，使钢绳拉紧。把防倾杆安装到 A 型架的前支架的耳板上。

(6) 检查起重钩防过卷装置是否与使用臂长的倍率一致，起重臂防过卷装置的线路是否接好，各种自动停止装置的动作是否正常。

(7) 启动柴油机，低速动转，慢慢地抬起起重臂，使起重臂与水平成 $30°$。

(8) 将配重按顺序安装好。

(9) 将履带部伸展到位成工作状态后方能作业。

2) 基本臂上增加中间节的组装方法

在基本臂上增加中间节时，按下面步骤进行：

(1) 使基本臂和用枕木垫起来的中间臂节成一条直线。若要安装副臂时，要预先安装好副臂以及拔杆，然后用枕木把它垫起来，像组装基本臂一样，使副臂与起重臂连接。

(2) 先将基础臂分解开（仅与顶部臂节分解），并将分解下来的顶部臂节与组装好的中间节连接在一起。

(3) 使基础臂节接近中间臂节，并与上侧的连接销孔相吻合，然后插入连接销，再用固定销固定。

(4) 使下侧连接销孔相吻合，并慢慢地拉紧起重臂变幅钢绳。但一定不要抬起起重臂。如果将起重臂抬起离开枕木，易损坏起重臂。最后在吻合的连接孔处插入连接销，用固定销固定。

(5) 卜放变幅钢绳，使其放松拉紧器与基础臂节托架的连接后，取下拉紧器和基础臂节托架上的连接销，使基础臂节与拉紧器分离。

(6) 钢绳连接完毕，卷起变幅钢绳使起重臂抬起。在起重臂与地面夹角小于 $30°$ 时，起重钩始终落在地上，主卷扬钢绳始终处于放松状态。

3) 副臂的组装方法

副臂是由副臂顶部、副臂基础、副臂中间节组成。组装副臂时按下列顺序进行:

(1) 事先把副臂和桅杆装好放在枕木上,装垫起的高度与起重臂连接处成水平状态。

(2) 将装有主臂的本体移近副臂,用安装副臂的销子把顶部臂节与副臂连接起来,然后把起重臂用枕木垫起来。

(3) 将副臂的吊挂钢绳通过副臂桅杆把它连接在主臂上侧的托架上。

(4) 与基本臂的情况一样,安装好副臂的提升钢绳。

(5) 上述各项完成以后,提升起重臂,在主臂与地面夹角小于30°时,主副钩必须始终放在地面上。在主副卷扬钢绳始终处于放松状态,使副臂离开地面,确定副臂的安装角度是否在10°~30°以内,如果超过规定值时,应将起重臂落下,重新确定拉紧绳的长度,以保证安装角度。

3. 履带式起重机的安全操作规程

(1) 起重吊装的指挥人员必须持证上岗,作业时应与操作人员密切配合,执行规定的指挥信号。操作人员按照指挥人员的信号进行作业,当信号不清或错误时,操作人员可拒绝执行。

(2) 起重机应在平坦坚实的地面上作业、行走和停放。在正常作业时,坡度不得大于3°,并应与沟渠、基坑保持安全距离。

(3) 起重机起动前重点检查项目应符合下列要求:

① 各安全防护装置及各指示仪表齐全完好;

② 钢丝绳及连接部位符合规定;

③ 燃油、润滑油、液压油、冷却水等添加充足;

④ 各连接件无松动。

(4) 起重机起动前应将主离合器分离,各操纵杆放在空挡位置,并应按照本章有关规定起动内燃机。

(5) 内燃机起动后,应检查各仪表指示值,待运转正常再接合主离合器,进行空载运转,顺序检查各工作机构及其制动器,确认正常后,方可作业。

(6) 作业时,起重臂的最大仰角不得超过出厂规定。当无资料可查时,不得超过78°。

(7) 起重机变幅应缓慢平稳,严禁在起重臂未停稳前变换挡位。起重机载荷达到额定起重量的90%及以上时,严禁下降起重臂。

(8) 在起吊载荷达到额定起重量的90%及以上时,升降动作应慢速进行,并严禁同时进行两种及以上动作。

(9) 起吊重物时应先稍离地面试吊,当确认重物已挂牢,起重机的稳定性和制动器的可靠性均良好,再继续起吊。在重物升起过程中,操作人员应把脚放在制动踏板上,密切注意起升重物,防止吊钩冒顶。当起重机停止运转而重物仍悬在空中时,即使制动踏板被固定,仍应脚踩在制动踏板上。

(10) 采用双机抬吊作业时,应选用起重性能相似的起重机进行。抬吊时应统一指挥,动作应配合协调,载荷应分配合理,单机的起吊载荷不得超过允许载荷的80%。在吊装过程中,两台起重机的吊钩滑轮组应保持垂直状态。

(11) 当起重机需带载行走时，载荷不得超过允许起重量的 70%，行走道路应坚实平整，重物应在起重机正前方向，重物离地面不得大于 500mm，并应拴好拉绳，缓慢行驶。严禁长距离带载行驶。

(12) 起重机行走时，转弯不应过急；当转弯半径过小时，应分次转弯；当路面凹凸不平时，不得转弯。

(13) 起重机上下坡道应无载行走，上坡时应将起重臂仰角适当放小，下坡时应将起重臂仰角适当放大。严禁下坡空挡滑行。

(14) 起重机的变幅指示器、力矩限制器、起重量限制器以及各种行程限位开关等安全保护装置，应完好齐全、灵敏可靠，不得随意调整或拆除。严禁利用限制器和限位装置代替操纵机构。

(15) 起重机作业时，起重臂和重物下方严禁有人停留、工作或通过。重物吊运时，严禁从人上方通过。严禁用起重机载运人员。

(16) 严禁使用起重机进行斜拉、斜吊和起吊地下埋设或凝固在地面上的重物以及其他不明重量的物体。现场浇注的混凝土构件或模板，必须全部松动后方可起吊。

(17) 严禁起吊重物长时间悬挂在空中，作业中遇突发故障，应采取措施将重物降落到安全地方，并关闭发动机或切断电源后进行检修。在突然停电时，应立即把所有控制器拨到零位，断开电源总开关，并采取措施使重物降到地面。

(18) 操纵室远离地面的起重机，在正常指挥发生困难时，地面及作业层（高空）的指挥人员均应采取对讲机等有效的通信联络手段进行指挥。

(19) 在露天有六级及以上大风或大雨、大雪、大雾等恶劣天气时，应停止起重吊装作业。雨雪过后作业前，应先试吊，确认制动器灵敏可靠后方可进行作业。

(20) 作业后，起重臂应转至顺风方向，并降至 40°～60°之间，吊钩应提升到接近顶端的位置，应关停内燃机，将各操纵杆放在空挡位置，各制动器加保险固定，操作室和机棚应关门加锁。

(21) 起重机转移工地，应采用平板拖车运送。特殊情况需自行转移时，应卸去配重，拆短起重臂，主动轮应在后面，机身、起重臂、吊钩等必须处于制动位置，并应加保险固定。每行驶 500～1000m 时，应对行走机构进行检查和润滑。

(22) 起重机通过桥梁、水坝、排水沟等构筑物时，必须先查明允许载荷后再通过。必要时应对构筑物采取加固措施。通过铁路、地下水管、电缆等设施时，应铺设木板保护，并不得在上面转弯。

(23) 用火车或平板拖车运输起重机时，所用跳板的坡度不得大于 15°。起重机装上车后，应将回转、行走、变幅等机构制动，并采用三角木搁紧履带两端，再牢固绑扎。后部配重用枕木垫实，不得使吊钩悬空摆动。

5.4.4　轮式起重机

1. 概述

轮式起重机是指行走机构采用轮胎形式的起重机，轮式起重机主要分为汽车式起重机、轮胎式起重机和随车式起重机三种。汽车起重机是将行走机构装在普通汽车底盘或特制汽车底盘上的一种起重机，而起重作业部分安装在专门设计的自行轮胎底盘上所组成的起重机称为轮胎式起重机，随车起重机是将起重作业部分装在载重货车上的一种起重机。

1) 轮式起重机的结构

轮式起重机是采用轮胎式底盘行走的动臂旋转起重机。其中轮胎式起重机是把起重机构安装在加重型轮胎和轮轴组成的特制底盘上的一种全回转式起重机，其上部构造与履带式起重机基本相同，为了保证安装作业时机身的稳定性，起重机设有四个可伸缩的支腿。

汽车式起重机由上车和下车两部分组成。上车为起重作业部分，设有动臂、起升机构、变幅机构、平衡重和转台等；下车为支承和行走部分。上、下车之间用回转支承在起重臂里面的下面有一个转动卷筒，上面绕钢丝绳，钢丝绳通过在下一节臂顶端上的滑轮，将上一节起重臂拉出去，依此类推。缩回时，卷筒倒转回收钢丝绳，起重臂在自重作用下回缩。这个转动卷筒采用液压马达驱动，因此能看到两根油管，但千万别当成油缸。

另外有一些汽车起重机的伸缩臂里面安装有套装式的柱塞式油缸，但此种应用极少。因为多级柱塞式油缸成本昂贵，而且起重臂受载时会发生弹性弯曲，对油缸寿命影响很大。吊重时一般需放下支腿，增大支承面，并将机身调平，以保证起重机的稳定。

随车式起重机将起重作业装置安装在载重货车上，此起重作业装置相对于汽车式起重机和轮胎式起重机较为简单，一次性起重量比较低，一般设有两个或四个可伸缩的支腿。

2) 轮式起重机的特点

(1) 轮胎起重机因为它的底盘不是汽车底盘，因此设计起重机时不受汽车底盘的限制，轴距、轮距可根据起重机总体设计的要求而合理布置。轮胎起重机一般轮距较宽，稳定性好；轴距小，车身短，故转弯半径小，适用于狭窄的作业场所。轮胎起重机可前后左右四面作业，在平坦的地面上可不用支腿吊重以及吊重慢速行驶，轮胎式起重机需带载行走时，道路必须平坦坚实，载荷必须符合原厂规定。重物离地高度不得超过 50cm，并拴好拉绳，缓慢行驶，严禁长距离带载行驶。一般来说，轮胎起重机行驶速度比汽车起重机慢，其机动性不及汽车起重机。但与履带式起重机相比，它具有便于转移和在城市道路上通过的性能。与汽车式起重机相比其优点有：轮距较宽、稳定性好、车身短、转弯半径小、可在 360°范围内工作。

(2) 汽车式起重机采用驾驶室和操纵室分开设置，道路行驶视野开阔，在一般道路上均可以行使。汽车式起重机移动速度很快，同时目前超过起重量 100t 以上的汽车式起重机，起重机的配重设计便于拆除、安装形式，在起重机需要移动时采用自行拆装的方法，配重由专门的货车运送，提高了起重机转场的移动速度；功率大，油耗小，噪音符合国家标准要求；走台板为全覆盖式，便于在车上工作与检修；支腿系统采用双面操纵，方便实用。汽车式起重机相对于轮胎式起重机的缺点是：不能带载行走；起重作业时必须打好支腿；对道路的承载力和平整度要求较高。

(3) 随车起重机具备既能起重又能载货，机动灵活、操作简单、支腿不需要精平等独特的优点，特别是在人工成本日益高涨的前提下更具有快速发展的前景，主要用于载货的装卸车。同时在野外作业时也具有不可替代的优势。但是它具有一次起重量低、起升高度小、幅度低的限制。

3) 汽车式起重机性能表

见表5-6。

徐工25吨汽车式起重机起重性能表　　　　　　　　　　　表5-6

QY-25K汽吊车性能表

工作幅度(m)	全伸支腿(侧方、后方作业)或选装第五支腿(360°作业)							
	基本臂10.40m		中长臂17.60m		中长臂24.80m		全伸臂32.00m	
	起重量(kg)	起升高度(m)	起升重量(kg)	起升高度(m)	起重量(kg)	起升高度(m)	起重量(kg)	起升高度(m)
3.0	25000	10.50	14100	18.11				
3.5	25000	10.25	14100	17.98				
4.0	24000	9.97	14100	17.82	8100	25.28		
4.5	21500	9.64	14100	17.65	8100	25.16		
5.0	18700	9.28	13500	17.47	8000	25.03		
5.5	17000	8.86	13200	17.26	8000	24.89	6000	32.32
6.0	14500	8.39	13000	17.04	8000	24.74	6000	32.30
7.0	11400	7.22	11500	16.54	7210	24.41	5600	31.95
8.0	9100	5.54	9450	15.95	6860	24.02	5300	31.66
9.0			7750	15.27	6500	23.59	4500	31.33
10.0			6310	14.48	6000	23.10	4000	30.97
12.0			4600	12.49	4500	21.94	3500	30.13
14.0			3500	9.60	3560	20.51	3200	29.12
16.0					2800	18.74	2800	27.93
18.0					2300	16.52	2200	26.52
20.0					1800	13.61	1700	24.95
22.0					1500	9.29	1400	22.90
24.0							1100	20.54
26.0							850	17.60
28.0							640	13.71
29.0							550	11.07

2. 汽车、轮胎式起重机安全操作规程

(1) 起重吊装的指挥人员必须持证上岗,作业时应与操作人员密切配合,执行规定的指挥信号。操作人员应按照指挥人员的信号进行作业,当信号不清或错误时,操作人员可拒绝执行。

(2) 起重机行驶和工作的场地应保持平坦坚实,并应与沟渠、基坑保持安全距离。

(3) 起重机起动前重点检查项目应符合下列要求:

① 各安全保护装置和指示仪表齐全完好;

② 钢丝绳及连接部位符合规定;

③ 燃油、润滑油、液压油及冷却水添加充足;

④ 各连接件无松动;

⑤ 轮胎气压符合规定。

(4) 起重机起动前，应将各操作杆放在空挡位置，手制动器应锁死，并应按照本章有关规定起动内燃机。起动后，应怠速运转，检查各仪表指示值，运转正常后接合液压泵，待压力达到规定值，油温超 30℃时，方可开始作业。

(5) 作业前，应全部伸出支腿，并在撑脚板下垫方木，调整机体使回转支承面的倾斜度在无载荷时不大于 1/1000（水准泡居中）。支腿有定位销的必须插上。底盘为弹性悬挂的起重机，放支腿前应先收紧稳定器。

(6) 作业中严禁扳动支腿操纵阀。调整支腿必须在无载荷时进行，并将起重臂转至正前或正后方可再行调整。

(7) 应根据所吊重物的重量和提升高度，调整起重臂长度和仰角，并应估计吊索和重物本身的高度，留出适当的空间。

(8) 起重臂伸缩时，应按规定程序进行，在伸臂的同时应相应下降吊钩。当限制器发出警报时，应立即停止伸臂。起重臂缩回时，仰角不宜太小。

(9) 起重臂伸出后，出现前节臂杆的长度大于后节伸出长度时，必须进行调整，消除不正常情况后，方可作业。

(10) 起重臂伸出后，或主副臂全部伸出后，变幅时不得小于各长度所规定的仰角。

(11) 汽车式起重机起吊作业时，汽车驾驶室内不得有人，重物不得超越驾驶室上方，且不得在车的前方起吊。

(12) 采用自由（重力）下降时，载荷不得超过该工况下额定起重量的 20%，并应使重物有控制地下降，下降停止前逐渐减速不得使用紧急制动。

(13) 起吊重物达到额定起重量的 50% 及以上时，应使用低速挡。

(14) 作业中发现起重机倾斜、支腿不稳等异常现象时，应立即使重物降落在安全的地方，下降中严禁制动。

(15) 重物在空中需要较长时间停留时，应将起升卷筒制动锁住，操作人员不得离开操纵室。

(16) 起吊重物达到额定重量的 90% 以上时，严禁同时进行两种及以上的操作动作。

(17) 起重机带载回转时，操作应平稳，避免急剧回转或停止，换向应在停稳后进行。

(18) 当轮胎式起重机带载行走时，道路必须平坦坚实，载荷必须符合出厂规定，重物离地面不得超过 500mm，并应拴好拉绳，缓慢行驶。

(19) 起重机的变幅指示器、力矩限制器、起重量限制器以及各种行程限位开关等安全保护装置，应完好齐全、灵敏可靠，不得随意调整或拆除。严禁利用限制器和限位装置代替操纵机构。

(20) 起重机作业时，起重臂和重物下方严禁有人停留、工作或通过。重物吊运时，严禁从人上方通过。严禁用起重机载运人员。

(21) 严禁使用起重机进行斜拉、斜吊和起吊地下埋设或凝固在地面上的重物以及其他不明重量的物体。现场浇注的混凝土构件或模板，必须全部松动后方可起吊。

(22) 严禁起吊重物长时间悬挂在空中，作业中遇突发故障，应采取措施将重物降落到安全地方，并关闭发动机或切断电源后进行检修。在突然停电时，应立即把所有控制器拨到零位，断开电源总开关，并采取措施使重物降到地面。

（23）操纵室远离地面的起重机，在正常指挥发生困难时，地面及作业层（高空）的指挥人员均应采用对讲机等有效的通信联络手段进行指挥。

（24）作业后，应将起重臂全部缩回放在支架上，再收回支脚。吊钩应用专用钢丝绳挂牢；应将车架尾部两撑杆分别撑在尾部下方的支座内，并用螺母固定；应将阻止机身旋转的销式制动器插入销孔，并将取力器操纵手柄放在脱开位置，最后应锁住起重操纵室门。

（25）行驶前，应检查并确认各支腿的收存无松动，轮胎气压应符合规定。行驶时水温应在80~90℃范围内，水温未达到80℃时，不得高速行驶。

（26）行驶时应保持中速，不得紧急制动，过铁道口或起伏路面时应减速，下坡时严禁空挡滑行，倒车时应有人监护。

（27）行驶时，严禁人员在底盘走台上站立或蹲坐，并不得堆放物件。

（28）在露天有六级及以上大风或大雨、大雪、大雾等恶劣天气时，应停止起重吊装作业。雨雪过后作业前，应先试吊，确认制动器灵敏可靠后方可进行作业。

5.5　桅杆式起重机

5.5.1　概述

地灵式起重机经过定型后，可以成为桅杆式起重机，如图5-9所示。

图5-9　桅杆式起重机

起重量在5t以下的桅杆式起重机，大多用圆木做成，用于吊装小型构件；起重量在10t左右的桅杆式起重机大多用无缝钢管做成桅杆，拔杆高度可达25m，用于一般工业厂房的吊装；大型的桅杆式起重机，起重量可以达到60t，拔杆高度80m，拔杆用角钢组成的格构式截面，用于中型工业厂房和大型构件的吊装。目前国内最大的桅杆式起重机为1000t。

桅杆式起重机的主臂和副臂的截面选择，必须经过计算确定。主臂和副臂的连接有多种形式，有的将主臂和副臂分开，副臂直接连接在底盘上，主臂不动，由设在副臂顶端两侧的耳绳牵动旋转；有的将主臂和副臂连接在一个转盘上，由卷扬机牵动旋转，并共同支撑在止推轴承或球型支座上。如果主臂不动,仅副臂旋转,主臂揽风绳可以直接固定。如果主臂副臂一起旋转,则揽风绳必须通过活动装置连接在主臂顶端。桅杆式起重机的揽风绳为6根～8根。

桅杆式起重机的移动也有多种形式。大型桅杆式起重机大多在下部设有专门的行走装置,在钢轨上移动,也有在滚筒上移动的。移动时要将副臂收起,并随时调整揽风松紧,使拔杆保持稳定。移动完成后,将起重机安全垫实牢固可靠后才能继续工作。

桅杆式起重机由拔杆、动臂、支撑装置和起升、变幅、回转机构组成。

按支撑方式分斜撑式桅杆起重机和钎缆式桅杆起重机。斜撑式桅杆起重机用两根钢性斜撑支持拔杆,动臂比拔杆长,只能在270°以内回转,但起重机占地面积小。钎缆式桅杆起重机用多根缆绳稳定拔杆,即在拔杆底部装上转盘,动臂比拔杆短,能作360°回转。

桅杆起重机一般都利用自身变幅滑轮组和绳索自行架设,具有结构轻便、传动简单、装拆容易等优点。广泛应用于定点装卸重物和安装大型构件。

五种桅杆式起重机的起重能力和主要数据见表5-7。

五种桅杆式起重机的起重能力和主要参数　　　　表5-7

编号	1	2	3	4	5
最大起重量(t)	18	30	35	40	45
桅杆高度(m)	24.7	50	64	32.1	85
吊杆长度(m)	20	45	58	27	77
自重(t)	13.18	—	—	27.7	—
桅杆及吊杆截面(mm)					
中间	800×800	900×900	1200×1200	1000×1000	1600×1600
端部	800×800	550×550	800×800	900×900	800×800
主肢角钢	∟100×10	∟120×1	∟150×12	∟150×12	∟200×20
缀条	∟65×6	∟75×8	∟90×10	∟90×10	∟100×10
起重滑车组					
工作线数	4	8	10	10	10
钢丝绳直径	21.5	19.5	21.5	21.5	26
吊杆起伏滑车组					
工作线数	6	8	10	12	10
钢丝绳直径	21.5	19.5	21.5	21.5	28.5
缆风根数	8	9	12	12	12
缆风直径	32.5	32.5	34.5	37	39.5

注:自重不包括卷扬机重量。

5.5.2 桅杆式起重机安全操作规程

(1)起重机的安装和拆卸应划出警戒区,清除周围的障碍物,在专人统一指挥下,按照出厂说明书或制定的拆装技术方案进行。

（2）安装起重机的地基应平整夯实，底座与地面之间应垫两层枕木，并应采用木块揳紧缝隙。

（3）缆风绳的规格、数量及地锚的拉力、埋没深度等，应按照起重机性能经过计算确定，缆风绳与地面的夹角应在30°~45°之间，缆风绳与桅杆和地锚的连接应牢固。

（4）缆风绳的架设应避开架空电线。在靠近电线的附近，应装有绝缘材料制作的护线架。

（5）提升重物时，吊钩钢丝绳应垂直，操作应平稳，当重物吊起刚离开支承面时，应检查并确认各部无异常时，方可继续起吊。

（6）在起吊满载重物前，应有专人检查各地锚的牢固程度。各缆风绳都应均匀受力，主杆应保持直立状态。

（7）作业时，起重机的回转钢丝绳应处于拉紧状态。回转装置应有安全制动控制器。

（8）起重机移动时，其底座应垫以足够承重的枕木排和滚杠，并将起重臂收紧处于移动方向的前方。移动时，主杆不得倾斜，缆风绳的松紧应配合一致。

5.6 桥式起重机

5.6.1 概述

桥式起重机是在固定的跨间内吊装重物的机械设备，被广泛用于车间、仓库或露天场地。

桥式起重机的大梁横跨于跨间内一定高度的专用轨道上，可沿轨道在跨间的纵向移动，在大梁上布置有起升装置，大多数起升装置采用起重小车，起升装置可沿大梁在跨间横向移动，外观像一条金属的桥梁，所以人们称它为桥式起重机。桥式起重机俗称"天车"、"行车"。如图5-10所示是箱形双梁桥式起重机。

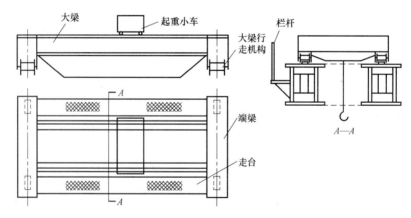

图5-10 箱形双梁桥式起重机结构简图

5.6.2 桥式起重机的分类

桥式起重机的种类较多，可按不同方法分类。

根据吊具不同，可分为吊钩式起重机、抓斗式起重机、电磁吸盘式起重机。

根据用途不同，可分为通用桥式起重机、专用桥式起重机两大类。专用桥式起重机的形式较多，主要有：锻造桥式起重机、铸造桥式起重机、冶金桥式起重机、电站桥式起重机、防爆桥式起重机、绝缘桥式起重机、挂梁桥式起重机、两用（三用）桥式起重机、大起升高度桥式起重机等。

按主梁结构形式可分为箱形结构桥式起重机、桁架结构桥式起重机、管形结构桥式起重机。还有由型钢（工字钢）和钢板制成的简单截面梁的起重机，称为梁式起重机。梁式起重机多采用电动葫芦作为起重小车。

5.6.3　桥式起重机的用途

桥式起重机被广泛应用于各类工业企业、港口车站、仓库、料场、水电站、火电站等场所。不同类型的桥式起重机所适合吊装的重物不同，并根据不同的要求采用不同的吊具。吊钩起重机吊装各种成件重物。抓斗起重机吊装各种散装物品，如煤、焦炭、砂、盐等；电磁起重机吊装导磁的金属材料，如型钢、钢板、废钢铁等。两用起重机是为了提高生产效率，在一台小车上装有可换的吊钩和抓斗或者电磁盘和抓斗，但每一工作循环只能使用其中的一种取物装置。三用起重机即吊钩、抓斗、电磁铁 3 种可以互换的取物装置，可吊装成件、散粒物品或导磁的金属材料，但每次吊装重物时，只能使用其中的一种取物装置。

防爆起重机用于在有易燃、易爆介质的车间、库房等场所吊装成件重物，起重机上的电气设备和有关装置具有防爆特性，以免发生火花而爆炸。绝缘起重机用于吊装电解车间的各种成件物品，起重机上有关部分具有可靠的绝缘装置，保证安全操作。

双小车起重机是在同一主梁上设有两台相同的小车，用来搬运长件材料，各小车又可单独使用。

挂梁起重机通过两个吊钩上的平衡梁挂钩或平衡梁上的电磁盘吊装和堆垛各种长件材料，如木材、钢管、棒材、型材、钢板等。

5.6.4　桥式起重机的基本结构组成

尽管桥式起重机的类型繁多，但其基本结构是相同的。桥式起重机主要由大梁、起升装置、端梁、大梁行走机构、起升装置行走机构、轨道和电气动力、控制装置等构成。如图 5-11 所示。

1. 大梁结构

桥式起重机一般采用两根端部连接的大梁组合结构，称为双梁桥式起重机，只有少数轻型桥式起重机采用单梁，称为梁式起重机。

桥式起重机大梁的结构形式主要有箱形结构、偏轨箱形结构、偏轨空腹箱形结构、单主梁箱形结构、四桁架式结构、三角形桁架式结构、单腹板梁结构、曲腹板梁结构及预应力箱形梁结构等。最常见的是箱形结构。箱形梁由上盖板、下盖板和两个腹板构成一个箱体，箱内还有纵横长短筋板。在箱形主梁的一侧铺设走台板和栏杆，在上盖板上铺设起升装置的行走轨道。为了检修的方便，在大梁上还布置有供人行走的走台和栏杆。

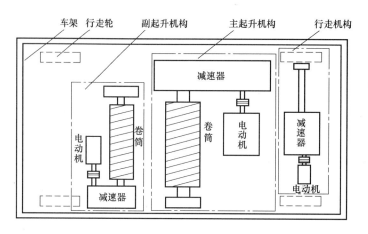

图 5-11   桥式起重机小车示意图

2. 起升机构

起升机构用来实现重物的升降，是起重机上最重要和最基本的机构。桥式起重机的起升机构，除了少数梁式起重机采用电动葫芦外，一般均采用起重小车。起重小车由车架、运行机构、起升卷绕机构和电气设备等组成。

车架支承在四个车轮上，车架上的运行机构带动车轮沿小车轨道运行，以实现在跨间宽度方向不同位置的吊装。

起升卷绕机构实际上是一台电动卷扬机和滑轮组的组合。起重量大于 150kN 的桥式起重机，一般具有两套起升卷绕机构，即主钩和副钩，主钩的额定载荷较大，但起升速度缓慢，副钩的额定载荷较小，但起升速度较快，用以起吊较轻的物件或作辅助性工作，以提高工作效率。在桥式起重机的铭牌上对其额定载荷的标注通常将主钩额定载荷标注在前，副钩额定载荷标注在后，中间用 "/" 隔开，如 "1600kN/500kN"。

5.7   门式起重机

5.7.1   概述

门式起重机被广泛应用于工程建设中的各类露天场地，如房屋建筑与桥梁建设工地中的构件预制场，工业设备安装工地中的设备堆放、组装、部件预制场地等。其他诸如在车站、码头、料场、水电站、造船工业中也有着广泛的应用。

门式起重机按用途可分为一般用途门式起重机、集装箱门式起重机、水电站门式起重机、船坞门式起重机等数种。在土木工程建设中，使用较为普遍的是一般用途门式起重机。门式起重机由金属结构（包括桥架、支腿、驾驶室等）、机构（包括起重小车起升机构、起重小车行走机构、门式起重机行走机构等）以及电气与控制系统组成，如图 5-12 所示。

按取物装置的形式，门式起重机可分为吊钩式门式起重机、抓斗式门式起重机、电磁式龙门起重机、两用或三用门式起重机。

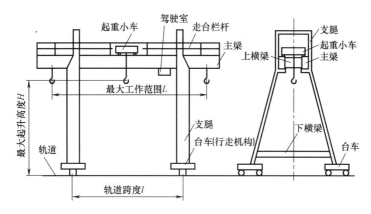

图 5-12 门式起重机示意图

按行走机构的形式，门式起重机可分为轨道式门式起重机和轮胎式门式起重机。

按主梁的结构可分为箱型梁门式起重机和桁架梁门式起重机；按主梁的数量又可分单梁门式起重机和双梁门式起重机。

按支腿的形式可分为 L 形支腿门式起重机、C 形支腿门式起重机、带马鞍的八字形支腿龙门起重机、U 形支腿门式起重机等，如图 5-13 所示。

按悬臂的数量可分为双悬臂门式起重机、单悬臂门式起重机、无悬臂门式起重机等。

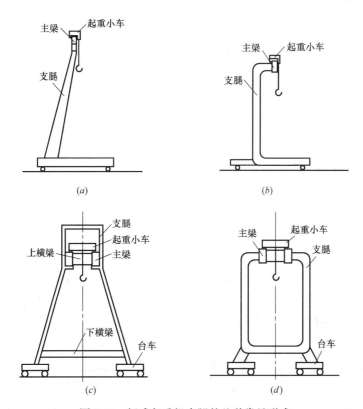

图 5-13 门式起重机支腿的几种常见形式

(a) L 形支腿（单梁）；(b) C 形支腿（单梁）；
(c) 带马鞍的八字形支腿（双梁）；(d) U 形支腿（双梁）

目前国内生产的门式起重机，其额定起重量一般不大于 400kN（40t），其跨度可以达到 60m，起升高度可达到 16m，满载起升速度可达到 35～45m/min，空载起升速度可达到 70～100m/min。

5.7.2 门式、桥式起重机安全操作规程

（1）起重机路基和轨道的铺设应符合出厂规定，轨道接地电阻不应大于 4Ω。

（2）使用电缆的门式起重机，应设有电缆卷筒，配电箱应设置在轨道中部。

（3）用滑线供电的起重机，应在滑线两端标有鲜明的颜色，滑线应设置防护栏杆。

（4）轨道应平直，鱼尾板连接螺栓应无松动，轨道和起重机运行范围内应无障碍物。门式起重机应松开夹轨器。

（5）门式、桥式起重机作业前的重点检查项目应符合下列要求：

① 机械结构外观正常，各连接件无松动；

② 钢丝绳外表情况良好，绳卡牢固；

③ 各安全限位装置齐全完好。

（6）操作室内应垫木板或绝缘板，接通电源后应采用试电笔测试金属结构部分，确认无漏电方可上机；上、下操纵室应使用专用扶梯。

（7）作业前，应进行空载运转，在确认各机构运转正常，制动可靠，各限位开关灵敏有效后，方可作业。

（8）开动前，应先发出音响信号示意，重物提升和下降操作应平稳匀速，在提升大件时不得快速，并应拴拉绳防止摆动。

（9）吊动易燃、易爆、有害等危险品时，应经安全主管部门批准，并应有相应的安全措施。

（10）重物的吊运路线严禁从人上方通过，亦不得从设备上面通过。空车行走时，吊钩应离地面 2m 以上。

（11）吊起重物后应慢速行驶，行驶中不得突然变速或倒退。两台起重机同时作业时，应保持 3～5m 距离。严禁用一台起重机顶推另一台起重机。

（12）起重机行走时，两侧驱动轮应同步，发现偏移应停止作业，调整好后方可继续使用。

（13）作业中，严禁任何人从一台桥式起重机跨越到另一台桥式起重机上去。

（14）操作人员由操纵室进入桥架或进行保养检修时，应有自动断电联锁装置或事先切断电源。

（15）露天作业的门式、桥式起重机，当遇六级及以上大风时，应停止作业，并锁紧夹轨器。

（16）门式、桥式起重机的主梁挠度超过规定值时，必须修复后方可使用。

（17）作业后，门式起重机应停放在停机线上，用夹轨器锁紧，并将吊钩升到上部位置；桥式起重机应将小车停放在两条轨道中间，吊钩提升到上部位置。吊钩上不得悬挂重物。

（18）作业后，应将控制器拨到零位，切断电源，关闭并锁好操纵室门窗。

5.8 电动卷扬机

5.8.1 概述

电动卷扬机主要由卷筒、电动机、控制器、制动器和变速器等部件组成，如图5-14所示。卷扬机的卷扬速度有快速和慢速之分，在构件吊装中常用慢速。电动卷扬机有卷扬能力大、速度快和操作简便等优点。因此在建筑施工中被广泛用作土法吊装、升降机、打桩机和拖运设备等动力装置。常用电动卷扬机的规格和技术性能见表5-8。

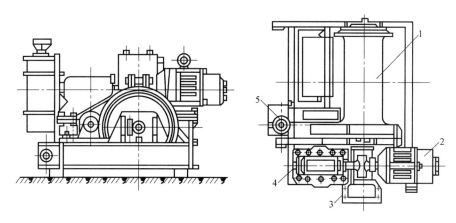

图5-14 电动卷扬机

1—卷筒；2—电动机；3—控制器；4—制动器；5—变速器

常用电动卷扬机的规格和技术性能　　　　　　　　　　表5-8

类型	起重能力 (t)	滚筒直径×长度 (mm)	平均绳速 (m·min⁻¹)	(缠绳量/直径)(m/mm)	电动机功率 (kW)
单滚筒	1	200×350	36	200/12.5	7
	3	340×500	7	110/12.5	7.5
	5	400×840	7.8	190/24	11
双滚筒	3	350×500	27.5	300/16	28
	5	220×600	32	500/28	40
	7	800×1050	6	1000/31	20
单滚筒	10	750×1312	6.5	1000/31	22
	20	850×1324	10	600/42	55

5.8.2 卷扬机安全操作规程

（1）安装时，基座应平稳牢固、周围排水畅通、地锚设置可靠，并应搭设工作棚。操作人员的位置应能看清指挥人员和拖动或起吊的物件。

（2）作业前，应检查卷扬机与地面的固定，弹性联轴器不得松旷，并应检查安全装置、防护设施、电气线路、接零或接地线、制动装置和钢丝绳等，全部合格后方可使用。

（3）使用传动带或开式齿轮传动的部分，均应设防护罩，导向滑轮不得用开口拉板式滑轮。

（4）以动力正反转的卷扬机，卷筒旋转方向应与操纵开关上指示的方向一致。

（5）从卷筒中心线到第一个导向滑轮的距离，带槽卷筒应大于卷筒宽度的 15 倍；无槽卷筒应大于卷筒宽度的 20 倍。当钢丝绳在卷筒中间位置时，滑轮的位置应与卷筒轴线垂直，其垂直度允许偏差为 6°。

（6）钢丝绳应与卷筒及吊笼连接牢固，不得与机架或地面摩擦，通过道路时，应设过路保护装置。

（7）在卷扬机制动操作杆的行程范围内，不得有障碍物或阻卡现象。

（8）卷筒上的钢丝绳应排列整齐，当重叠或斜绕时，应停机重新排列，严禁在转动中手拉脚踩钢丝绳。

（9）作业中，任何人不得跨越正在作业的卷扬钢丝绳。物件提升后，操作人员不得离开卷扬机，物件或吊笼下面严禁人员停留或通过。休息时应将物件或吊笼降至地面。

（10）作业中如发现异响、制动不灵、制动带或轴承等温度剧烈上升等异常情况时，应立即停机检查，排除故障后方可使用。

（11）作业中停电时，应切断电源，将提升物件或吊笼降至地面。

（12）作业完毕，应将提升吊笼或物件降至地面，并应切断电源，锁好开关箱。

5.9 电动葫芦

5.9.1 概述

电动葫芦是一种固定于高处，直接用于垂直提升的电动物品。由于把电动机、减速器、卷筒及制动装置紧密集合在一起，结构非常紧凑，且通常由专门厂家生产，价格便宜，从而在中、小型物品的提升工作中得到广泛的应用。电动葫芦可以单独地悬挂在固定的高处，用于专用设备的吊装或检修工作，或对指定地点的物品进行装卸作业；也可以备有小车，以便在工字梁的下翼缘上运行，使吊重在一定范围内移动，作为电动单轨起重机、电动单梁或双梁桥式起重机以及塔式、龙门起重机的起重小车之用，为较大的作业范围服务。

5.9.2 电动葫芦的构造及工作原理

我国生产的电动葫芦构造形式很多，目前以 CD 型和经过改进设计以后的 CD1 型电动葫芦应用最广。

如图 5-15 所示为 CD 型电葫芦总图。布置在卷筒装置 4 一端的电动机 1，通过弹性联轴器 2，与装在卷筒装置另一端的减速器 3 相连。工作时，电动机通过联轴器直接带动减速器的输入轴——齿轮轴，通过三级齿轮减速，由减速器的输出轴——空心轴驱动卷筒转动，缠绕钢丝绳，使吊钩 8 升降。不工作时，装在电动机尾端风扇轮轴上的锥形制动器 7

处于制动状态，葫芦便不能工作。一般在电动葫芦的卷筒上，还装有导绳装置，该装置用螺旋传动，以保证钢丝绳在卷筒上的整齐排列。

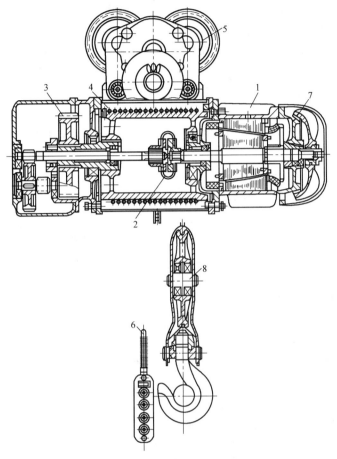

图 5-15　CD 型电葫芦总图

1—锥形转子电动机；2—弹性联轴器；3—减速器；4—卷筒装置；5—电动小车；
6—电气按钮盒；7—制动器；8—吊钩

电动葫芦的电动小车 5，多数采用由一个电动机驱动两边车轮的形式，且一般仍是采用带锥形制动器的电动机。

电动葫芦大都采用三相交流鼠笼式电动机。电动机的控制常常采用地面按钮控制。在悬垂电缆下部挂着电气按钮盒 6，其上装有按钮，一般为升降两个，左右运行两个。如果电动葫芦用在电动单梁等起重机上，也可以采用在司机室里操纵的方式。

5.9.3　电动葫芦安全操作规程

(1) 电动葫芦使用前应检查设备的机械部分和电气部分，钢丝绳、吊钩、限位器等应完好，电气部分应无漏电，接地装置应良好。

(2) 电动葫芦应设缓冲器，轨道两端应设挡板。

(3) 作业开始第一次吊重物时，应在吊离地面 100mm 时停止，检查电动葫芦制动情况，确认完好后方可正式作业。露天作业时，应设防雨篷。

（4）电动葫芦严禁超载起吊。起吊时，手不得握在绳索与物体之间，吊物上升时应严防冲撞。

（5）起吊物件应捆扎牢固。电动葫芦吊重物行走时，重物离地不宜超过 1.5m。工作间歇不得将重物悬挂在空中。

（6）电动葫芦作业中发生异味、高温等异常情况，应立即停机检查，排除故障后方可继续使用。

（7）使用悬挂电缆电气控制开关时，绝缘应良好，滑动应自如。人的站立位置后方应有 2m 空地并应正确操作电钮。

（8）在起吊中，由于故障造成重物失控下滑时，必须采取紧急措施，向无人处下放重物。

（9）在起吊中不得急速升降。

（10）电动葫芦在额定载荷制动时，下滑位移量不应大于 80mm，否则应清除油污或更换制动环。

（11）作业完毕后，应停放在指定位置，吊钩升起，并切断电源，锁好开关箱。

思 考 题

1. 建筑结构吊装主要用哪些起重设备？

2. 起重机的基本参数是什么？

3. 简述内燃机起动后的正确操作。

4. 起重机的吊钩和吊环出现什么情况就要进行更换？

5. 塔式起重机的主要特点是什么？

6. 简述塔式起重机的分类。

7. 简述塔式起重机安装与拆卸的一般安全要求。

8. 简述履带式起重机的转移方法。

9. 轮式起重机主要有哪几种？

10. 桅杆式起重机主要由哪些机构组成？

11. 简述桥式起重机的用途。

12. 简述电动卷扬机的结构组成。

13. 叙述电动葫芦的结构及工作原理。

6 土石方机械

6.1 土石方机械概况

土方工程所应用的机械，其特点是功率大、机型大、机动性大、生产效率高和类型复杂。根据所起的作用不同，可将土方施工机械分为铲土运输机械、挖掘机械和压实机械三大类。市政工程施工中常用的土方机械有推土机、铲运机、单斗挖掘机、装载机、平地机和压路机等。

土方是整个市政工程中工程量最大、工期长、施工条件复杂的工程之一。土方工程主要有平整、挖掘、运输、回填和压实等劳动强度大的施工作业。

土方工程施工必须实现机械化，据统计，一台斗容量为 $1m^3$ 的单斗挖掘机，挖掘Ⅲ类以下的土壤时，每个台班的生产率相当 $300 \sim 400$ 工人 1 天的工作量；一台班产 $200000m^3$ 大型斗轮式挖掘机可代替 $5 \sim 6$ 万人的劳动，由此可见，实现土方工程施工机械化，可以大大提高生产率，减轻劳动强度，加快施工进度，缩短工期，降低工程成本，且能有效地保证工程质量。

本书就常用的几种土方施工机械加以介绍。

6.2 土石方机械安全操作规程

（1）土石方机械的内燃机、电动机和液压装置的使用，应符合有关规定。

（2）机械进入现场前，应查明行驶路线上的桥梁、涵洞的上部净空和下部承载能力，保证机械安全通过。

（3）作业前，应查明施工场地明、暗设置物（电线、地下电缆、管道、坑道等）的地点及走向，并采用明显记号表示。严禁在离电缆 1m 距离以内作业。

（4）作业中，应随时监视机械各部位的运转及仪表指示值，如发现异常，应立即停机检修。

（5）机械运行中，严禁接触转动部位和进行检修。在修理（焊、铆等）工作装置时，应使其降到最低位置，并应在悬空部位垫上垫木。

（6）在电杆附近取土时，对不能取消的拉线、地垄和杆身，应留出土台。土台半径：电杆应为 $1.0 \sim 1.5m$，拉线应为 $1.5 \sim 2.0m$。并应根据土质情况确定坡度。

（7）机械不得靠近架空输电线路作业，并应按照有关规定留出安全距离。

（8）机械通过桥梁时，应采用低速挡慢行，在桥面上不得转向或制动。承载力不够的桥梁，事先应采取加固措施。

（9）在施工中遇下列情况之一时应立即停工，待符合作业安全条件时，方可继续施工：

① 填挖土体不稳定,有发生坍塌危险时;

② 气候突变,发生暴雨、水位暴涨或山洪暴发时;

③ 在爆破警戒区内发出爆破信号时;

④ 地面有水冒泥,出现陷车或因雨发生坡道打滑时;

⑤ 工作面净空不足以保证安全作业时;

⑥施工标志、防护设施损毁失效时。

(10) 配合机械作业的清底、平地、修坡等人员,应在机械回转半径以外工作。当必须在回转半径以内工作时,应停止机械回转并制动好后,方可作业。

(11) 雨季施工。机械作业完毕后,应停放在较高的坚实地面上。

(12) 挖掘基坑时,当坑底无地下水,坑深在 5m 以内,且边坡坡度符合表 6-1 规定时,可不加支撑。

边坡坡度比例   表 6-1

土 壤 性 质	在坑沟底挖土	在坑够上边挖土
砂土回填土	1000 / 750	1000 / 1000
粉土砾石土	1000 / 500	1000 / 750
粉质黏土	1000 / 330	1000 / 750
黏土	1000 / 250	1000 / 750
干黄土	1000 / 100	1000 / 330

(13) 当挖土深度超过 5m 或发现有地下水以及土质发生特殊变化等情况时,应根据土的实际性能计算其稳定性,再确定边坡坡度。

(14) 当对石方或冻土进行爆破作业时,所有人员、机具应撤至安全地带或采取安全保护措施。

6.3 单斗挖掘机

6.3.1 概述

单斗挖掘机是挖掘机中最常见的一种。同多斗挖掘机相对应，单斗挖掘机只有一个挖斗。单斗挖掘机是大型基坑开挖中最常用的一种土方机械。

（1）根据其工作装置的不同，分为正铲、反铲、拉铲、抓铲4种。

正铲挖掘机的铲斗铰装于斗杆端部，由动臂支持，其挖掘动作由下向上，斗齿尖轨迹常呈弧线，适于开挖停机面以上的土壤。

反铲挖掘机的铲斗也与斗杆铰接，其挖掘动作通常由上向下，斗齿轨迹呈圆弧线，适于开挖停机面以下的土壤。反铲挖掘机的铲斗沿动臂下缘移动，动臂置于固定位置时，斗齿尖轨迹呈直线，因而可获得平直的挖掘表面，适于开挖斜坡、边沟或平整场地。

拉铲挖掘机的铲斗呈畚箕形，斗底前缘装斗齿。工作时，将铲斗向外抛掷于挖掘面上，铲斗齿借斗重切入土中，然后由牵引索拉拽铲斗挖土，挖满后由提升索将斗提起，转台转向卸土点，铲斗翻转卸土。可挖停机面以下的土壤，还可进行水下挖掘，挖掘范围大，但挖掘精确度差。

抓铲挖掘机的铲斗由两个或多个颚瓣铰接而成，颚瓣张开，掷于挖掘面时，瓣的刃口切入土中，利用钢索或液压缸收拢颚瓣，挖抓土壤。松开颚瓣即可卸土。用于基坑或水下挖掘，挖掘深度大，也可用于装载颗粒物料。土方工程中常用的中小型挖掘机，其工作装置可以拆换，换装上不同铲斗，可进行不同作业。还可改装成起重机、打桩机、夯土机等，故称通用（多能）挖掘机。采掘或矿用挖掘机一般只配备一种工作装置，进行单一作业，故称专用挖掘机。

（2）按行走方式分为履带式和轮胎式两类。

（3）按传动方式有机械传动和液压传动两种。

液压传动单斗挖掘机是利用油泵、液压缸、液压马达等元件传递动力的挖掘机。油泵输出的压力油分别推动液压缸或马达工作，使机械各相应部分运转。常见的是反铲挖掘机。反铲作业时，动臂放下，作为支承，由斗杆液压缸或铲斗液压缸将铲斗放在停机面以下并使之作弧线运动，进行挖掘和装土，然后提起动臂，利用回转马达转向卸土点，翻转铲斗卸土。整机行走采用左右液压马达驱动，马达正逆转配合，可以进、退或转弯。轮胎行走也有由发动机经变速箱、主传动轴和差速器传动的，但机构复杂。中小型机多采用双泵驱动，也有再添设一泵单独驱动回转机构的，可以节省功率。液压传动挖掘机的主要技术参数是铲斗容量，也有以机重或发动机功率为主要参数的。此种挖掘机结构紧凑、重量轻，常拥有品种较多的可换工作装置，以适应各种作业需要，操作轻便灵活，工作平稳可靠，故发展迅速，已成为挖掘机的主要品种，如图6-1所示为液压式单斗挖掘机构造。

6.3.2 结构组成和工作原理

单斗挖掘机主要由发动机、液压系统、工作装置、行走装置和电气控制等部分组成。液压系统由液压泵、控制阀、液压缸、液压马达、管路、油箱等组成。电气控制系统包括

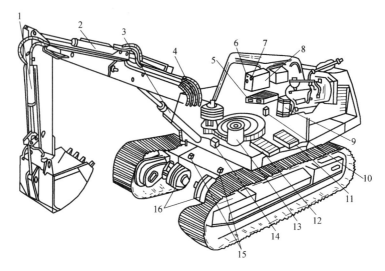

图 6-1 液压式单斗挖掘机构造

1—铲斗油缸；2—斗杆油缸；3—动臂油缸；4—回转油马达；5—冷却器；6—滤油器；

7—磁性滤油器；8—液压油箱；9—油泵；10—背压阀；11—后四路组合阀；

12—前四路组合阀；13—中央回转接头；14—回转制动阀；15—限速阀；16—行走油马达

监控盘、发动机控制系统、泵控制系统、各类传感器、电磁阀等。

根据其构造和用途可以区分为：履带式、轮胎式、步履式、全液压、半液压、全回转、非全回转、通用型、专用型、铰接式、伸缩臂式等多种类型。

工作装置是直接完成挖掘任务的装置。它由动臂、斗杆、铲斗等三部分铰接而成。动臂起落、斗杆伸缩和铲斗转动都用往复式双作用液压缸控制。为了适应各种不同施工作业的需要，液压挖掘机可以配装多种工作装置，如挖掘、起重、装载、平整、夹钳、推土、冲击锤等多种作业机具。

回转与行走装置是液压挖掘机的机体，转台上部设有动力装置和传动系统。发动机是液压挖掘机的动力源，大多采用柴油，要在方便的场地，也可改用电动机。

液压传动系统通过液压泵将发动机的动力传递给液压马达、液压缸等执行元件，推动工作装置动作，从而完成各种作业。

6.3.3 作用

单斗挖掘机主要是一种土方机械。在建筑工程中，单斗挖掘机可挖掘基坑、沟槽，清理和平整场地。是建筑工程土方施工中很重要的机械设备。在更换工作装置后还可以进行破碎、装卸、起重、打桩等作业任务。

单斗挖掘机的动力装置有柴油机驱动、电驱动（称电铲）、蒸汽机驱动和复合驱动等。其传动有机械传动和液压传动等。其行走装置有履带式、轮胎式、轨道式、步行式和浮式。转台可作 $360°$ 全回转或局部回转。土木建筑施工中常用的为柴油机驱动、全回转、液压传动挖掘机。

机械传动单斗挖掘机利用齿轮、链条、钢丝绳滑轮组等传动件传递动力的挖掘机。常见的为正铲挖掘机，其动臂中间装有特种轴承（称鞍式轴承），斗杆支承于此轴承上，可绕其转动，并利用齿轮齿条或钢丝绳传动机构进行伸缩。作业时，以动臂为支承，斗杆伸出，将斗齿强制压入挖掘面，同时由起升钢丝绳提升铲斗进行挖土。铲斗底部可以开启，以进行卸土。转台回转借齿轮传动，并采用滚球式或滚柱式回转支承，大型机也常采用滚轮式回转支承，但摩擦阻力矩大。整机行走由发动机通过链条和齿轮传动来完成。轮胎式行走装置由于底盘结构和承载能力的限制，只适用于中小型挖掘机。机械传动挖掘机的主要技术参数是铲斗容量，常根据其计算机械生产率和估算运土车辆的车斗大小。此种挖掘机由于重量大、机构性能不能很好地满足作业要求、操纵不轻便，故中小型机已基本上被液压传动挖掘机所取代。

6.3.4 单斗挖掘机安全操作规程

(1) 单斗挖掘机的作业和行走场地应平整坚实，对松软地面应垫以枕木或垫板，沼泽地区应先作路基处理，或更换湿地专用履带板。

(2) 轮胎式挖掘机使用前应支好支腿并保持水平位置，支腿置于作业面的方向，转向驱动桥应置于作业面的后方。采用液压悬挂装置的挖掘机，应锁住两个悬挂液压缸。履带式挖掘机的驱动轮应置于作业面的后方。

(3) 平整作业场地时，不得用铲斗进行横扫或用铲斗对地面进行夯实。

(4) 挖掘岩石时，应先进行爆破。挖掘冻土时，应采用破冰锤或爆破法使冻土层破碎。

(5) 挖掘机正铲作业时，除松散土壤外，其最大开挖高度和深度，不应超过机械本身性能规定。在拉铲或反铲作业时，履带距工作面边缘距离应大于1.5m。

(6) 作业前，应查明施工场地明、暗设置物（电线、地下电缆、管道、坑道等）的地点及走向，并采用明显记号表示。严禁在离电缆1m距离以内作业。

(7) 作业前重点检查项目应符合下列要求：

① 照明、信号及报警装置等齐全有效；

② 燃油、润滑油、液压油符合规定；

③ 各铰接部分连接可靠；

④ 液压系统无泄漏现象；

⑤ 轮胎气压符合规定。

(8) 起动前，应将主离合器分离，各操纵杆放在空挡位置，并应按照有关规定起动内燃机。

(9) 起动后，接合动力输出，应先使液压系统从低速到高速空载循环10～20min，无吸空等不正常噪声，工作有效，并检查各仪表指示值，待运转正常再接合主离合器，进行空载运转，顺序操纵各工作机构并测试各制动器，确认正常后，方可作业。

(10) 作业时，挖掘机应保持水平位置，将行走机构制动住，并将履带或轮胎搂紧。

(11) 遇较大的坚硬石块或障碍物时，应待清除后方可开挖，不得用铲斗破碎石块、冻土或用单边斗齿硬啃。

(12) 挖掘悬崖时，应采取防护措施。作业面不得留有伞沿及松动的大块石，当发现有塌方危险时，应立即处理或将挖掘机撤至安全地带。

(13) 作业时，应待机身停稳后再挖土，当铲斗未离开工作面时，不得作回转、行走等动作。回转制动时，应使用回转制动器，不得用转向离合器反转制动。

（14）作业时，各操纵过程应平稳，不准紧急制动。铲斗升降不得过猛，下降时，不得撞碰车架或履带。

（15）斗臂在抬高及回转时，不得碰到洞壁、沟槽侧面或其他物体。

（16）向运土车辆装车时，宜降低挖铲斗，减小卸落高度，不得偏装或砸坏车厢。在汽车未停稳或铲斗需越过驾驶室而司机未离开前不得装车。

（17）作业中，当液压缸伸缩将达到极限位时，应动作平稳，不得冲撞极限块。

（18）作业中，当需制动时，应将变速阀置于低速位置。

（19）作业中，当发现挖掘力突然变化，应停机检查，严禁在未查明原因前擅自调整分配阀压力。

（20）作业中不得打开压力表开关，且不得将工况选择阀的操纵手柄放在高速挡位置。

（21）反铲作业时，斗臂应停稳后再挖土。挖土时，斗柄伸出不宜过长，提斗不得过猛。

（22）作业中，履带式挖掘机作短距离行走时，主动轮应在后面，斗臂应在正前方与履带平行，制动住回转机构，铲斗应离地面 1m。上、下坡道不得超过机械本身允许最大坡度，下坡应慢速行驶。不得在坡道上变速和空挡滑行。

（23）轮胎式挖掘机行驶前，应收回支腿并固定好，监控仪表和报警信号灯应处于正常显示状态，气压表压力应符合规定。工作装置应处于行驶方向的正前方，铲斗应离地面 1m。长距离行驶时，应采用固定销将回转平台锁定，并将回转制动板踩下后锁定。

（24）当在坡道上行走且内燃机熄火时，应立即制动并揳住履带或轮胎，待重新发动后，方可继续行走。

（25）机械运行中，严禁接触转动部位和进行检修。在修理（焊、销等）工作装置时，应使其降到最低位置，并应在悬空部位垫上垫木。

（26）在施工中遇下列情况之一时应立即停工，待符合作业安全条件时，方可继续施工：

① 填挖区土体不稳定，有发生坍塌危险时；

② 气候突变，发生暴雨、水位暴涨或山洪暴发时；

③ 在爆破警戒区内发出爆破信号时；

④ 地面涌水冒泥，出现陷车或因雨发生坡道打滑时；

⑤ 工作面净空不足以保证安全作业时；

⑥ 施工标志、防护设施损毁失效时。

（27）配合机械作业的清底、平地、修坡等人员，应在机械回转半径以外工作。当必须在回转半径以内工作时，应停止机械回转并制动好后，方可作业。

（28）作业后，挖掘机不得停放在高边坡附近和填方区，应停放在坚实、平坦、安全的地带，将铲斗收回平放在地面上，所有操纵杆置于中位，关闭操纵室和机棚。

（29）履带式挖掘机转移工地应采用平板拖车装运。短距离自行转移时，应低速缓行，每行走 500～1000m 应对行走机构进行检查和润滑。

（30）保养或检修挖掘机时，除检查内燃机运行状态外，必须将内燃机熄火，并将液压系统卸荷，铲斗落地。

（31）利用铲斗将底盘顶起进行检修时，应使用垫木将抬起的轮胎垫稳，并用木楔将落地轮胎搜牢，然后将液压系统卸荷，否则严禁进入底盘下工作。

6.4　推土机

6.4.1　概述

推土机（bulldozer）是由拖拉机驱动的机器，有一宽而钝的水平推铲用以清除土地、道路构筑物或类似的工作。它以主机为动力，前端装有推土装置，用来对土壤、矿石等散状物料进行刮削或推运的自行式铲土运输机械（源于《推土机术语》GB/T 8590—2001）。

按行走方式分，推土机可分为履带式和轮胎式两种。履带式推土机附着牵引力大，接地比压小（0.04～0.13MPa），爬坡能力强，但行驶速度低。轮胎式推土机行驶速度高，机动灵活，作业循环时间短，运输转移方便，但牵引力小，适用于需经常变换工地和野外工作的情况。

按用途分，可分为通用型及专用型两种。通用型是按标准进行生产的机型，广泛用于土石方工程中。专用型用于特定的工况下，有采用三角形宽履带板以降低接地比压的湿地推土机和沼泽地推土机、水陆两用推土机、水下推土机、船舱推土机、无人驾驶推土机、高原型和高湿工况下作业的推土机等。

6.4.2　结构组成与工作原理

推土机的基本作业是铲土、运土和卸土。

动力输出机构以齿轮传动和花键连接的方式带动工作装置液压系统中的工作泵、变速变矩液压系统变速泵、转向制动液压系统转向泵；链轮代表二级直齿齿轮传动的终传动机构（包括左、右终传动总成）；履带板包括履带总成、台车架和悬挂装置总成在内的行走系统。

履带式推土机主要由发动机、传动系统、工作装置、电气部分、驾驶室和机罩等组成。其中，机械及液压传动系统又包括液力变矩器、联轴器总成、行星齿轮式动力换挡变速器、中央传动、转向离合器和转向制动器、终传动和行走系统等。如图6-2所示为回转式推土机结构原理图。

6.4.3　推土机安全操作规程

（1）作业前，应查明施工场地明、暗设置物（电线、地下电缆、管道、坑道等）的地点及走向，并采用明显记号表示。严禁在离电缆1m距离以内作业。

（2）推土机在坚硬土壤或多石土壤地带作业时，应先进行爆破或用松土器翻松。在沼泽地带作业时，应更换湿地专用履带板。

（3）推土机行驶通过或在其上作业的桥、涵、堤、坝等，应具备相应的承载能力。

（4）不得用推土机推石灰、烟灰等粉尘物料和用作碾碎石块的作业。

（5）牵引其他机械设备时，应有专人负责指挥。钢丝绳的连接应牢固可靠。在坡道或长距离牵引时，应采用牵引杆连接。

（6）作业前重点检查项目应符合下列要求：

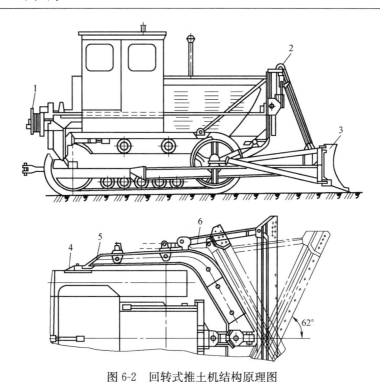

图 6-2   回转式推土机结构原理图

1—绞盘；2—滑轮组支架；3—推土板；4—连接装置；5—顶推架；6—撑杆

① 各部件无松动、连接良好；

② 燃油、润滑油、液压油等符合规定；

③ 各系统管路无裂纹或泄漏；

④ 各操纵杆和制动踏板的行程、履带的松紧度或轮胎气压均符合要求。

（7）起动前，应将主离合器分离，各操纵杆放在空挡位置，并应按照有关规定起动内燃机，严禁拖、顶起动。

（8）起动后应检查各仪表指示值，液压系统应工作有效。当运转正常、水温达到55℃、机油温度达到45℃时，方可全载荷作业。

（9）推土机行驶前，严禁有人站在履带或刀片的支架上。机械四周应无障碍物，确认安全后，方可开动。

（10）采用主离合器传动的推土机接合应平稳，起步不得过猛，不得使离合器处于半接合状态下运转。液力传动的推土机，应先解除变速杆的锁紧状态，踏下减速器踏板，变速杆应在一定挡位，然后缓慢释放减速踏板。

（11）在块石路面行驶时，应将履带张紧。当需要原地旋转或急转弯时，应采用低速挡进行。当行走机构夹入块石时，应采用正、反向往复行驶使块石排除。

（12）在浅水地带行驶或作业时，应查明水深，冷却风扇叶不得接触水面。下水前和出水后，均应对行走装置加注润滑脂。

（13）推土机上、下坡或越过障碍物时应采用低速挡。上坡不得换挡，下坡不得空挡滑行。横向行驶的坡度不得超过10°。当需要在陡坡上推土时，应先进行填挖，使机身保持平衡，方可作业。

（14）在上坡途中，当内燃机突然熄火，应立即放下铲刀，并锁住制动踏板。在分离主离合器后，方可重新起动内燃机。

（15）下坡时，当推土机下行速度大于内燃机传动速度时，转向动作的操纵应与平地行走时操纵的方向相反，此时不得使用制动器。

（16）填沟作业驶近边坡时，铲刀不得越出边缘。后退时，应先换挡，方可提升铲刀进行倒车。

（17）在深沟、基坑或陡坡地区作业时，应有专人指挥，其垂直边坡高度不应大于2m。

（18）在推土或松土作业中不得超载，不得做有损于铲刀、推土架、松土器等装置的动作，各项操作应缓慢平稳。无液力变矩器装置的推土机，在作业中有超载趋势时，应稍微提升刀片或变换低速挡。

（19）推树时，树干不得倒向推土机及高空架设物。推屋墙或围墙时，其高度不宜超过2.5m。严禁推带有钢筋或与地基基础连接的混凝土桩等建筑物。

（20）两台以上推土机在同一地区作业时，前后距离应大于8.0m，左右距离应大于1.5m。在狭窄道路上行驶时，未得前机同意，后机不得超越。

（21）推土机顶推铲运机作助铲时，应符合下列要求：

① 进入助铲位置进行顶推中，应与铲运机保持同一直线行驶；

② 铲刀的提升高度应适当，不得触及铲斗的轮胎；

③ 助铲时应均匀用力，不得猛推猛撞，应防止将铲斗后轮胎顶离地面或使铲斗吃土过深；

④ 铲斗满载提升时，应减少推力，待铲斗提离地面后即减速脱离接触；

⑤ 后退时，应先看清后方情况，当需绕过正后方驶来的铲运机倒向助铲位置时，宜从来车的左侧绕行。

（22）推土机转移行驶时，铲刀距地面宜为400mm，不得用高速挡行驶和进行急转弯。不得长距离倒退行驶。

（23）作业完毕后，应将推土机开到平坦安全的地方，落下铲刀，有松土器的，应将松土器爪落下。在坡道上停机时，应将变速杆挂低速挡，接合主离合器，锁住制动踏板，并将履带或轮胎揳住。

（24）停机时，应先降低内燃机转速，变速杆放在空挡，锁紧液力传动的变速杆，分开主离合器，踏下制动板并锁紧，待水温降到75℃以下，油温降到90℃以下时，方可熄火。

（25）推土机长途转移工地时，应采用平板拖车装运。短途行走转移时，距离不宜超过10km，并在行走过程中应经常检查和润滑行走装置。

（26）在推土机下面检修时，内燃机必须熄火，铲刀应放下或垫稳。

6.5　拖式铲运机

拖式铲运机是指需要借助其他机械拖动行走的铲运机。

6.5.1　构造组成与工作原理

拖式铲运机一般都是用履带式拖拉机作为牵引装置，其铲土斗的操纵有钢丝绳操纵式和液压操纵式两种，如图6-3所示为CT-6型铲运机的总体组成。它主要由铲土斗、拖杆、

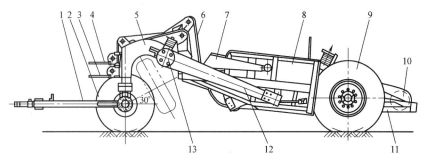

图 6-3   CT-6 型铲运机的总体组成

1—拉拖杆；2—前轮；3—卸土钢丝绳；4—提斗钢丝绳；5—辗架曲梁；6—斗门钢丝绳；
7—前斗门；8—铲运斗体；9—后轮；10—蜗形器；11—尾架；12—辙架臂杆；13—辗架

辗架、尾架、钢丝绳操纵机构和行走机构等组成。

铲土斗由铲运斗体 8 和前斗门 7 组成，是铲运机的主体结构。铲运斗体 8 的前面有可进行启闭的前斗门 7，前下缘还安装有 4 片切土的刀片，中间两片稍突出些，以减小铲土作业中的阻力。斗体后部为横梁，前部是一根"象鼻"形的曲梁，梁端与辗架横梁借助万向联轴节连接，这种结构形式的主要优点是不必另外再安装机架，所以说这种铲运机的工作装置中是没有机架的。

拖杆 1 是一根"T"形的组合体，一端连接铲土斗，另一端则与拖拉机相连接。组合体包括拖杆、拖杆横梁和牵挂装置等组成。

行走机构是由带有两根半轴的两个后轮和带有一根前轴的两个前轮所组成，车轮都是充气的橡胶轮胎，它们各借助于滚动轴承安装在轴颈上。

钢丝绳操纵机构由提斗钢丝绳 4、卸土钢丝绳 3、拖拉机后部的绞盘、斗门钢丝绳 6 和蜗形器 10 等组成。操纵系统在作业中可分别控制铲斗的升降、斗门的开启和关闭以及强制卸土板的前移。卸土板的复位是靠蜗形器操纵。

卸土绳、轮系统安装在尾架上。在尾架的尾部设有垂直的销孔，用来联挂另一个铲土斗或拖动其他机械进行联合作业。

6.5.2   拖式铲运机安全操作规程

（1）作业前，应查明施工场地明、暗设置物（电线、地下电缆、管道、坑道等）的地点及走向，并采用明显记号表示。严禁在离电缆 1m 距离以内作业。

（2）拖式铲运机牵引用拖拉机的使用应符合有关规定。

（3）铲运机在四类土壤作业时，应先采用松土器翻松。铲运机作业区内应无树根、树桩、大的石块和过多的杂草等。

（4）铲运机行驶道路应平整结实，路面比机身应宽出 2m。

（5）作业前，应检查钢丝绳、轮胎气压、铲土斗及卸土板回缩弹簧、拖把万向接头、撑架以及各部滑轮等。液压式铲运机铲斗与拖拉机连接插座与牵引连接块应锁定，各液压管路连接应可靠，确认正常后，方可起动。

（6）开动前，应使铲斗离开地面，机械周围应无障碍物，确认安全后，方可开动。

（7）作业中，严禁任何人上下机械，传递物件，以及在铲斗内、拖把或机架上坐立。

（8）多台铲运机联合作业时，各机之间前后距离不得小于 10m（铲土时不得小于 5m），左右距离不得小于 2m。行驶中，应遵守下坡让上坡、空载让重载、支线让干线的原则。

（9）在狭窄地段运行时，未经前机同意，后机不得超越。两机交会或超越平行时应减速，两机间距不得小于 0.5m。

（10）铲运机上、下坡道时，应低速行驶，不得中途换挡，下坡时不得空挡滑行，行驶的横向坡度不得超过 60°，坡宽应大于机身 2m 以上。

（11）在新填筑的土堤上作业时，离堤坡边缘不得小于 1m。需要在斜坡横向作业时，应先将斜坡挖填，使机身保持平衡。

（12）在坡道上不得进行检修作业。在陡坡上严禁转弯、倒车或停车。在坡上熄火时，应将铲斗落地、制动牢靠后再行起动。下陡坡时，应将铲斗触地行驶，帮助制动。

（13）铲土时，铲斗与机身应保持直线行驶。助铲时应有助铲装置，应正确掌握斗门开启的大小，不得切土过深。两机动作应协调配合，做到平稳接触，等速助铲。

（14）在下陡坡铲土时，铲斗装满后，在铲斗后轮未到达缓坡地段前，不得将铲斗提离地面，应防铲斗快速下滑冲击主机。

（15）在凹凸不平地段行驶转弯时，应放低铲斗，不得将铲斗提升到最高位置。

（16）拖拉陷车时，应有专人指挥，前后操作人员应协调，确认安全后，方可起步。

（17）作业后，应将铲运机停放在平坦地面，并应将铲斗落在地面上。液压操纵的铲运机应将液压缸缩回，将操纵杆放在中间位置，进行清洁、润滑后，锁好门窗。

（18）非作业行驶时，铲斗必须用锁紧链条挂牢在运输行驶位置上，机上任何部位均不得载人或装载易燃、易爆物品。

（19）修理斗门或在铲斗下检修作业时，必须将铲斗提起后用销子或锁紧链条固定，再用垫木将斗身顶住，并用木楔揳住轮胎。

6.6　自行式铲运机

自行式铲运机就是自己可以行走的铲运机，但超过 1800m 功效会降低。

6.6.1　构造组成与工作原理

自行式铲运机是由专用基础车和铲土斗两大部分组成。基础车为铲运机的动力牵引装置，由柴油发动机、传动系统、转向系统和车架等组成，这些装置都安装在中央框架上。铲土斗是铲运机的主要构造部分，其形式与拖式铲运机的铲土斗基本相同。如图 6-4 所示为 CL-7 型自行式铲运机总体组成。

自行式铲运机的机型和铲土斗的容量都较大，作业中不易自由卸土，所以，多为强制式卸土形式。

液压操纵的自行式铲运机，其铲土斗的升降、斗门的启、闭和卸土板的移动，都是由各自的双作用油缸进行操纵，这些油缸分别安装在铲土斗的前端、后部和两侧。为保证铲运机作业中的有效制动，还安装了 4 个车轮的液压或气压制动系统。自行式铲运机整机驱动和液压系统的动力都由安装在基础车前端的大型柴油机提供，大铲土斗容量的铲运机，考虑到自身作业的需要而又不借助其他机械实行助铲时，还在铲运机的前后各安装一台可

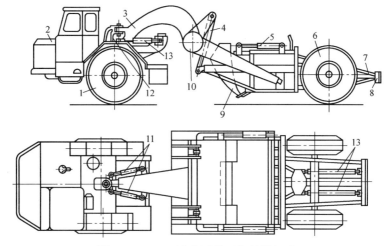

图 6-4   CL-7 型自行式铲运机总体组成

1—前轮（驱动轮）；2—牵引车；3—辕架曲梁；4—提斗油缸；5—斗门油缸；6—后轮；7—尾架；8—顶推板；
9—前斗门；10—辕架横梁；11—转向油缸；12—中央枢架；13—卸土油缸

分别操纵的柴油机，形成前后驱动的自行式铲运机。

6.6.2   作业过程

铲运机的作业过程包括铲装、运土、卸土和回程 4 个环节，属于循环作业式的土方施工机械，如图 6-5 所示。

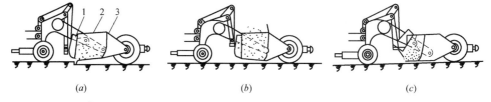

图 6-5   铲运机作业过程图
（a）铲土装土；（b）运土；（c）卸土
1—前斗门；2—铲土斗；3—斗后壁（卸土板）

（1）铲装过程如图 6-5 （a）所示。升起前斗门，放下铲土斗，铲运机向前行驶，斗口靠斗的自重（或液压力）切入土中，将铲削下来的一层土壤挤装在铲土斗内。

（2）运土过程如图 6-5 （b）所示。铲土斗装满后，关闭斗门，升起铲斗，铲运机行走至卸土地段。

（3）卸土过程如图 6-5 （c）所示。放下铲土斗，使斗口保持与地面一定距离，打开斗门，随机械前进将斗内的土壤全部卸出，卸出的一层土壤同时被铲运机后部的轮胎压实。

（4）回程：卸土完毕，关闭斗门，升起铲土斗，铲运机空载行驶到原铲土地段，进行下一个作业循环。

6.6.3   自行式铲运机安全操作规程

（1）作业前，应查明施工场地明、暗设置物（电线、地下电缆、管道、坑道等）的地点及走向，并采用明显记号表示。严禁在离电缆 1m 距离以内作业。

（2）自行式铲运机的行驶道路应平整坚实，单行道宽度不应小于 5.5m。

（3）多台铲运机联合作业时，前后距离不得小于 20m（铲土时不得小于 10m），左右距离不得小于 2m。

（4）作业前，应检查铲运机的转向和制动系统，并确认灵敏可靠。

（5）铲土时，或在利用推土机助铲时，应随时微调转向盘，铲运机应始终保持直线前进。不得在转弯情况下铲土。

（6）下坡时，不得空挡滑行，应踩下制动踏板辅以内燃机制动，必要时可放下铲斗，以降低下滑速度。

（7）转弯时，应采用较大回转半径低速转向，操纵转向盘不得过猛；当重载行驶或在弯道上、下坡时，应缓慢转向。

（8）不得在大于 15°的横坡上行驶，也不得在横坡上铲土。

（9）沿沟边或填方边坡作业时，轮胎离路肩不得小于 0.7m，并应放低铲斗，降速缓行。

（10）在坡道上不得进行检修作业。遇在坡道上熄火时，应立即制动，下降铲斗，把变速杆放在空挡位置，然后方可起动内燃机。

（11）穿越泥泞或软地面时，铲运机应直线行驶，当一侧轮胎打滑时，可踩下差速器锁止踏板。当离开不良地面时，应停止使用差速器锁止踏板。不得在差速器锁止时转弯。

（12）夜间作业时，前后照明应齐全完好，前大灯应能照至 30m。当对方来车时，应在 100m 以外将大灯光改为小灯光，并低速靠边行驶。非作业行驶时，铲斗必须用锁紧链条挂牢在运输行驶位置上，机上任何部位均不得载人或装载易燃、易爆物品。

6.7 静作业压路机

6.7.1 概述

静作业压路机主要有三种，分别是静力式光碾压路机、羊脚碾、轮胎式压路机。

1. 静力式光碾压路机

静力式光碾压路机的工作机构是由几个钢或铸铁制成的沉重的碾轮（碾轮为中空，可根据需要再装备上压重材料）组成，在机械运行过程中，通过碾压轮对构筑物的基础、给排水管道工程的回填土、路基路面等表层材料进行压实或压平。碾压式压实机械对土壤和被压实的表层加载作用时间长，有利于被压实材料的塑性变形，对黏土的压实效果好，是道路工程和一般市政工程主要的施工机械之一。

（1）静力式光碾压路机的分类

根据碾压轮和轮轴数目的不同，光碾压路机分为两轮两轴式、三轮两轴式和三轮三轴式。按机械总重的不同，又可将光碾压路机分为轻型压路机（自重为 2~6t）、中型压路机（自重为 6~10t）和重型压路机（自重为 10~15t）。按其动力装置的布置及结构形式不同，还可分为拖式压路机与自行式压路机两种。

国产压路机的型号，规定用汉语拼音加数字表示，如 3Y-6/8，则表示压路机为三轮两轴式，整机自重为 6t，加上附加荷载后总重为 8t，形式为自行式；又如 2Y-8/10，表示压路机为两轮两轴式，不加载时为 8t，加上附加荷载后总重为 10t，形式为自行式。

（2）静力式光碾压路机的构造

静力式光碾压路机一般都是由动力装置、传动系统、碾压滚轮、机身和操纵系统等组成。

如图 6-6 所示为 3Y-12/15 型三轮两轴式光碾压路机的传动系统。机上安装使用的动力装置为 4135 型发动机，由起电机起动后经中间各机械传动机使压路机行驶。柴油发动机 2 发出的动力经主离合器 3，传至变速箱 4，再经变速条幅第二根轴末端的锥形齿轮带动换向机构 5，然后，通过换向机构长轴中间的固定圆柱齿轮来带动差速器 6，最后经侧传动齿轮 7、8，使驱动轮 9 旋转，压路得以行进。

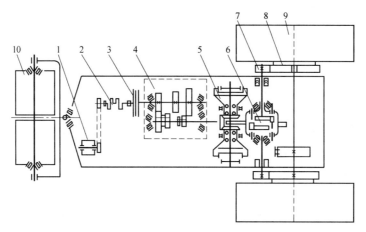

图 6-6　3Y-12/15 型三轮两轴式压路机的传动系统

1—起电机；2—柴油发电机；3—主离合器；4—变速箱；5—换向机构；

6—差速器；7—侧传动小齿轮；8—侧传动大齿轮；9—驱动轮；10—导向轮

2. 羊脚碾

羊脚碾实际上是在光面的碾压轮表面上安装了一定数量的凸爪形零件，因凸爪的形状与羊脚相似，故被称为羊脚碾。这些羊脚形零件与被压实土壤层接触面积小，压实力集中，因此极适合对含水量较大、新填筑的黏土工程的压实，但不能用来压实砂土和工程的面层。

（1）羊脚碾的类型

根据碾滚数的不同可将羊脚碾分为单滚和双滚的两种。根据羊脚碾的移动方式不同，可分为拖式羊脚碾和自行式羊脚碾两种。工程上常用的为拖式羊脚碾。

（2）羊脚碾的构造

工程上常用的单滚拖式羊脚碾的构造如图 6-7 所示。它是由带羊脚的滚轮和矩形机架组成。滚轮 4 是用钢板卷曲并经焊接而成的封闭圆筒，轮内可通过侧面的装料口 3 装入砂子或碎石，以调节滚轮重量。羊角碾的滚轮安装在轮轴上，轮轴支承在矩形框架上。

3. 轮胎式压路机

轮胎式压路机是一种多轮胎的特种车辆，同属于静力式的压实机械，其工作机构是由

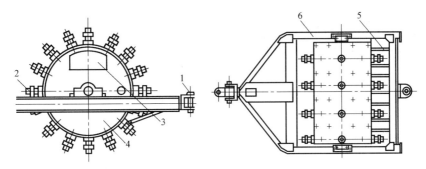

图 6-7　羊角碾单滚构造

1—牵引机构；2—羊角；3—装料口；4—滚轮；5—刮泥板；6—机架

多个轮胎组成。可以利用增减车箱内的配重来调整压路机的重量和调整轮胎充气压力的办法来调整作业中的接触压力，使之与不同的土质的极限强度相适应，压实时不会破坏土的原有粘结力，保证各层之间压实良好的结合性，由于轮胎对沥青材料的粘附性不大，所以特别适合压实沥青路面。对于砂质土和粘性土壤也有良好的压实效果。当用其碾压碎石基础时，还不破坏碎石的棱角，因而不致因压实而形成大量的石粉，并能得到均匀的压实层。

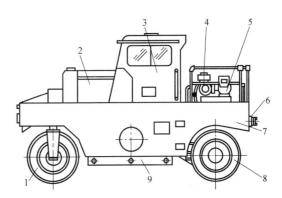

图 6-8　自行式轮胎压路机的构造

1—转向轮；2—发动机；3—驾驶室；4—汽油机；
5—水泵；6—拖挂装置；7—机架；8—驱动轮；9—配重铁

轮胎式压路机虽有拖式和自行式的两种，但拖式已极少应用。为了获得高的压实效率和好的压实质量，自行式轮胎压路机的行走机构的前后轮胎分别并列成一排，且前后排轮胎彼此的轮隙叉开。其余各机构基本上与光碾压路机一样。如图6-8所示为自行式轮胎压路机的构造，它是由动力装置、前、后轮组、传动系统、辅助装置、机身和操纵系统等组成。

6.7.2　静作用压路机安全操作规程

（1）压路机碾压的工作面，应经过适当平整，对新填的松软路基，应先用羊足碾或打夯机逐层碾压或夯实后，方可用压路机碾压。

（2）当土的含水量超过30％时不得碾压，含水量少于5％时，宜适当洒水。

（3）工作地段的纵坡不应超过压路机最大爬坡能力，横坡不应大于20°。

（4）应根据碾压要求选择机重。当光轮压路机需要增加机重时，可在滚轮内加砂或水。当气温降至0℃时，不得用水增重。

（5）轮胎压路机不宜在大块石基础层上作业。

（6）作业前，各系统管路及接头部分应无裂纹、松动和泄漏现象，滚轮的刮泥板应平整良好，各紧固件不得松动，轮胎压路机还应检查轮胎气压，确认正常后方可起动。

（7）不得用牵引法强制起动内燃机，也不得用压路机拖拉任何机械或物件。

（8）起动后，应进行试运转，确认运转正常，制动及转向功能灵敏可靠，方可作业。开动前，压路机周围应无障碍物或人员。

（9）碾压时应低速行驶，变速时必须停机。速度宜控制在 3～4km/h 范围内，在一个碾压行程中不得变速。碾压过程应保持正确的行驶方向，碾压第二行时必须与第一行重叠半个滚轮压痕。

（10）变换压路机前进、后反方向，应待滚轮停止后进行。不得利用换向离合器作制动用。

（11）在新建道路上进行碾压时，应从中间向两侧碾压。碾压时，距路基边缘不应少于 0.5m。

（12）碾压傍山道路时，应由里侧向外侧碾压，距路基边缘不应少于 1m。

（13）上、下坡时，应事先选好挡位，不得在坡上换挡，下坡时不得空挡滑行。

（14）两台以上压路机同时作业时，前后间距不得小于 3m，在坡道上不得纵队行驶。

（15）在运行中，不得进行修理或加油。需要在机械底部进行修理时，应将内燃机熄火，用制动器制动住，并搂住滚轮。

（16）对有差速器锁住装置的三轮压路机，当只有一只轮子打滑时，方可使用差速器锁住装置，但不得转弯。

（17）作业后，应将压路机停放在平坦坚实的地方，并制动住。不得停放在土路边缘及斜坡上，也不得停放在妨碍交通的地方。

（18）严寒季节停机时，应将滚轮用木板垫离地面。

（19）压路机转移工地距离较远时，应采用汽车或平板拖车装运，不得用其他车辆拖拉牵运。

6.8　振动压路机

6.8.1　概述

振动压路机是利用其自身的重力和振动压实各种建筑和筑路材料。在公路建设中，振动压路机最适宜压实各种非粘性土壤、碎石、碎石混合料以及各种沥青混凝土，因而被广泛应用。山东公路机械厂生产的 YZ20H-Ⅰ型振动压路机是一种超重型振动压路机，适用于大型土方工程、公路工程基础的压实。

振动压路机的主要特点有：

（1）采用铰接式车架、液压行走、液压振动、全液压转向系统。

（2）具有两种振频、两级振幅，可适应于不同厚度铺层和各种材料的压实。

（3）采用进口液压泵、液压马达、振动轴承，保证了整机的可靠性。

（4）车架及机罩采用优化设计，保养和维修方便。

（5）具有三级减振，驾驶室采用密封隔音措施，驾驶更加舒适。

6.8.2 振动压路机的构造组成

振动压路机随机型的不同,其总体结构存在一定差异。自行式振动压路机总体构造一般由发动机、传动系统、操纵系统、行走装置(振动轮和驱动轮)以及车架(整体式和铰接式)等组成。其中应用最广泛的自行式振动压路机为光轮(钢轮)式压路机。轮胎驱动铰接式振动压路机总体构造如图6-9所示。图6-10为振动轮构造。振动压路机振动轮分光轮和凸块等结构形式。振动轮为凸块形式的又称为凸块振动压路机。

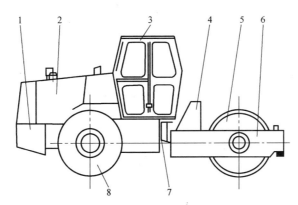

图6-9 轮胎驱动铰接式振动压路机总体构造

1—后机架;2—发动机;3—驾驶室;4—挡板;5—振动轮;6—前机架;7—铰接轴;8—驱动轮胎

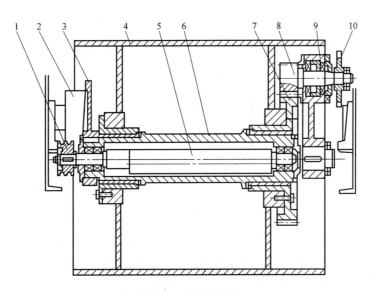

图6-10 振动轮构造

1—V型带轮;2—减震环;3—右支板;4—振动轮;5—偏心轴;6—偏心轴壳;
7—大齿轮;8—小齿轮;9—左支板;10—链轮

6.8.3 振动压路机安全操作规程

(1)作业时,压路机应先起步后才能起震,内燃机应先至于中速,然后再调制高速。

(2)变速与换向时应先停机,变速时应降低内燃机转速。

（3）严禁压路机在坚实的地面上进行振动。

（4）碾压松软路基时，应先在不振动的情况下碾压1～2遍，然后再振动碾压。

（5）碾压时、振动频率应保持一致。对可调整的振动压路机，应先调好振动频率后再作业，不得在没有起震情况下调整振动频率。

（6）换向离合器、起震离合器和制动器的调整，应在主离合器脱开后进行。

（7）上、下坡时，不得使用快速挡。在急转弯时，包括铰接式振动压路机在小转弯绕圈碾压时，严禁使用快速挡。

（8）压路机在高速行驶时不得接合振动。

（9）停机时应先停振，然后将换向机构置于中间位置，变速器置于空挡，最后拉起手制动操纵杆，内燃机怠速运转数分钟后熄火。

（10）其他作业要求应符合静压压路机的规定。

6.9 平地机

6.9.1 概述

平地机（如图6-11所示）是利用刮刀平整地面的土方机械。刮刀装在机械前后轮轴之间，能升降、倾斜、回转和外伸。动作灵活准确，操纵方便，平整场地有较高的精度，适用于构筑路基和路面、修筑边坡、开挖边沟，也可搅拌路面混合料、扫除积雪、推送散粒物料以及进行土路和碎石路的养护工作。

图 6-11 平地机

平地机是土方工程中用于整形和平整作业的主要机械，广泛用于公路、机场等大面积的地面平整作业。平地机之所以有广泛的辅助作业能力，是由于它的刮土板能在空间完成六个自由度的运动。它们可以单独进行，也可以组合进行。平地机在路基施工中，能为路基提供足够的强度和稳定性。它在路基施工中的主要方法有平地作业、刷坡作业、填筑路堤。

平地机是一种高速、高效、高精度和多用途的土方工程机械。它可以完成公路、农田等大面积的地面平整和挖沟、刮坡、推土、排雪、疏松、压实、布料、拌和、助装和开荒等工作，是国防工程、矿山建设、道路修筑、水利建设和农田改良等施工中的重要设备。

6.9.2 平地机构造组成

如图 6-12 所示为天津工程机械厂生产的 PY-160A 型液压 6 轮自行式平地机的构造示意图。它是由发动机、传动系统、工作装置、行走机构、机架和操纵机构等组成。这种平地机由后轮驱动，前轮转向，在前后轮轴之间安装着主车架，在主车架上安装有工作装置长刮刀和液压操纵装置。

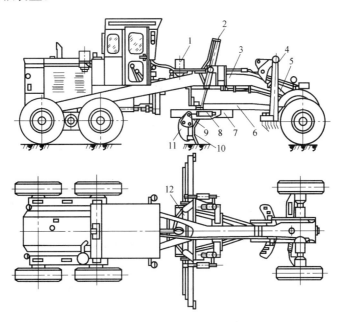

图 6-12   PY-160A 型平地机

1—倾斜液压缸；2—升降液压缸；3—主车架；4—耙松装置；5—耙松装置及铲刀调节液压缸；

6—牵引架；7—回转圈；8—改变铲土角液压缸；9—上滑套；10—铲刀；11—耳板；12—铲刀引出液压缸

工作装置由铲刀（平土刀）10、回转圈 7 和牵引架 6 组成。铲刀可根据作业要求，在液压双作用油缸的操纵下作出左、右侧升降、沿基础车轴线左、右伸出机身外、沿地面倾翻、随回转圈 7 在水平面内回转等 4 种调整动作。悬挂在铲刀前面的齿粗，是用来松土，去杂物的精助工作装置，它由专用的齿耙升降油缸进行操纵。

当铲刀转到与基础车纵轴线成一定的角度（此角称铲土角），并下降至其一侧或两侧触地，随平地机前进，铲刀一边或全长就铲下土壤，被铲下来的土壤沿着铲刀侧移，侧向卸土，这就是平地机在做前进推土的同时，还要做侧向移土或侧向开挖（刮坡）的作业过程。

前桥驱动转向是由方向盘通过液压助力来使前轮转向。后驱动桥上装有前后两对驱动车轮，它由后桥中央的传动装置，分配给左、右传动半轴和链传动（或齿轮传动）的平衡传动箱来使两对车轮同步行驶。前后桥上都装有差速器和制动器。

机械在正常行驶中，后桥一般是不转向的，只是遇到在小弯道上作业，为了减小转弯半径，后桥上的两对驱动轮，还可由液压操纵，随着后桥壳体进行整体转向。

如图 6-13 所示为平地机后桥转向机构示意图。左、右两个平卧的换向油缸的缸体都铰接在机架上，活塞杆分别铰接在后桥壳上。左缸的后腔与右缸的前腔相通，右缸的后腔又与左缸的前腔相通，这样，自多路分配阀来的压力油，可以同时进入左、右油缸的前腔或左、右油缸的后腔，从而使一边活塞伸出，而另一边的活塞缩回，结果以两缸中的油压共同驱动后桥转向。

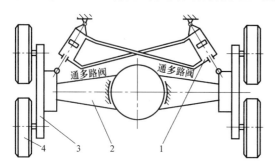

图 6-13　平地机后桥转向机构

1—后桥转向液压缸；2—后桥壳；3—平衡传动箱；4—后轮

6.9.3　作业过程

正确操纵平地机的工作装置，利用铲刀的升降，左、右外伸，倾斜及回转，铲土角的调整，松土耙的升降等，可以实现平地机的多种功能作业，如平整、刮坡、挖沟、疏松、路拌材料铺筑路床及一般推土等。

6.9.4　平地机安全操作规程

（1）作业前，应查明施工场地明、暗设置物（电线、地下电缆、管道、坑道等）的地点及走向，并采用明显记号表示。严禁在离电缆 1m 距离以内作业。

（2）在平整不平度较大的地面时，应先用推土机推平，再用平地机平整。

（3）平地机作业区应无树根、石块等障碍物。对土质坚实的地面，应先用齿耙翻松。

（4）作业区的水准点及导线控制桩的位置、数据应清楚，放线、验线工作应提前完成。

（5）作业前重点检查项目应符合下列要求：

① 照明、音响装置齐全有效；

② 燃油、润滑油、液压油等符合规定；

③ 各连接件无松动；

④ 液压系统无泄露现象；

⑤ 轮胎气压符合规定。

（6）不得用牵引法强制起动内燃机，也不得用平地机拖拉其他机械。

（7）起动后，各仪表指示值应符合要求，待内燃机运转正常后，方可开动。

（8）起动前，检视机械周围应无障碍物及行人，先鸣声示意后，用低速挡起步，并应测试及确认制动器灵敏有效。

（9）作业时，应先将刮刀下降到接近地面，起步后再下降刮刀铲土。铲土时，应根据铲土阻力大小，随时少量调整刮刀的切土深度，控制刮刀的升降量差不宜过大，不宜造成波浪形工作面。

（10）刮刀的回转与铲土角的调整以及向机外侧斜，都必须在停机时进行；但刮刀左右端的升降动作，可在机械行驶中随时调整。

（11）各类铲刮作业都应低速行驶，角铲土和使用齿耙时必须用一挡；刮土和平整作业可用二、三挡。换挡必须在停机时进行。

（12）遇到坚硬土质需用齿耙翻松时，应缓慢下齿，不得使用齿耙翻松石渣或混凝土路面。

（13）使用平地机清除积雪时，应在轮胎上安装防滑链，并应逐段探明路面的深坑、沟槽情况。

（14）平地机在转弯或调头时，应使用低速挡；在正常行驶时，应用前轮转向，当场地特别狭小时，方可使用前、后轮同时转向。

（15）行驶时，应将刮刀和齿耙升到最高位置，并将刮刀斜放，刮刀两端不得超出后轮外侧。行驶速度不得超过 20km/h。下坡时，不得空挡滑行。

（16）作业中，应随时注意变矩器油温，超过 120℃时应立即停止作业，待降温后再继续工作。

（17）作业后，应停放在平坦、安全的地方，将刮刀落在地面上，拉上手制动器。

6.10 碎石机

6.10.1 概述

鄂式碎石机出现于 1858 年。它虽然是一种古老的碎矿设备，但是由于具有构造简单、工作可靠，制造容易，维修方便等优点，所以至今仍在冶金矿山、建筑材料、化工和铁路等部门获得广泛应用。在金属矿山中，它多半用于对坚硬或中硬矿石进行粗碎和中碎。鄂式碎石机通常都是按照可动鄂板（动鄂）的运动特性来进行分类的，工业中应用最广泛的主要有两种类型：①动鄂作简单摆动的双肘板机构（所谓简摆式）的鄂式碎石机；②动鄂作复杂摆动的单肘板机构（所谓复摆式）的鄂式碎石机。

振动碎石机是依据国外同类产品进行改进设计的高效振动破碎机，主要用于树脂砂的砂块破碎。振动破碎机采用悬浮振动的原理，振动电机产生激振力矩，使砂块按照一定的振动规律振动，通过相互碰撞、摩擦使砂粒达到破碎的目的。

6.10.2 鄂式碎石机的结构组成和工作原理

颚式碎石机按动颚的摆动方式不同可分为简单摆动式（如图 6-14a 所示）、复杂摆动式（如图 6-14b 所示）和综合摆动式（如图 6-14c 所示）三种。

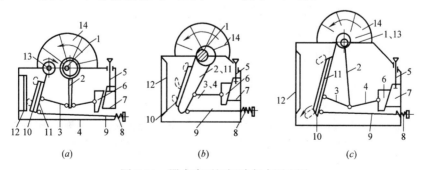

(a)　　　　　　　　　(b)　　　　　　　　　(c)

图 6-14　鄂式碎石机摆动方式原理图
(a) 简单摆动式；(b) 复杂摆动式；(c) 综合摆动式
1—偏心轴；2—连杆；3—前肘板；4—后肘板；5—螺杆；6、7—楔块；8—弹簧；
9—拉杆；10—活动颚板；11—活动颚板的颚床；12—固定颚板；13—心轴；14—飞轮

颚式碎石机的工作部分主要是由两块颚板（活动颚板和固定颚板）组成。活动颚板对固定颚板做周期性的往复运动，时而靠近，时而分开，由此使装在两颚板间的石块受到挤压、劈裂和弯曲作用而破碎。

如图 6-15 所示为 PEF 系列颚式碎石机的构造及外形尺寸。

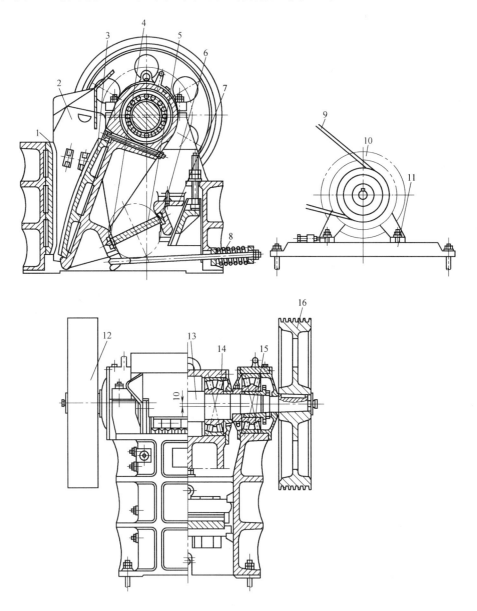

图 6-15 PEF 系列颚式碎石机的构造及外形图

1—固定鄂板；2—边护板；3—活动鄂齿板；4、5—肘板垫；6—肘板；7—调整座；8—弹簧；
9—三角皮带；10—电动机；11—铁垫；12—飞轮；13—偏心轴；14—动鄂；15—机架；16—三角皮带轮

简单摆颚式碎石机是采用曲柄双连杆机构，它是由电动机通过三角带带动偏心轴旋转。偏心轴上装有连杆，连杆的下端铰链着前后两肘板，前肘板的另一端与悬挂在固定心轴上的活动颚床铰接，此颚床前面装着活动颚板，背后铰接着一拉杆，拉杆的另一端装有调整活动颚板与固定颚板静止距离的伸缩弹簧。当连杆向上运动时，前后肘板均抬起，使活动颚板向前摆动，接近固定颚板，把两颚板间的石块破碎，当连杆向下运动时，活动颚板在自重与弹簧的作用下，离开固定颚板，被破碎了的石块下落，并从卸料口陆续卸出。出料口的大小，可按要求，通过调节螺杆来升降楔块进行调节。

颚式碎石机主要由机架、颚板、边护板、主轴、飞轮、肘板和调整机构等组成。具有生产率高、结构简单可靠、破碎比较大、外形尺寸较小、操作简单、零件检修和更换较容易等优点。其缺点是不宜破碎片状石料，在破碎可塑性强和潮湿的物料时，容易堵塞出料口。

6.10.3 安全操作规程

（1）固定式碎石机底座和混凝土基座间应垫以硬木。移动式碎石机的机座，必须用支腿顶好，用方木垫实，保持机身平稳。

（2）作业前，检查飞轮转动方向必须与箭头指示方向一致，颚板无石块卡住，防护罩应齐全牢固，接地（接零）保护良好，方可起动。

（3）作业中，不得送入大于规定的石料，注意勿使石块嵌入碎石机的张力弹簧中。

（4）作业中，送料必须均匀，自由落入，不得用手、脚或撬棍等强行推入，严禁将手伸进轧石斗内。如发现送入的石料不能轧碎时，应立即停机取出。

（5）作业中，如发现送料不正常或轴承温度超过 60℃时，应停机检查，排除故障后，方可继续作业。

（6）碎石机应设防尘装置或用喷水防尘。作业时，操作人员须带防尘面罩或防尘口罩。

（7）作业停止前，必须将已送入的石料全部轧完。作业后，切断电源，清扫机械。

6.11 电动凿岩机

6.11.1 概述

电动凿岩机是利用曲柄连杆机构的作用，将电动机的旋转运动转变成活塞往复的冲击运动，具有能产生较大冲击能量的锤击机构和连续或间隙转动的转钎机构，用于石方施工中钻凿炮眼的电动工具。如图 6-16 所示为电动凿岩机的外形图。

6.11.2 电动凿岩机的基本构造组成

电动凿岩机主要由电动机和冲击回转机构（又称工作头）两部分组成，动力的联结方式有齿轮与胶带传动、软轴传动和直接传动三种。其中电动机与工作头组成一个整体，其容量在 2～3kW 范围内。这类电动机必须具有很高的防潮

图 6-16 电动凿岩机

性和牢固的机械强度。冲击回转机构能使钎杆产生冲击回转运动，该机构有偏心机构、活塞压气机构和可变偏心距式曲柄滑块机构三种。

6.11.3　YDT31 型多功能电动凿岩机的构造组成与工作原理

YDT31 型多功能电动凿岩机组，是在 YDT31A 型新型电动凿岩机基础上发展的系列产品之一。该机组除了具备上述机型的优点外，还具备一机多用、无污染、节能省耗、操作、装卸方便、安全可靠等特点。整机组由电动凿岩机、滑道、升降杆、三角平衡架、支杆、多功能电控箱组成。拆成部件，手拿肩扛可到达任意指定作业地点，在极短的时间内（20min）就可组装完毕。可在开山、采掘、凿钻隧道时，钎杆垂直地面向上。在四米左右的高度与地面平行钻凿，也可紧贴地面，仅一人远离现场按电键操作，都进行 360°旋转。另外拆零装成手持式凿岩机，其性能及技术参数与 YDT31A 型新型电动凿岩机等同。

6.11.4　电动凿岩机的使用技术

（1）电动凿岩机使用前应检查机械部分，应无松动和异常现象，电动机应绝缘良好，接线应正确可靠，才可通电。

（2）各传动机构的摩擦面，要保证充分润滑，并定期更换润滑油。

（3）钻孔前，应空载检查钻杆的旋转方向后，将钻头、钻杆、水管接好即可钻岩。开孔时，应轻轻将离合器安上，当钻头全部进入岩层后，再紧上离合器；当钻进一定深度而需停钻时，松开离合器，待钻头全部退出孔后再停钻，并将离合器置于中间位置。

6.11.5　安全操作规程

（1）起动前，应检查全部机械及电气部分，并应重点检查漏电保护器，各控制器应处于零位。各部分连接螺栓应紧固。各传动机构的摩擦面应润滑良好。确认正常后，方可通电。

（2）通电后，钎头应顺时针方向旋转。当转向不对时，应倒相更正。

（3）电缆线不得敷设在水中或在金属管道上通过。施工现场应设标志，严禁机械、车辆等在电缆上通过。

（4）空载运转正常后，应按规定程序装上钎杆、钎头、接通水管，而后方可开眼钻孔。

（5）钻机正转与反转、前进与后退，都应待主传动电动机或回转电动机完全停止后，方可换向。

（6）钻孔时，当突然卡钎停钻或钎杆弯曲，应立即松开离合器，退回钻机。若遇局部硬岩层时，可操纵离合器缓慢推动，或变更转速和推进量。

（7）钻孔时，应在推进结束前迅速拨开离合器，避免超过行程使钻机受损。

（8）作业中，如发生异响，应立即停机检查。

（9）移动钻机应有专人指挥。移动时，应把钻具提到一定高度并固定。移动后，机身应摆平，不得倾斜作业。

（10）作业后，应擦净尘土、油污，妥善保管在干燥地点，防止电动机受潮。

6.12 风动凿岩机

6.12.1 概述

风动凿岩机简称风钻，一种以压缩空气为动力的冲击式钻孔机械。风动凿岩机是以压缩空气推动活塞运动的凿岩工具，它具有结构简单、坚固耐用的优点。

按推进方式又分手持式凿岩机、气腿式凿岩机、伸缩上向式凿岩机及导轨式凿岩机等。

风动凿岩机在操作时有用人手扶持的，称为手持式凿岩机；有利用气动支腿的，称为气腿式凿岩机；有利用气动柱架导轨的，称为柱架导轨式凿岩机；也有在一台车架上装有一或数只凿岩机的，称为凿岩台车。

气腿式凿岩机高效轻便，适宜在中硬或坚硬（$f=8\sim18$）岩石上湿式钻凿向下和倾斜凿孔。钎头直径 $34\sim42$mm，有效钻孔深度可达 5m。可配 FT140BD 型短气腿，可配 FT140B 型长气腿，也可卸掉气腿，装在台车上使用。可水平或倾斜钻孔，可在各种洞室内作业，机重轻、耗气量少、特别适宜于配以小型空压机移动作业。启动灵活，汽水联动，节能高效。可靠性好、易操作、易维修。本机配有透明壳体的 FY200B 注油器保证良好的润滑。

6.12.2 构造组成

风动凿岩机主要由柄体、棘轮机构、配气机构、气缸和机头等组成，YT23 型凿岩机的构造如图 6-17 所示。

（1）柄体部分。由柄体、弯头和水针等组成。机器内的压气和冲击水都由柄体供给。

（2）棘轮机构。由内棘轮、螺旋棒、柱塞、弹簧回转爪等组成。在活塞回转时制动，使其产生回转动作。

（3）配气机构。由阀柜、阀、阀盖等组成，以完成气缸内活塞前后腔的配气工作，完成活塞的往复运动。

（4）气缸部分。由活塞、导向套、气缸等组成。它是整机的核心，冲击、回转均在其内动作。

（5）机头部分。由机头、转动套、掐套等组成，使之形成一个传递扭矩的刚性结构。

风动凿岩机转钎机构的特点是合理地利用了活塞返回行程的能量来转动钎子，具有零件少、凿岩机结构紧凑的优点。

6.12.3 风动凿岩机使用方法

（1）风动凿岩机使用时，要求凿岩机进风口处压缩空气干燥，风压应保持 500kPa，最低不得低于 400kPa。要求使用洁净的软水，在不得已使用酸性或碱性水时，凿岩机工作完毕后应即时注入一些润滑油，关水空运转稍许时间。

（2）启用新机器时要进行清洗重装，重装后都要开一下空车，检查运转是否正常。但空车时间不能超过 $2\sim3$min。时间过长，气缸气垫区温度过高，容易产生研缸现象。

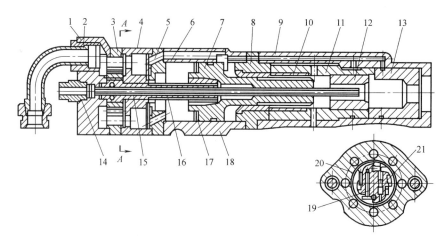

图 6-17   YT23 型凿岩机构造

1—柄体；2—风管弯头；3—内棘轮；4—阀体；5—阀；6—阀盖；7—活塞；8—导向套；
9—机头；10—花键母；11—转动套；12—钎套；13—挡套；14—水管接头；15—水针；
16—螺旋棒；17—螺旋母；18—气缸；19—柱塞；20—弹簧；21—回转爪

（3）做好管道清洗和例行的拆卸检修工作，使机器经常处于良好的工作状态，并应经常注意加润滑油，严禁无油作业。

（4）操作上应注意先开风后开水，先关水后关风，并注意水压应低于风压，防止水倒流凿岩机气缸内部，破坏机器正常润滑，影响机器正常运转。

（5）当凿岩机卡钎器转动很慢时，应立即通过调压阀减少气腿的轴退力。如出现钎杆已不转，经减小气腿轴向推力无效时，应立即停止凿岩，消除卡钎故障后再进行凿岩。

（6）经常观察机器的排粉情况，气腿凿岩机不允许拆出水针作业，或打干眼。

（7）伸缩式凿岩机向上作业时，注意沿钎子流下来的岩浆不得接近钎套，其间距至少需 20mm，否则，即为吹扫力不足，此时应按程序检查钎套上的吹气孔是否通畅。

（8）伸缩式凿岩机向上作业时，除遵守一般凿岩工作的安全技术外，还应特别注意钎子的突然折断，防止工伤事故，并严禁长时间全速空转，拔钎时应开小车。

（9）工作完毕后，关闭水阀以小风让凿岩机短时间空运转，排除积水，防止锈蚀。

（10）对导轨式凿岩机，当打完一根钎后，应停风，再打反转卸钎尾。反转卸钎时，应开小风。如从正转马上变反转，由于惯性产生很大的冲击，会降低回转爪的螺旋棒的使用寿命。

（11）凿岩及较长的时间停止使用时，应及时将其拆洗干净，并涂上防锈油，放干燥处保存。

6.12.4   风动凿岩机的安全操作规程

（1）风动凿岩机的使用条件：风压宜为 0.5～0.6MPa，风压不得小于 0.4MPa；水压应符合要求；压缩空气应干燥；水应用洁净的软水。

（2）使用前，应检查风、水管，不得有漏水、漏气现象，并应采用压缩空气吹出风管内的水分和杂物。

（3）使用前，应向自动注油器内注入润滑油，不得无油作业。

（4）将钎尾插入凿岩机机头，用手顺时针应能够转动钎子，如有卡塞现象，应排除后再开钻。

（5）开钻前，应检查作业面，周围石质应无松动，场地应清理干净，不得遗留瞎炮。

（6）在深坑、沟槽、井巷、隧道、洞室施工时，应根据地质和施工要求，设置边坡、顶撑或固壁支护等安全措施，并应随时检查及严防冒顶塌方。

（7）严禁在废炮眼上钻孔和骑马式操作，钻孔时，钻杆与钻孔中心线应保持一致。

（8）风、水管不得缠绕、打结，并不得受各种车辆辗压。不应用弯折风管的方法停止供气。

（9）开钻时，应先开风、后开水；停钻后，应先关水、后关风，并应保持水压低于风压，不得让水倒流入凿岩机气缸内部。

（10）开孔时，应慢速运转，不得用手、脚去挡钎头。应待孔深达 10～15mm 后再逐渐转入全速动转。退钎时，应慢速徐徐拔出，若岩粉较多，应强力吹孔。

（11）运转中，当通卡钎或转速减慢时，应立即减少轴向推力；当钎杆仍不转时，应立即停机排除故障。

（12）使用手持式凿岩机垂直向下作业时，体重不得全部压在凿岩机上，应防止钎杆断裂伤人。凿岩机向上方作业时，应保持作业方向并防止钎杆突然折断，并不得长时间全速空转。

（13）当钻孔深度达 2m 以上时，应先采用短钎杆钻孔，待钻到 1.0～1.3m 深度后，再换用长钎杆钻孔。

（14）在离地 3m 以上或边坡上作业时，必须系好安全带。不得在山坡上拖拉风管，当需要拖拉时，应先通知坡下的作业人员撤离。

（15）在巷道或洞室等通风条件差的作业面，必须采用湿式作业。在缺乏水源或不适合湿式作业的地方作业时，应采取防尘措施。

（16）在装完炸药的炮眼 5m 以内，严禁钻孔。

（17）夜间或洞室内作业时，应有足够的照明。洞室施工应有良好的通风措施。

（18）作业后，应关闭水管阀门，卸掉水管，进行空运转，吹净机内残存水滴，再关闭风管阀门。

6.13　凿岩台车

6.13.1　概述

凿岩台车也称钻孔台车，是隧道及地下工程采用钻爆法施工的一种凿岩设备。它能移动并支持多台凿岩机同时进行钻眼作业。主要由凿岩机、钻臂（凿岩机的承托、定位和推进机构）、钢结构的车架、走行机构、其他必要的附属设备和根据工程需要添加的设备所组成。应用钻爆法开挖隧道时，为凿岩台车提供了有利的使用条件，凿岩台车和装碴设备的组合可加快施工速度、提高劳动生产率，并改善劳动条件。

台车行走机构有轨道式、履带式、轮辐式及挖掘式四种。国产凿岩台车以轨道式及轮胎式较多。

轨道式台车车体一般为门架式，故常称门架式凿岩台车。其上部有 2～3 层工作平台，能安装多台（可达 21 台）凿岩机；下部能通过装碴机、运输车辆及其他机具。这种台车具有钻眼、装药、支护、量测等多种功能。它是为了适应大断面隧道施工的需要，同时克服手持式凿岩机钻眼效率低的缺点而发展起来的，在铁路隧道和水工隧洞施工中被推广应用。在车体上安装数个钻臂（用以安装凿岩机，一般 1～4 台）的可自行的凿岩机械设备，钻臂能任意转向，可将凿岩机运行至工作面上任意位置和方向钻眼（孔）。钻眼（孔）参数更为准确、钻进效率高、劳动环境大大改善。

台车动力分机械式和液压式，后者应用较多，自动化程度高，整个钻眼（孔）程序由电脑控制。在发展过程中，起初采用风动凿岩机的梯架式凿岩台车，逐步为用液压凿岩机的门架式凿岩台车所代替。

轮胎式和履带式凿岩台车主要由柴油机驱动，安装 2～6 台高速凿岩机，车体转弯半径小，机动灵活，效率高，一般用于矿山平巷掘进，也可用于隧道及地下工程的开挖。

6.13.2 结构组成及工作原理

现以 CTJ-3 型台车为例，说明凿岩台车的结构。

CTJ-3 型凿岩台车的结构如图 6-18 所示，主要由推进器 1、两侧相同的两个侧支臂 2、一个中间支臂 4、凿岩机 3、轮胎行走机构 6 以及气压、液压和供水系统组成。

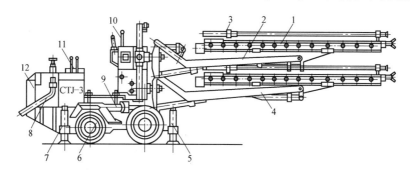

图 6-18 CTJ-3 型掘进凿岩台车

1—推进器；2—侧支臂；3—YGZ-70 型外回转凿岩机；4—中间支臂；
5—前支撑液压缸；6—轮胎行走机构；7—后支撑液压缸；8—进风管；
9—摆动机构；10—操纵台；11—驾驶员座；12—配重

1. 推进器

推进器是导轨式凿岩机的轨道，并给凿岩机以工作所需的轴向推进力。CTJ-3 型凿岩台车采用气动马达—丝杠推进器，其结构如图 6-19 所示。

YGZ-70 型外回转凿岩机 11 用螺栓固定在底座 10 上，装在底座下的螺母 2 与推进器丝杠 3 相结合。当气动马达 1 驱动丝杠转动时，凿岩机就在导轨 9 上向前或向后移动。气动马达的功率为 0.75kW，推进器的推进力为 0.75kN，推进行程为 2.5m。调节气动马达进气量，可使凿岩机获得不同的推进速度。

推进器导轨 9 下面设有补偿液压缸 4，其缸体与导轨托盘 5 铰接，活塞杆与导轨铰接。伸缩补偿液压缸就可以调节推进器导轨在导轨托盘上的位置，使导轨前端的顶尖 7 顶

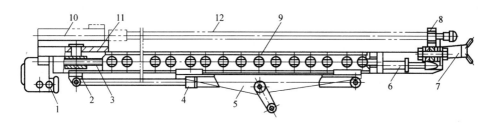

图 6-19　CTJ-3 型掘进凿岩台车的推进器

1—气动马达；2—螺母；3—丝杠；4—补偿液压缸；5—托盘；6—扶钎液压缸；7—顶尖；

8—扶钎器；9—导轨；10—凿岩机底座；11—YGZ-70 型外回转凿岩机；12—钎子

紧岩壁，以减少凿岩机工作过程中钻臂的振动，提高推进器的工作稳定性。凿岩机底座与导轨间、导轨与导轨托盘间均有尼龙 1010 滑垫，以减少移动阻力的磨损。在导轨前端还装有剪式扶钎器 8，当凿岩机开始钻孔时，用扶钎器夹持钎子 12 的前端，以免钎子在岩面上滑动。钎子钻进一定深度后，松开扶钎器以减少阻力。扶钎器的两块卡爪平时由弹簧张开，扶钎时由扶钎液压缸 6 将其活塞杆上的锥形头插入两块卡爪之间，使其剪刀口合拢。

2. 钻臂

钻臂是凿岩台车的主要部件，它的作用是支承推进器和凿岩机，并可调整推进器的方位，使之可在全工作面范围内进行凿岩。CTJ-3 型凿岩台车的两个侧钻臂和中间钻臂结构基本相同，其工作原理如图 6-20 所示。

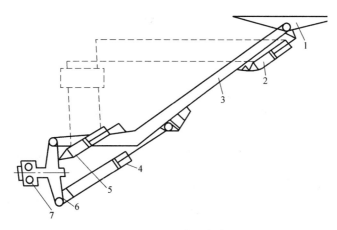

图 6-20　CTJ-3 型凿岩台车钻臂

1—推进器托盘；2—俯仰角液压缸；3—钻臂架；

4—钻臂液压缸；5—引导液压缸；6—钻臂座；7—回转机构

钻臂架 3 的前端与推进器托盘 1 铰接，利用俯仰角液压缸 2 可以调整导轨的倾角，故凿岩机钻出的炮眼倾角可以调整。利用钻臂液压缸 4 可以调整钻臂架的位置，亦即调整凿岩机位置的高低，钻凿不同高度的炮眼。钻臂架 3 的后端与钻臂座 6 铰接，钻臂座安装在回转机构 7 的水平轴上，此轴为一齿轮轴，在回转机构中的齿条液压缸带动下，可使钻臂座连同钻臂架一起绕此轴线在 360° 范围内回转。因此，从回转机构改变凿岩机的回转角度，钻臂液压缸改变凿岩机的回转半径，就可以确定炮眼位置，使凿岩机能在一定圆周范围内钻凿不同位置的炮眼。钻臂的此种调位方式称为极坐标调位方式,其主要优点是在炮眼定位时操作程序少,定位所用时间短。但对操作技术要求较高。

另外,利用摆动机构还可以使各钻臂水平摆动,使凿岩机可以在隧道的转弯处进行凿岩作业。

为了适应直线掏槽法掘进的需要,CTJ-3型凿岩台车设有液压平行机构。利用液压平行机构,可以使钻臂在不同位置时导轨的倾角基本保持不变,凿岩机可以钻出基本平行的掏槽、炮眼,这对于提高爆破效果和节省调整凿岩机位置的作业时间都有好处。引导液压缸5与俯仰角液压缸2的缸径相同,它们的两腔对应相通,当钻臂液压缸4带动钻臂向上摆动时,迫使引导液压缸5也一起动作,引导液压缸活塞杆的油液被迫压入俯仰角液压缸的活塞杆腔,而俯仰角液压缸活塞腔的油液排入引导液压缸的活塞腔。因此当钻臂向上摆动一个 α 角时,推进器托盘在俯仰角液压缸的作用下向下摆动一个 α 角,从而使推进器实现平行运动。同理,当钻臂向下摆动时,仍可使推进器实现平行运动。

适当的设计可以使钻臂在不同位置上时保持导轨的倾角基本不变。单独开动俯仰角液缸调整推进器托盘和凿岩机的倾角时,因为钻臂液压缸未开动,钻臂液压缸被双向液压锁定在原位不动,引导液压缸的长度不会变化,所以不会引起钻臂位置的变化。

三个钻臂的回转机构通过摆动机构与行走车架相连,凿岩台车用四个充气胶轮行走,前轮是主动轮,后轮是转向轮。前轮由活塞式气动马达经三级齿轮减速器驱动。台车后部设有配重12以保持稳定。当凿岩台车工作时,利用支撑液压缸5、7撑在底板上,使车轮离开底板,以提高机器工作的稳定性。

整个凿岩台车的动力是压缩空气,一台活塞式气功马达带动一台单级叶片泵为所有液压缸提供压力油。

6.13.3　凿岩台车安全操作规程

(1) 作业前,应检查各管路的连接,各紧固部位螺母螺钉应拧紧,操纵杆、控制装置及仪表等均应正常。

(2) 行走前,应查看场地周围,确认无人及障碍物后,方可按照引导人员指示信号作业。

(3) 行走和上、下坡时,应保持操作平稳,不得使机体前后端产生极度摆动。

(4) 液压油油温应保持在30~70℃范围内,超过70℃时,应停止行走。

(5) 凿岩和升降平台上作业时,应张开支腿,不得移动机体。

(6) 移动钻臂时,应先退回导杆,使顶点离开工作面。钻臂下不得有人。

(7) 作业后,应将台车停放在坚实的安全地带,将导杆和钻臂以行走状态摆成水平位置,各操纵杆置于零位。应将洗台车的外露部分擦净,清除运动部件上的粉尘和碎石,保持台车清洁。

6.14　振动冲击夯实机

6.14.1　概述

振动冲击夯实机包括内燃式振动冲击夯实机和电动式振动冲击夯实机两种。动力分别是内燃发动机和电动机。结构都是由动力源（发动机、电动机）、激振装置、缸筒和夯板等组成。振动冲击夯实机的工作原理是由发动机（电动机）带动曲柄连杆机构运动，产生上下往复作用力使夯实机跳离地面。在曲柄连杆机构作用力和夯实机重力作用下，夯板往复冲击被压实材料，达到夯实的目的。

振动冲击夯实机的冲击频率为 7～11Hz，跳起高度为 45～65mm。夯板在对被夯实材料进行快速冲击的同时，还对被夯实材料产生振动作用，在冲击和振动共同作用下，获得很好的夯实效果。

6.14.2　结构组成

（1）内燃式冲击夯实机的结构如图 6-21 所示，它主要由发动机、离合器、减速机构、内外缸体、曲柄连杆机构、活塞、弹簧、夯板和操纵机构等组成。发动机动力经离合器 12、小齿轮 11 传给大齿轮 6，使安装在大齿轮偏心轴上的连杆 16、活塞头 17、活塞杆 19 做上下往复运动，在弹簧力（压缩和伸张）作用下，使机器和夯板跳动，对被压材料产生高频冲击振动作用。

（2）电动式冲击夯实机的结构如图 6-22 所示，其结构与内燃式冲击夯实机基本相类似，仅动力装置为电动机。

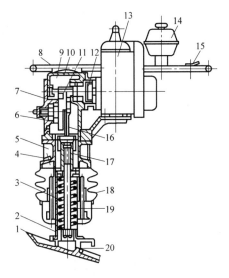

图 6-21　内燃式冲击夯实机的构造

1—夯板；2—内缸体；3—弹簧；4—加油塞；
5—外缸体；6—大齿轮；7—箱盖；8—手把；
9—曲轴箱；10—减振块；11—小齿轮；12—离合器；
13—发动机；14—油箱；15—油门控制器；16—连杆；
17—活塞头；18—防尘罩；19—活塞杆；20—放油塞

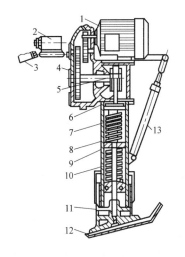

图 6-22　电动式冲击夯实机的构造

1—电动机；2—电气开关；3—操纵手柄；
4—减速器；5—曲柄；6—连杆；
7—内套筒；8—机体；9—滑套活塞；
10—弹簧组；11—底座；
12—夯板；13—减振器支承器

6.14.3　冲击夯实机安全操作规程

（1）振动冲击夯实机适用于黏性土、砂及砾石等散状物料的压实，不得在水泥路面和其他坚硬地面作业。

（2）作业前重点检查项目应符合下列要求：

① 各部件连接良好，无松动；

② 内燃冲击夯实机要有足够的润滑油，油门控制器转动灵活；

③ 电动冲击夯实机要有可靠的接零或接地，电缆线表面绝缘完好。

（3）内燃冲击夯实机起动后，内燃机应怠速运转 35min，然后逐渐加大油门，待夯实机跳动稳定后，方可作业。

（4）电动冲击夯实机在接通电源启动后，应检查电动机旋转方向，有错误时应倒换相线。

（5）作业时应正确掌握夯实机，不得倾斜，手把不宜握得过紧，能控制夯实机前进速度即可。

（6）正常作业时，不得使劲往下压手把，影响夯实机跳起高度。在较松的填料上作业或上坡时，可将手把稍向下压，并应能增加夯实机前进速度。

（7）在需要增加密实度的地方，可通过手把控制夯实机在原地反复夯实。

（8）根据作业要求，内燃冲击夯实机应通过调整油门的大小，在一定范围内改变夯实机振动频率。

（9）内燃冲击夯实机不宜在高速下连续作业。在内燃机高速运转时不得突然停车。

（10）电动冲击夯实机应装有漏电保护装置，操作人员必须戴绝缘手套，穿绝缘鞋。作业时，电缆线不应拉得过紧，应经常检查线头安装，不得松动及引起漏电。严禁冒雨作业。

（11）作业中，当冲击夯实机有异常的响声，应立即停机检查。

（12）当短距离转移时，应先将冲击夯实机手把稍向上抬起，将运输轮装入冲击夯实机的挂钩内，再压下手把，使重心后倾，方可推动手把转移冲击夯实机。

（13）作业后，应清除夯板上的泥沙和附着物，保持夯机清洁，并妥善保管。

6.15　蛙式夯实机

6.15.1　蛙式夯实机的结构组成

蛙式夯实机是利用偏心块旋转产生离心力的冲击作用进行夯实作业的一种小型夯实机械，它具有结构简单、工作可靠、操作容易的优点，因而在公路、建筑、水利等施工工程中被广泛采用。

如图 6-23 所示，蛙式夯实机夯实部分由夯板 8、立柱 9、斜撑 11、轴销铰接头 3、动臂 5 和前轴 7 焊接而成。拖盘 2 采用钢板冲压而成，上面焊接有电动机支架、传动轴支承座、手把铰接支承座等。夯实部分与拖盘通过动臂 5 及轴销铰接头 3 连接。传动装置 4 由传动轴、轴承座等组成。电气设备 12 由电动机、输电电缆、电控盒等部分构成。

6.15.2　蛙式夯实机安全操作规程

（1）蛙式夯实机适用于夯实灰土和素土的地基、地坪及场地平整，不得夯实坚硬或软硬不一的地面、冻土及混有砖石碎块的杂土。

（2）作业前重点检查项目应符合下列要求：

①除零或接地外，应设置漏电保护器，电缆线接头绝缘良好；

②传动皮带松紧度合适，皮带轮与偏心块安装牢固；

③转动部分有防护装置，并进行试运转，确认正常后，方可作业。

（3）作业时夯实机扶手上的按钮开关和电动机的接线均应绝缘良好。当发现有漏电现象时，应立即切断电源，进行检修。

（4）夯实机作业时，应一人扶夯，一人传递电缆线，且必须戴绝缘手套和穿绝缘鞋。递线人员应跟随夯机后或两侧调顺电缆线，电缆线不得扭结或缠绕，且不得张拉过紧，应保持有 3～4m 的余量。

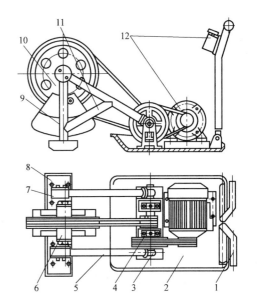

图 6-23　蛙式夯实机构造
1—操纵后把；2—拖盘；3—轴销铰接头；
4—传动装置；5—动臂；6—前轴装置；
7—前轴；8—夯板；9—立柱；
10—大带轮；11—斜撑；12—电气设备

（5）作业时，应防止电缆线被夯击。移动时，应将电缆线移至夯机后方，不得隔机抢扔电缆线，当转向倒线困难时，应停机调整。

（6）作业时，手握扶手应保持机身平衡，不得用力向后压，并应随时调整行进方向。转弯时不得用力过猛，不得急转弯。

（7）夯实填高土方时，应在边缘以内 100～150mm 夯实 2～3 遍后，再夯实边缘。

（8）在较大基坑作业时，不得在斜坡上夯行，应避免造成夯头后折。

（9）夯实房心土时，夯板应避开房心内地下构筑物、钢筋混凝土基桩、机座及地下管道等。

（10）在建筑物内部作业时，夯板或偏心块不得打在墙壁上。

（11）多机作业时，其平列间距不得小于 5m，前后间距不得小于 10m。

（12）夯机前进方向和夯机四周 1m 范围内，不得站立非操作人员。

（13）夯机连续作业时间不应过长，当电动机超过额定温升时，应停机降温。

（14）夯机发生故障时，应先切断电源，然后排除故障。

（15）作业后，应切断电源，卷好电缆线，清除夯机上的泥土，并妥善保管。

6.16　潜孔钻机

6.16.1　概述

潜孔钻机是当前采矿作业广为使用的钻孔机械之一。它利用潜入孔底的冲击器与钻头对岩石进行冲击破碎，因此称为潜孔钻机。目前，在国内外的金属矿山以及水力、建筑、铁道、煤炭和港湾等工程中，潜孔钻机得到广泛使用。在我国井下凿岩作业中，大量地使用 QJZ-100B、YQ-100A 及 YQ-80 等型潜孔钻机。在露天凿岩作业中潜孔钻机的使用就更为广泛，如 YQ-150A 型潜孔钻机早已在各类矿山普遍采用。潜孔钻机已经成为我国中小型露天矿山的主要钻孔设备。潜孔钻机由于具有结构简单、造价低廉及使用方便等优点，所以，在大型露天矿山中，也会逐步得到应用。

6.16.2   潜孔钻机的分类

目前，我国使用的潜孔钻机种类繁多，型号各异，不利于制造、使用和维修，因此，机械部已颁发了标准，对潜孔钻机进行了如下的分类。

根据使用地点的不同，潜孔钻机可分为井下和露天两大类。井下潜孔钻机有 KQJ-80 及 KQJ-I00 两种（K 为穿孔类的"孔"字头，Q 为潜孔钻机的"潜"字头，J 为井下的"井"字头，数字表示孔径，mm）。露天潜孔钻机有 KQ-100、KQ-150、KQ-200 及 KQ-250 等四种。

根据孔径的不同，潜孔钻机又可分为轻型潜孔钻机（孔径为 80～100mm、机重为数百公斤到 2～3t）；中型潜孔钻机（孔径为 150mm，机重为 10～15t）；重型潜孔钻机（孔径为 200mm，机重为 25～35t）；特重型潜孔钻机（孔径为 250mm，机重为 40～45t）。

6.16.3   潜孔钻机的结构组成及工作原理

井下潜孔钻机由于孔径较小又受到空间位置的限制，其结构组成都比较简单，它由冲击机构、回转机构、推压机构、升降机构、操纵机构及支承机构等部分组成。

钻机由冲机机构中的冲击器完成冲击动作，并由风动马达及回转减速器组成的回转机构实现回转动作。由推压装置完成推压动作。推压装置的活塞杆通过支座与回转机构下面的滑板联接，因此，当推压气缸的前腔或后腔通压气时，活塞杆就可通过滑板带动回转机构及钻具前进或后退。钻机的升降是靠升降机构上的手摇绞车来实现的。搬动手摇绞车，钻机即可沿支承装置的立柱上下滑动，借以调整钻机在工作面高度上的位置。工作机构的运动通过操纵机构进行控制。钻机本身不带行走机构，移动位置时靠其他运输工具拖动。

应当指出，目前井下潜孔钻机的直径还不够大，生产能力还比较低。近年来，某些资本主义国家为了大幅度地提高劳动生产率，已将露天矿用潜孔钻机移入井下，并获得了良好的生产效果。建议我国条件适合的矿山，将中型潜孔冲击器（$\phi 150mm$ 左右）移入井下进行生产试验，取得效果后逐步推广，以便扩大开采强度、降低成本、减少噪音及改善作用条件。

KQ-200 型潜孔钻机是一种自带空压机的履带自行式重型穿孔设备。它主要用在大中型露天矿穿凿直径为 200～220mm、孔深为 19m 的各种炮孔。机器总体布置及结构组成如图 6-24～图 6-26 所示。

潜孔钻具由冲击器 10、球齿或刃片钻头 9 及主钻杆 6 等组成。钻孔时，由两根钻杆接杆钻进，钻杆间用锥形螺纹联接。钻杆与供风回转器 3 以及钻杆与冲击器 10 间均用方形螺纹联接。钻杆外径一般为 168mm。回转机构由回转电机 1、回转减速器 2 及供风回转器 3 组成。回转电机为 JDOz-71-8/6/4 多速型，改变接线方式可以获得三个回转速度，以适应钻进不同硬度岩石的需要。回转减速器为三级圆柱齿轮封闭式，由机内螺旋注油器自

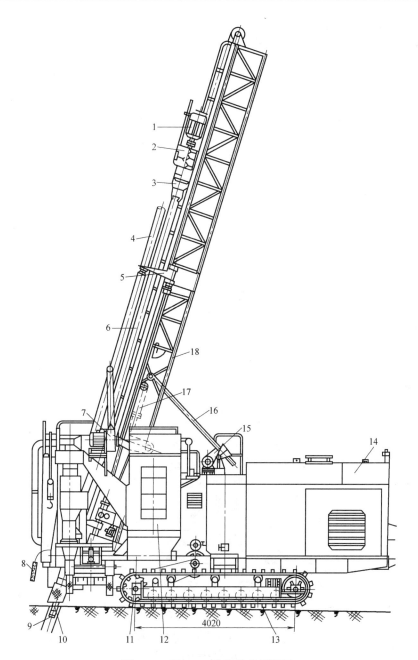

图 6-24　KQ-200 潜孔钻机侧视图

1—回转电机；2—回转减速器；3—供风回转器；4—副钻杆；5—送杆器；6—主钻杆；
7—离心通风机；8—手动按钮；9—钻头；10—冲击器；11—行走驱动轮；12—干式除尘器；
13—履带；14—机棚；15—钻架起落机构；16—齿条；17—调压装置；18—钻架

动润滑。供风回转器由联接体、空心主轴及旋转卡头等部分组成。其上设有供接卸钻杆使用的风动卡爪。回转电机、回转减速器及供风回转器之间用螺栓联接，然后将其整体再用螺栓固定在可沿钻架导轨上下滑动的导板上。

提升调压机构是由提升电机 27 借助提升减速器、提升链条而使回转机构及钻具实现升降动作的。在封闭链条系统中，装有调压缸及动滑轮组。正常工作时，由调压缸的活塞杆推动动滑轮组使钻具实现减压钻进。

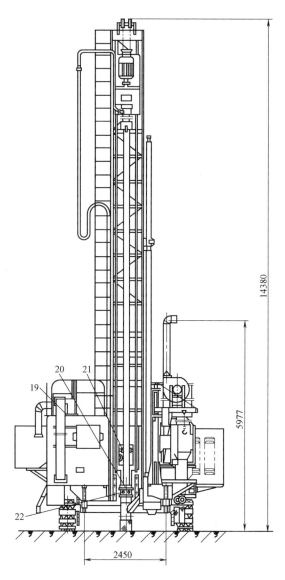

图 6-25   KQ-200 潜孔钻机正视图

19—司机室空气增压净休装置；20—定心环；

21—托杆器；22—卡杆器

送杆机构由送杆器 5、托杆器 21、卡杆器 22 及定心环 20 等部分组成。送杆器通过送杆电机、蜗轮减速器带动传动轴转动。固定在传动轴上的上、下转臂拖动钻杆完成送入及摆出动作。托杆器是按卸钻杆时的支承装置，用它托住钻杆并使其保持对中性。卡杆器是接卸钻杆时的卡紧装置，用它卡住一根钻杆而接卸另一根钻杆。定心环对钻杆起导向作用，可防止炮孔的歪斜。送杆机构的上述装置的有机配合、协调动作，便可完成钻杆的接卸工作。

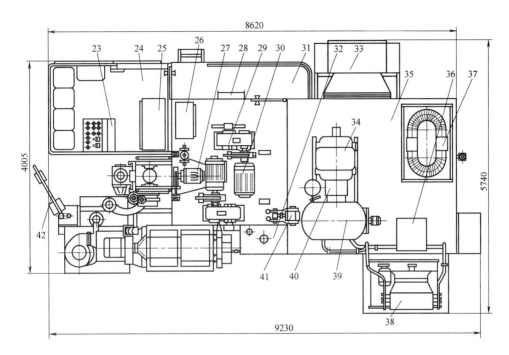

图 6-26　KQ-200 潜孔钻机平面图

23—操纵台；24—司机室；25—1 号电控柜；26—2 号电控柜；27—提升电机；28—梯子；29—行走减速器；
30—行走电机；31—走台；32—水箱；33—机械室空气增压净化装置；34—空压机电机；35—机架；
36—空压机电控柜；37—变压器；38—空压机油冷却器；39—风包；40—螺杆空压机；41—水泵；42—悬臂吊

　　钻架起落机构 15 由起落电机、减速装置及齿条 16 等部件组成。在起落钻架时，起落电机通过减速装置使齿条沿着鞍形轴承伸缩，从而使钻架抬起或放下。在起落终了时，由于电磁制动及蜗轮的自锁作用，钻架便可稳定的固定在任意位置上。

　　KQ-200 型潜孔钻机设有干式及湿式两套除尘系统，通常使用干式除尘。干式除尘系统由干式除尘器 12 及离心通风机 7 等部分组成。在水量比较充分而又不易冻冰的地区，宜于采用湿式除尘。

　　行走机构由行走电机 30 通过行走减速器 29 及开式传动装置拖动行走驱动轮 11 及履带 13 使整机前进或后退。本机采用两台电机及两套传动系统分别驱动两侧履带。该传动系统具有动作可靠、转弯灵活及爬坡能力强等许多优点。

　　钻机的电器系统由 3000V 或 6000V 的外接电源供电。高压电经高压柜引入到 KSJ3320/3 型矿用电力变压器 37 中，降压后送往各工作机构及控制机构。在机棚内设有空压机电控柜 36 及 2 号电控柜 26，在司机室内设有 1 号电控柜 25 及操纵台 23，通过操纵台分别控制空压机、各传动机构及照明设备。

　　钻机的供水系统由容量为一吨的水箱 32、水泵 41 和一套管路组成。在使用湿式除尘系统之前，先把干式除尘系统拆掉，然后将高压离心通风机安装在钻机的底座上。

　　钻机的供气系统由压气设备、压气管路和气动操纵装置等部分组成。压气设备包括 JK122-2 型电动机 34、LG25-22/7 型螺杆空压机 40 和油冷却器 38 等螺杆空压机，排风量为 22m³/min，排气压力为 70N/cm²。空压机的油冷却器 38 放在机棚之外的平台上，以提高冷却效果及减少机械室的污染。压气直接通过管道送往气动操纵阀及其他辅助气动机构。此外，在空压机的出口处连接有外部供风管道，以备在空压机发生故障时使用。在大型矿山中，也可以设置一台能快速移动的螺杆空压机，做为外接风源，一旦某台空压机出现问题，可随时将这台备用空压机接上，保证采场各潜孔钻机的正常作业。

钻机的钻架是由无缝钢管焊接而成的空间桁架结构。提升、调压、送杆、回转等机构都设置在钻架上。因此，钻架的稳定性对钻机的工作起着重要作用。

机棚及机架是装设钻架起落机构、空压机、行走传动系统及变压器等机电设备的地方。因此，要求机架具有足够的刚度，机棚具有良好的密封性。为了便利设备的维护和检修，在机械室还设置了空气增压净化装置33°司机室是司机作业的场所，要求宽敞明亮、实用大方。为确保工人身体健康，在司机室也设置了空气增压净化装置19，它可将室内粉尘浓度降到 $2mg/m^3$ 以下。司机室内还设置了电风扇和电热器，以保证室内的合适温度。在司机室的墙壁上设有四个活动侧窗及一个后窗，保证室内具有足够的光线。为防止打坏玻璃，在门窗外侧均设有防护板。

除上述机构与装置之外，在司机室的对称位置上还安装了一个悬臂吊42，以便起吊冲击器等小型设备。

6.16.4   潜孔钻机安全操作规程

（1）使用前，应检查风动马达转动的灵活性，清除钻机作业范围内及行走路面上的障碍物，并应检查路面的通过能力。

（2）作业前，应检查钻具、推进机构、电气系统、压气系统、风管及防尘装置等，确认完好，方可使用。

（3）作业时，应先开动吸尘机，随时观察冲击器的声响及机械运转情况，如发现异常应立即停机检查，并排除故障。

（4）开钻时，应给充足的水量，减少粉尘飞扬。作业中，应随时观察排粉情况，尤其是钻向下孔时，应加强吹洗，必要时应提钻强吹。

（5）钻进中，不得反转电动机或回转减速器，应避免钻杆脱扣。

（6）加接钻杆前，应将钻杆中心孔吹洗干净，避免污物进入冲击器。对不符合规格或磨损严重的钻杆不得使用，已断在孔内的钻杆，应采用专用工具取出。

（7）钻机短时间停止工作时，应供应少量压缩空气，防止岩粉侵入冲击器；若较长时间停钻，应将冲击器提离孔底 $1\sim2m$ 并加以固定。

（8）钻头磨钝应立即更换，换上的钻头直径不得大于原钻头的直径。

（9）钻孔时，如发现钻杆不前进且不停跳动，应将冲击器拔出孔外检查。当发现钻头掉下硬质合金片时，对小块碎片应采用压缩空气强行吹出，对大块碎片可采用小于孔径的杆件，利用黄泥或沥青将合金片从孔中粘出。

（10）发生卡钻时，应立即减小轴推力，加强回转和冲洗，使之逐步趋于正常。如严重卡钻，必须立即停机，用工具外加扭力和拉力，使钻具回转松动，然后边送风边提钻，直至恢复正常。

（11）在正常作业中，当风路气压低于 $0.35MPa$ 时，应停机检查。

（12）应经常调整推进机构钢丝绳的松紧程度，以及提升滑轮组上、下行程开关工作的可靠程度。不能正确动作时，应及时修复。

(13) 作业中，应随时检查运动件的润滑情况，不得缺油。

(14) 钻机移位时，应调整好滑架和钻臂，保持机体平衡。

(15) 作业完毕后，应将钻机停放在安全地带，进行清洗、润滑。

思 考 题

1. 简述土石方机械的种类和特点。

2. 简述常见土壤的边坡坡度比例。

3. 根据单斗挖掘机工作装置的不同将其分为哪几种？

4. 简述单斗挖掘机组成和工作原理。

5. 履带式推土机的主要机构是什么？

6. 简述拖式铲运机的工作原理。

7. 简述自行式铲运机的作业过程。

8. 静作业压路机有哪几种？

9. 简述振动压路机的安全操作规程。

10. 简述平地机的作业过程。

11. 简述颚式破碎机的结构组成和工作原理。

12. 简述风动凿岩机的正确使用方法。

13. 简述凿岩台车的结构组成及工作原理。

14. 简述振动冲击夯实机的安全使用方法。

15. 简述蛙式夯实机的结构组成。

16. 说明潜孔钻机的型号表示。

7 水平和垂直运输机械

7.1 水平和垂直运输机械概况

水平运输机械主要有载重汽车、拖车、平板车，用于工地上各类建筑材料构配件的运输。

垂直运输机械设备，是指担负垂直运输建筑材料和供施工人员上下的机械设备。

7.1.1 水平运输机械的特点

（1）水平运输机械水温未达到 70℃时，各部润滑尚未到良好程度，如高速行驶，将增加机件磨损。变速时逐级增减，使车速平稳增减，避免冲击。前进和后退须待车停稳后换挡，否则将造成变速齿轮因转向不同而打坏。

（2）下长陡坡时，车速随坡度而增加，依靠制动器减速，将使制动带和制动鼓因长时间摩擦产生高温，甚至烧坏。因此，需要挂上与上栅目同的低速挡，利用内燃机的阻力来控制车速，以减少制动器使用时间。泥泞、冰雪道路上，轮胎与地面因摩擦力减小而打滑。本条规定的操作方法，都是防止打滑的有效措施。

（3）车辆下陷时，如采用猛松离合器来冲击，巨大的冲击力将造成传动系统机件因过载而损坏。使用差速器锁能使两轮刚性连接以防止打滑，但因失去差速作用，转弯时将造成轮胎磨损和差速器损坏。

（4）车辆过河，如水深超过排气管或曲轴皮带盘，排气管进水将使废气阻塞，曲轴皮带盘转动使水甩向内燃机各部，容易进入润滑和燃料系统，并使电气系统因漏电而失效。过河时要一气冲出，如中途停车或换挡，容易造成熄火后无法启动。

7.1.2 垂直运输机械的特点

建筑工程施工时，建筑材料、半成品、成品的垂直运输和施工人员的上下，需要依靠垂直运输机械设备，正确选择和有效使用垂直运输机械设备非常重要。建筑施工速度在很大程度上取决于所选用机械设备的垂直运输能力，在高层建筑施工中更为重要。

目前国内在建筑施工中使用的垂直运输机械设备主要有：塔式或其他型式起重机、施工升降机（施工外用电梯）、井架提升机、龙门架提升机、建筑货用升降机、高处作业吊篮以及各种桅杆式起重机等多种。

垂直机械运输设备的主要特点：可以提供全面适应性，它可以充分满足民用的多层、高层、超高层等建筑的施工运输要求，也适用于建设多层大跨度工业厂房、塔等建筑物及烟囱、筒仓建造等滑模技术，也适用在港口装卸作业或货运场。

7.2　水平和垂直运输机械安全操作规程

（1）运输机械的内燃机、电动机、空气压缩机和液压装置的使用，应执行《建筑机械使用安全技术规程》JGJ 33—2001 的 2.1 节的规定。

（2）运送超宽、超高和超长物件前，应制定妥善的运输方法和安全措施，必须遵守国务院颁发的《中华人民共和国道路交通管理条例》。

（3）起动前应进行重点检查。灯光、喇叭、指示仪表等应齐全完整；燃油、润滑油、冷却水等应添加充足；各连接件不得松动；轮胎气压应符合要求，确认无误后，方可起动。燃油箱应加锁。

（4）起动内燃机应执行《建筑机械使用安全技术规程》JGJ 33—2001 的 3.2 节的规定。严寒季节露天起动内燃机，应执行《建筑机械使用安全技术规程》JGJ 33—2001 附录 B 的规定，应将水加热到 60～80℃时再加入内燃机冷却系统，并可用喷灯加热进气歧管。不得用机械拖顶的方法起动内燃机。

（5）起动后，应观察各仪表指示值、检查内燃机运转情况、测试转向机构及制动器等性能，确认正常并待水温达到 40℃以上、制动气压达到安全压力以上时，方可低挡起步。起步前，车旁及车下应无障碍物及人员。

（6）水温未达到 70℃时，不得高速行驶。行驶中，变速时应逐级增减，正确使用离合器，不得强推硬拉，使齿轮撞击发响。前进和后退交替时，应待车停稳后，方可换挡。

（7）行驶中，应随时观察仪表的指示情况，当发现机油压力低于规定值，水温过高或有异响、异味等异常情况时，应立即停车检查，排除故障后，方可继续运行。

（8）严禁超速行驶。应根据车速与前车保持适当的安全距离，选择较好路面行进，应避让石块、铁钉或其他尖锐铁器。遇有凹坑、明沟或穿越铁路时，应提前减速，缓慢通过。

（9）上、下坡应提前换入低速挡，不得中途换挡。下坡时，应以内燃机阻力控制车速，必要时，可间歇轻踏制动器。严禁踏离合器或空挡滑行。

（10）在泥泞、冰雪道路上行驶时，应降低车速，宜沿前车辙迹前进，必要时应加装防滑链。

（11）当车辆陷入泥坑、砂窝内时，不得采用猛松离合器踏板的方法来冲击起步。当使用差速器锁时，应低速直线行驶，不得转弯。

（12）车辆涉水过河时，应先探明水深、流速和水底情况，水深不得超过排气管或曲轴皮带盘，并应低速直线行驶，不得在中途停车或换挡。涉水后，应缓行一段路程，轻踏制动器使浸水的制动蹄片上水分蒸发掉。

（13）通过危险地区或狭窄便桥时，应先停车检查，确认可以通过后，应由有经验人员指挥前进。

（14）停放时，应将内燃机熄火，拉紧手制动器，关锁车门。内燃机运转中驾驶员不得离开车辆。在离开前应熄火并锁住车门。

（15）在坡道上停放时，下坡停放应挂上倒挡，上坡停放应挂上一挡，并应使用三角木楔等塞紧轮胎。

（16）平头型驾驶室需前倾时，应清除驾驶室内物件，关紧车门，方可前倾并锁定。复位后，应确认驾驶室已锁定，方可起动。

（17）在车底下进行保养、检修时，应将内燃机熄火、拉紧手制动器并将车轮搂牢。

（18）车辆经修理后需要试车时，应由合格人员驾驶，车上不得载人、载物，当需在道路上试车时，应挂交通管理部门颁发的试车牌照。

7.3　自卸式汽车

7.3.1　概述

自卸式汽车，又称为翻斗车、工程车，是指配有自动倾卸装置的汽车。由汽车底盘、液压举升机构、取力装置和货厢组成。在土木工程中，常同挖掘机、装载机、带式输送机等联合作业，构成装、运、卸生产线，进行土方、砂石、松散物料的装卸运输。由于装载车厢能自动倾翻一定角度卸料，大大节省卸料时间和劳动力，缩短运输周期，提高生产效率，降低运输成本并标明装载容积。它是一种常用的运输机械。如图 7-1 所示为自卸式汽车的外形图。

图 7-1　自卸式汽车

7.3.2　分类

自卸式汽车有几种不同的分类方式。

按底盘承载能力可分为轻卡系列自卸、中吨系列自卸和大吨位系列自卸。

按驱动形式可分单桥自卸、双桥自卸、前四后八自卸、前四后十等不同系列车型。

按卸载液压举升机构不同可分为单顶自卸和双顶自卸。

7.3.3　自卸汽车的主要技术参数

自卸汽车的主要技术参数是装载重量，并标明装载容积。新车或大修出厂车必须进行试运转，使车厢举升过程平稳无串动。使用时各部位应按规定正确选用润滑油，大大节省卸料时间和劳动力，注意润滑周期，举升机构严格按期调换油料。按额定装载量装运，严禁超载。

7.3.4　结构组成及工作原理

发动机、底盘及驾驶室的构造和一般载重汽车相同。车厢可以后向倾翻或侧向倾翻，通过操纵系统控制活塞杆运动，以后向倾翻较普遍，推动活塞杆使车厢倾翻。少数双向倾翻。高压油经分配阀、油管进入举升液压缸，车厢前端有驾驶室安全防护板。车厢液压倾翻机构由油箱、液压泵、分配阀、举升液压缸、控制阀和油管等组成。发动机通过变速器、取力装置驱动液压泵，高压油经分配阀、油管进入举升液压缸，推动活塞杆使车厢倾翻。以后向倾翻较普遍，通过操纵系统控制活塞杆运动，可使车厢停止在任何需要的倾斜位置上。车厢利用自身重力和液压控制复位。

7.3.5　自卸汽车安全操作规程

（1）自卸汽车应保持顶升液压系统完好，工作平稳，操纵灵活，不得有卡阻现象。各节液压缸表面应保持清洁。

（2）非顶升作业时，应将顶升操纵杆放在空挡位置。顶升前，应拔出车厢固定销。作业后，应插入车厢固定销。

（3）配合挖装机械装料时，自卸汽车就位后应拉紧手制动器，在铲斗需越过驾驶室时，驾驶室内严禁有人。

（4）卸料前，车厢上方应无电线或障碍物，四周应无人员来往。卸料时，应将车停稳，不得边卸边行驶。举升车厢时，应控制内燃机中速运转，当车厢升到顶点时，应降低内燃机转速，减少车厢振动。

（5）向坑洼地区卸料时，应与坑边保持安全距离，防止塌方翻车。严禁在斜坡侧向倾卸。

（6）卸料后，应及时使车厢复位，方可起步，不得在倾斜情况下行驶。严禁在车厢内载人。

（7）车厢举升后需进行检修、润滑等作业时，应将车厢支撑牢靠后，方可进入车厢下面工作。

（8）装运混凝土或黏性物料后，应将车厢内外清洗干净，防止凝结在车厢上。

7.4　平板拖车

7.4.1　平板拖车的外形图

如图 7-2 所示为平板车的外形图。

7.4.2　安全操作规程

（1）行车前，应检查并确认拖挂装置、制动气管、电缆接头等连接良好，且轮胎气压符合规定。

（2）运输超限物件时，必须向交通管理部门办理通行手续，在规定时间内按规定路线行驶。超限部分白天应插红旗，夜晚应挂红灯。超高物体应有专人照管，并应配电工随带工具保护途中输电线路，保证运行安全。

图 7-2　平板拖车

（3）拖车装卸机械时，应停放在平坦坚实的路面上，轮胎应制动并用三角木楔塞紧。

（4）拖车搭设的跳板应坚实，与地面夹角在装卸履带式起重机、挖掘机、压路机时，不应大于15°；装卸履带式推土机、拖拉机时，不应大于25°。

（5）装卸能自行上下拖车的机械，应由机长或熟练的驾驶人员操作，并应由专人统一指挥。指挥人员应熟悉指挥的拖车及装运机械的性能、特点。上、下车动作应平稳，不得在跳板上调整方向。

（6）装运履带式起重机，其起重臂应拆短，使之不超过机棚最高点，起重臂向后，吊钩不得自由晃动。拖车转弯时应降低速度。

（7）装运推土机时，当铲刀超过拖车宽度时，应拆除铲刀。

（8）机械装车后，各制动器应制动住，各保险装置应锁牢，履带或车轮应揳紧，并应绑扎牢固。

（9）雨、雪、霜冻天气装卸车时，应采取防滑措施。

（10）上、下坡道时，应提前换低速挡，不得中途换挡和紧急制动。严禁下坡空挡滑行。

（11）拖车停放地应坚实平坦。长期停放或重力停放过夜时，应将平板支起，轮胎不应承压。

（12）使用随车卷扬机装卸物件时，应有专人指挥，拖车应制动住，并应将车轮揳紧。

（13）严寒地区停放过夜时，应将贮气筒中空气和积水放尽。

7.5　油罐车

7.5.1　概述

油罐车根据运输的介质、配置和各个地方叫法的不同，有多种不同的称谓，如：油槽车、槽罐车、运油车、供油车、拉油车、流动加油车、税控加油车、电脑加油车、柴油运输车、汽油运输车、煤焦油运输车、润滑油运输车、原油运输车、重油运输车、油品运输车等。如图7-3所示为油罐车外形图。

7.5.2　分类

图7-3　油罐车

油罐车根据其外观又可分为：平头油罐车、尖头油罐车、齐头油罐车、单桥油罐车、后双桥油罐车、双桥油罐车、双后桥油罐车、轻型油罐车、小型油罐车、中型油罐车、大型油罐车、半挂运油车、小三轴油罐车、前双后单油罐车、前四后四油罐车、前四后八油罐车等。

油罐车根据品牌又可分为：东风油罐车、解放运油车、福田油罐车、重汽油罐车、北奔油槽车、江淮运油车、陕汽运油车、华菱运油车、五十铃油罐车、庆铃油罐车、江铃油罐车等。

7.5.3　油罐车的构造组成及工作原理

运油车专用部分由罐体、取力器、传动轴、齿轮油泵、管网系统等部件组成。管网系统由油泵、三通四位球阀、双向球阀、滤网、管道组成。

油罐结构为椭圆柱形或梯形面柱形体，用压力容器板制成，整个罐体分单仓或多仓，仓内可分室，中间隔板下端有通孔，每仓中间焊有分仓或多仓，仓内可分室，中间隔板下端有通孔，每仓中间焊有分仓加强波隔板，以减轻汽车行驶时罐体内油料的冲击和提高罐体的刚度。

为了防止锈蚀，罐体外表涂防锈漆及装饰漆，油罐侧面中间装有容器指示计，在往油罐加油或向外输油时，可直接指示出罐内的容积。

罐口为直径 500mm 的孔，以供维修保养之用。大盖由螺栓紧固在罐口劲板上，由一个支销和一个耳板将小盖与大盖连接在一起，顺时针转动小盖上手柄，可使小盖压紧。反转，脱开耳板后，小盖则可打开，大盖上侧安装有呼吸阀。

为了保证加油车正在工作过程中，罐内压力与大气压力基本一致，在罐中大盖上安装了呼吸阀，当罐内油料受热膨胀或当用油泵向罐加油时，罐内油面上升，压力增大，当罐内压力高于外界压力 8kPa 时，呼吸阀上阀片开启；当用油泵向外排油或油料受冷收缩时油面下降，压力降低，当罐内压力低于外界压力 3kPa 时，呼吸阀下阀片开启。

7.5.4　油罐车安全操作规程

（1）油罐车应配备专用灭火器，并应加装拖地铁链和避电杆。行驶时，拖地铁链应接触地面。加油或放油时，必须将避电杆插进潮湿地内。

（2）油罐加油孔应密封严密，放油阀门、放油管应无渗漏，油罐通气孔应畅通，油泵进油滤网应经常清洗，送油胶管用完后应立即装上两端接头盖，不得有脏物进入。

（3）内燃机的汽化器和排气管不得有回火。排气管应安装在车辆前方。

（4）油罐车工作人员不得穿有铁钉的鞋。严禁在油罐附近吸烟，并严禁火种。

（5）停放时，应远离火源，炎热季节应选择阴凉处停放。雷雨时，不得停放在大树或高压线下方。行驶中途停放时，应有专人看管。

（6）在检修过程中，操作人员如需要进入油罐时，严禁携带火种，并必须有可靠的安全防护措施，罐外必须有专人监护。

（7）车上所有电气装置，必须绝缘良好，严禁有火花产生。车用工作照明应为 36V 以下的安全灯。

（8）油罐沉淀槽冻结时，严禁用火烤，可用热水、蒸汽融化，或将车开进暖房解冻。

7.6　散装水泥车

7.6.1　概述

散装水泥车又称粉粒物料运输车，适用于粉煤灰、水泥、石灰粉、矿石粉、颗粒碱等颗粒直径不大于 0.1mm 的粉粒干燥物料的散装运输。主要供水泥厂、水泥仓库和大型建筑工地使用，可节约大量包装材料和装卸劳动。如图 7-4 所示为散装水泥车的外形图。

7.6.2　结构组成

由专用汽车底盘、散装水泥车罐体、气管路系统、自动卸货装置等部分组成。散装水

图 7-4　散装水泥车

泥车底盘可选择东风底盘、解放底盘、重汽斯太尔底盘、江淮底盘。散装水泥车罐体主要由筒体、罐体上端给进料口、流态化床、出料管、进气管及其他附件组成。罐体顶部装有两个或三个给进料口。散装水泥车前、后气室各设一根进气管，通过球阀可分别实现同时开启和单独控制的功能。

7.6.3　工作原理

工作动力从汽车变速箱中引出，通过传动装置驱动空压机，产生的压缩空气经控制管路进入气室内，使罐内粉粒物料产生流态化现象。当压力达到 0.196MPa 时，打开出料蝶阀，实现卸料。

7.6.4　散装水泥车的使用

（1）驾驶散装水泥车时不要超速、超压运行，超速、超压会严重损坏空压机，工作压力为 0.2MPa。

（2）不要快速启动或停止空压机，而应缓慢增速或减速，否则冲压力会损坏空压机。

（3）不要改变空压机的旋转方向，否则油泵不供油会严重损坏机器。

（4）不要在减压前停止空压机，否则粉粒物料可能倒流进气缸，造成空压机严重损坏。

（5）开机前需检查油标。油位不得低于油标下限。需经常检查油泵是否供油，若不供油，应立即停机检查，否则缺油会严重损坏空压机。

（6）要按期更换润滑油。新机使用 30h 后，排出曲轴箱里的油，清洁曲轴箱内部及滤油网，然后换油。以后每年照上述方法换油一次。

（7）要检查、清洁滤油网。正常情况每季度检查、清洁一次，如果机器使用率高，应一个月检查、清洁一次。

（8）禁止不同牌号的润滑油混用，否则润滑油变质会影响润滑效果。

（9）每工作 30h 要保养、清洁空气滤芯。转动滤芯的同时，用压力小于 0.6MPa 的压缩空气由内向外吹。保养五次后，应更换新滤芯。严禁用油或水清洗滤芯。

7.6.5　散装水泥车安全操作规程

（1）装料前，应检查并清除罐体及出料管道内的积灰和结渣等物。各管道、阀门应启闭灵活，不得有堵塞、漏气等现象。各连接部件应牢固可靠，方可进行装料。

（2）在打开装料口前，应先打开排气阀，排除罐内残余气压。

（3）装料时，应打开料罐内料位器开关，待料位器发出满位声响信号时，立即停止装料。

（4）装料完毕，应将装料口边缘上堆积的水泥清扫干净，盖好进料口盖，并把插销插好锁紧。

（5）卸料前，应将车辆停放在平坦的卸料场地，装好卸料管，关闭卸料管蝶阀和卸压管球阀，打开二次风管并接通压缩空气，保证空气压缩机在无载情况下起动。

（6）在向罐内加压时，应确认卸料阀处于关闭状态。待罐内气压达到卸料压力时，应先稍开二次风嘴阀后再打开卸料阀，并调节二次风嘴阀的开度来调整空气与水泥的最佳比例。

（7）卸料过程中，应观察压力表压力变化情况，如压力突然上升，而输气软管堵塞，不再出料，应停止送气并放出管内压气，然后清除堵塞。

（8）卸料作业时，空气压缩机应有专人负责，其他人员不得擅自操作。在进行加压卸料时，不得改变内燃机转速。

（9）卸料结束，应打开放气阀，放尽罐内余气，并关闭各部阀门。车辆行驶过程中，罐内不得有压力。

（10）雨天不得在露天装卸水泥。应经常检查并确认进料口盖关闭严实，不得让水或湿空气进入罐内。

7.7 机动翻斗车

7.7.1 机动翻斗车外形图

如图 7-5 所示为机动翻斗车的外形图。

7.7.2 机动翻斗车安全操作规程

（1）行驶前，应检查锁紧装置并将料斗锁牢，不得在行驶时掉斗。

（2）行驶时应从一挡起步。不得用离合器处于半结合状态来控制车速。

（3）上坡时，当路面不良或坡度较大时，应提前换入低挡行驶；下坡时严禁空挡滑行；转弯时应先减速；急转弯时应先换入低挡。

（4）翻斗车制动时，应逐渐踩下制动踏板，并应避免紧急制动。

图 7-5 机动翻斗车

（5）通过泥泞地段或雨后湿地时，应低速缓行，应避免换挡、制动、急剧加速，且不得靠近路边或沟旁行驶，并应防侧滑。

（6）翻斗车排成纵队行驶时，前后车之间应保持 8m 的间距，在下雨或冰雪的路面上，应加大间距。

（7）在坑沟边缘卸料时，应设置安全挡块。车辆接近坑边时，应减速行驶，不得剧烈冲撞挡块。

（8）停车时，应选择适合地点，不得在坡道上停车。冬季应采取防止车轮与地面冻结的措施。

（9）严禁料斗内载人。料斗不得在卸料工况下行驶或进行平地作业。

（10）内燃机运转或料斗内有载荷时，严禁在车底下进行任何作业。

（11）操作人员离机时，应将内燃机熄火，并挂挡、拉紧手制动器。

（12）作业后，应对车辆进行清洗，清除砂土及混凝土等粘结在料斗和车架上的脏物。

（13）在车底下进行保养、检修时，应将内燃机熄火，拉紧手制动器并将车轮撑牢。

（14）车辆经修理后需要试车时，应由合格人员驾驶，车上不得载人、载物，当需在道路上试车时，应挂交通管理部门颁发的试车牌照。

（15）在坡道上停放时，下坡停放应挂上倒挡，上坡停放应挂上一挡，并应使用三角木楔等塞紧轮胎。

7.8 带式输送机

7.8.1 概述

带式输送机（belt conveyer）又称胶带输送机，俗称"皮带输送机"。目前输送带除

图 7-6 带式输送机

了橡胶带外，还有其他材料的输送带（如 PVC、PU、特氟龙、尼龙带等）。带式输送机由驱动装置拉紧输送带，中部构架和托辊组成输送带作为牵引和承载构件，借以连续输送散碎物料或成件品。如图 7-6 所示为带式输送机的外形图。

带式输送机是一种摩擦驱动以连续方式运输物料的机械。应用它可以将物料在一定的输送线上，从最初的供料点到最终的卸料点间形成一种物料的输送流程。它既可以进行碎散物料的输送，也可以进行成件物品的输送。除进行纯粹的物料输送外，还可以与各工业企业生产流程中的工艺过程的要求相配合，形成有节奏的流水作业运输线。所以带式输送机广泛应用于现代化的各种工业企业中。在矿山的井下巷道、矿井地面运输系统、露天采矿场及选矿厂中，广泛应用带式输送机。它用于水平运输或倾斜运输，使用非常方便。

带式输送机已成为整个生产环节中的重要设备之一。结构先进、适应性强、阻力小、寿命长、维修方便、保护装置齐全是带式输送机显著的特点。在带式输送机运行前，首先要确认带式输送机设备、人员、被输送物品均处于安全完好的状态。其次检查各运动部位正常无异物，检查所有电气线路是否正常，正常时才能将皮带输送机投入运行。最后要检查供电电压与设备额定电压的差别不超过±5%。

带式输送机主要应用于冶金、电力、煤炭、化工、建材、码头、粮食等行业。

7.8.2 带式输送机安全操作规程

（1）固定式带式输送机应安装在坚固的基础上。移动式带式输送机在运转前，应将轮子对称撑紧。多机平行作业时，彼此间应留出 1m 以上的通道。输送机四周应无妨碍工作

的堆积物。

（2）起动前，应调整好输送带松紧度，带扣应牢固，轴承、齿轮、链条等传动部件应良好，托辊和防护装置应齐全，电气保护接零或接地应良好，输送带与滚筒宽度应一致。

（3）起动时，应先空载运转，待运转正常后，方可均匀装料。不得先装料后起动。

（4）数台输送机串联送料时，应从卸料一端开始按顺序起动，待全部运转正常后，方可装料。

（5）加料时，应对准输送带中心并宜降低高度，减少落料对输送带、托辊的冲击。加料应保持均匀。

（6）作业中，应随时观察机械运转情况，当发现输送带有松弛或走偏现象时，应停机进行调整。

（7）作业中，严禁任何人从输送带下面穿过，或从上面跨越。输送带打滑时，严禁用手拉动。严禁运转时进行清理或检修作业。

（8）输送大块物料时，输送带两侧应加装料板或栅栏等防护装置。

（9）调节输送机的卸料高度，应在停车时进行。调节后，应将连接螺母拧紧，并应插上保险销。

（10）运输中需要停机时，应先停止装料，待输送带上物料卸尽后，方可停机。数台输送机串联作业停机时，应从上料端开始按顺序停机。

（11）当电源中断或其他原因突然停机时，应立即切断电源，将输送带上的物料清除掉，待来电或排除故障后，方可再接通电源起动运转。

（12）作业完毕后，应将电源断开，锁好电源开关箱，清除输送机上砂土，用防雨护罩将电动机盖好。

7.9 叉车

7.9.1 概述

叉车是指对成件托盘货物进行装卸、堆垛和短距离运输作业的各种轮式搬运车辆。国际标准化组织 ISO/TC 110 称为工业车辆，属于物料搬运机械。广泛应用于车站、港口、机场、工厂、仓库等国民经济部门，是机械化装卸、堆垛和短距离运输的高效设备。自行式叉车出现于 1917 年。第二次世界大战期间，叉车得到发展。中国从 20 世纪 50 年代初开始制造叉车。如图 7-7 所示为叉车的外形图。

7.9.2 叉车的安全操作规程

（1）叉装物件时，被装物件重量应在该机允许载荷范围内。当物件重量不明时，应

图 7-7 叉车

将该物件叉起离地 100mm 检查机械的稳定性，确认无超载现象后，方可运送。

（2）叉装时，物件应靠近起落架，其重心应在起重架中间，确认无误，方可提升。

（3）物件提升离地后，应将起落架后仰，方可行驶。

（4）起步应平稳，变换前后方向时，应待机械停稳后方可进行。

（5）叉车在转弯、后退、狭窄通道、不平路面等情况下行驶时，或在叉车路口和接近货物时，都应减速慢行。除紧急情况外，不宜使用紧急制动。

（6）两辆叉车同时装卸一辆货车时，应有专人指挥联系，保证安全作业。

（7）不得单叉作业和使用货叉顶货或拉货。

（8）叉车在叉取易碎物品、贵重品或装载不稳的货物时，应采取安全绳加固。必要时，应有专人引导，方可行驶。

（9）以内燃机为动力的叉车，进入仓库作业时，应有良好的通风设施。严禁在易燃、易爆的仓库内作业。

（10）严禁货车、叉车上载人。驾驶室除规定的操作人员外，严禁其他任何人进入或在室外搭乘。

（11）作业后，应将叉车停放在平坦、坚实的地方，使货叉落至地面将车轮制动住。

7.10　施工升降机（人货两用电梯）

7.10.1　施工升降机的分类

（1）建筑施工升降机按驱动方式分为齿轮齿条驱动（SC 型）、卷扬机钢丝绳驱动（SS 型）和混合驱动（SH 型）三种。

（2）按导轨架的结构可分为单柱和双柱两种。

一般情况下，SC 型建筑施工升降机多采用单柱式导轨架，而且采取上接节方式。SC 型建筑施工升降机按其吊笼数又分单笼和双笼两种。单导轨架双吊笼的 SC 型建筑施工升降机，在导轨架的两侧各装一个吊笼，每个吊笼各有自己的驱动装置，并可独立地上、下移动，从而提高了运送客货的能力。

7.10.2　施工升降机的构造

施工升降机主要由金属结构、驱动机构、安全保护装置和电气控制系统等部分组成，如图 7-8 所示。

1. 金属结构

金属结构由吊笼、底笼、导轨架、对（配）重、天轮架及小起重机构、附墙架等组成。

（1）吊笼（梯笼）

吊笼是施工升降机运载人和物料的构件，笼内有传动机构、限速器及电气箱等，外侧附有驾驶室，设置了门保险开关与联锁，只有当吊笼前后两道门均关好后，梯笼才运行。吊笼内空净高度不得小于 2m。对于 SS 型人货两用升降机，提升吊笼的钢丝绳不得少于两根，且应是彼此独立的。钢丝绳的安全系数不得小于 12，直径不得小于 9mm。

（2）底笼

底笼的底架是施工升降机与基础连接部分，多用槽钢焊接成平面框架，并用地脚螺栓与基础相固结。底笼的底架上装有导轨架的基础节，吊笼不工作时停在其上。底笼四周有钢板网护栏，入口处有门，门的自动开启装置与梯笼门配合动作。在底笼的骨架上装有四个缓冲弹簧，以防梯笼坠落时起缓冲作用。

（3）导轨架

导轨架是吊笼上下运动的导轨，升降机的主体，能承受规定的各种载荷。导轨架是由若干个具有互换性的标准节，经螺栓连接而成的多支点的空间桁架，用来传递和承受荷载。标准节的截面形状有正方形、矩形和三角形，标准节的长度与齿条的模数有关，一般每节为 1.5m。导轨架的主弦杆和腹杆多用钢管制造，横缀条则选用不等边角钢。

（4）对（配）重

对重用以平衡吊笼的载重。

（5）天轮架及小起重机构

天轮架由导向滑轮和天轮架钢结构组成，用来支承和导向配重的钢丝绳。

（6）天轮

立柱顶的左前方和右后方安装两组定滑轮，分别支承两对吊笼和对重。单笼时，只使用一组天轮。

（7）附墙架

立柱的稳定是靠与建筑结构进行附墙连接来实现的。附墙架用来使导轨架可靠地支承在所施工的建筑物上。附墙架多由型钢或钢管焊成平面桁架。

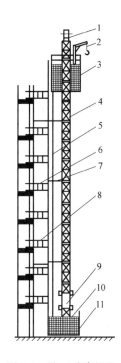

图 7-8　施工升降机整机示意图

1—天轮架；2—吊杆；3—吊笼；4—导轨架；5—电缆；6—后附墙架；7—前附墙架；8—护栏；9—配重；10—吊笼；11—基础

2. 驱动机构

施工升降机的驱动机构一般有两种形式，一种为齿轮齿条式，一种为卷扬机钢丝绳式。

3. 安全保护装置

（1）限速器

限速器是施工升降机的主要安全装置，它可以限制梯笼的运行速度，防止坠落。齿条驱动的施工升降机，为防止吊笼坠落均装有锥鼓式限速器。

限速器的工作原理：当吊笼沿导轨架上、下移动时，齿轮沿齿条随动。当吊笼以额定速度工作时，齿轮带动传动轴及其上的离心块空转。一旦驱动装置的传动件损坏，吊笼将失去控制并沿导轨架快速下滑（当有配重，而且配重大于吊笼一侧载荷时，吊笼在配重的作用下，快速上升）。随着吊笼的速度提高，限速器齿轮的转速也随之增加。当转速增加到限速器的动作转速时，离心块在离心力和重力的作用下与制动轮的内表面上的凸齿相啮合，并推动制动轮转动。制动轮尾部的螺杆使螺母沿着螺杆作轴向移动，进一步压缩碟形弹簧组，逐渐增加制动轮与制动翼之间的制动力矩，直到将工作笼制动在导轨架上为止。在限速器左端的下表面上，装有行程开关。当导板向右移动一定距离后，与行程开关触头接触，并切断驱动电动机的电源。

限速器每动作一次后，必须进行复位，在调整限速器之前，必须确认传动机构的电磁制动作用可靠，方可进行。

（2）缓冲弹簧

在施工升降机的底架上有缓冲弹簧，以便当吊笼发生坠落事故时，减轻吊笼的冲击。

（3）上、下限位器

为防止吊笼上、下时超过需停位置时，因司机误操作和电气故障等原因继续上升或下降引发事故而设置。

（4）上、下极限限位器

上、下极限限位器是在上、下限位器一旦不起作用，吊笼继续上行或下降到设计规定的最高极限或最低极限位置时能及时切断电源，以保证吊笼安全。

（5）安全钩

安全钩是为防止吊笼到达预先设定位置，上限位器和上极限限位器因各种原因不能及时动作，吊笼继续向上运行，将导致吊笼冲击导轨架顶部而发生倾翻坠落事故而设置的。安全钩是安装在吊笼上部的重要装置，也是最后一道安全装置，它能使吊笼上行到导轨架顶部的时候，安全钩钩住导轨架，保证吊笼不发生倾翻坠落事故。

（6）吊笼门、底笼门联锁装置

施工升降机的吊笼门、底笼门均装有电气联锁开关，它们能有效地防止因吊笼或底笼门未关闭就启动运行而造成人员坠落和物料滚落，只有当吊笼门和底笼门完全关闭时才能启动运行。

（7）急停开关

当吊笼在运行过程中发生各种原因的紧急情况时，司机应能及时按下急停开关，使吊笼立即停止，防止事故的发生。急停开关必须是非自行复位的电气安全装置。

（8）楼层通道门

施工升降机与各楼层均搭设了运料和人员进出的通道，在通道口与升降机结合部必须设置楼层通道门。此门在吊笼上下运行时处于常闭状态，只有在吊笼停靠时才能由吊笼内的人打开。应做到楼层内的人员无法打开此门，以确保通道口处在封闭的条件下不出现危险的边缘。

4. 电气控制系统

施工升降机的每个吊笼都有一套电气控制系统。施工升降机的电气控制系统包括电源箱、电控箱、操作台和安全保护系统等组成。

7.10.3 施工升降机安装与拆除

1. 安装前的准备工作

施工升降机在安装和拆除前，必须编制专项施工方案，必须由有相应资质的队伍来施工。在安装施工升降机前需做以下几项准备工作：

（1）必须有熟悉施工升降机产品的钳工、电工等作业人员，作业人员应当具备熟练的操作技术和排除一般故障的能力，清楚了解升降机的安装工作。

（2）认真阅读全部随机技术文件。通过阅读技术文件清楚了解升降机的型号、主要参数尺寸，搞清安装平面布置图、电气安装接线图，并在此基础上进行下列工作：

① 核对基础的宽度、平面度、楼层高度、基础深度，并做好记录。

② 核对预埋件的位置和尺寸，确定附墙架等的位置。

③ 核对和确定限位开关装置、限速器装置、电缆架、限位开关碰铁的位置。

④ 核对电源线位置和容量。确定电源箱位置和极限开关的位置，并做好施工升降机安全接地方案。

（3）按照施工方案，编制施工进度。

（4）清查或购置安装工具和必要的设备和材料。

2. 安装拆卸安全技术

安装与拆卸时应注意如下的安全事项：

（1）操作人员必须按高处作业要求，在安装时戴好安全帽，系好安全带，并将安全带系好在立柱节上。

（2）安装过程中必须由专人负责统一指挥。

（3）升降机在运行过程中绝对不允许乘人。

（4）每个吊笼顶平台作业人数不得超过 2 人，顶部承载总重量不得超过 650kg。

（5）吊杆额定起重量为 180kg，不允许超载，并且只允许用来安装或拆卸升降机零部件，不得作其他用途。

（6）遇有雨、雪、雾及风速超过 13m/s 的恶劣天气，不得进行安装和拆卸作业。

7.10.4 施工升降机的安全使用和维修保养

施工升降机同其他机械设备一样，如果使用得当、维修及时、合理保养，不仅会延长使用寿命，而且能够降低故障率，提高运行效率。

1. 施工升降机的安全使用

（1）收集和整理技术资料，建立健全施工升降机档案。

（2）建立施工升降机使用管理制度。

（3）操作人员必须了解施工升降机的性能，熟悉使用说明书。

（4）使用前，做好检查工作，确保各种安全保护装置和电气设备正常。

（5）操作过程中，司机要随时注意观察吊笼的运行通道有无异常情况，发现险情立即停车排除。

2. 施工升降机的维修保养

（1）检修蜗轮减速机。

（2）检查配重钢丝绳。检查每根钢丝绳的张力，使之受力均匀，相互差值不超过5%。钢丝绳严重磨损，达到钢丝绳报废标准时要及时更换新绳。

（3）检查齿轮齿条。应定期检查齿轮、齿条磨损程度，当齿轮、齿条损坏或超过允许磨损值范围时应予更换。

（4）检修限速制动器。制动器垫片磨损到一定程度，须进行更换。

（5）检修其他部件、部位的润滑。

7.10.5 施工升降机（人货两用电梯）安全操作规程

（1）施工升降机即为人货两用电梯，其安装和拆装工作必须由取得建设行政主管部门颁发的拆装资质证书的专业队负责，并必须由经过专业培训、取得操作证的专业人员进行操作和维修。

（2）地基应浇制混凝土基础，其承载能力应大于 150kPa，地基上表面平整度允许偏差为 10mm，并应有排水设施。

（3）应保证升降机的整体稳定性，升降机导轨架的纵向中心线至建筑物外墙面的距离宜选用较小的安装尺寸。

（4）导轨架安装时，应用经纬仪对升降机在两个方向进行测量校准，其垂直度允许偏差为其高度的 5/10000。

（5）导轨架顶端自由高度、导轨架与附壁距离、导轨架的两附壁连接点间距离和最低附壁点高度均不得超过出厂规定。

（6）升降机的专用开关箱应设在底架附近便于操作的位置，馈电容量应满足升降机直接启动的要求，箱内必须设短路、过载、相序、断相及零位保护等装置。

（7）升降机梯笼周围 2.5m 范围内应设置稳固的防护栏杆，各楼层平台通道应平整牢固，出入口应设防护栏杆和防护门。全行程四周不得有危害安全运行的障碍物。

（8）升降机安装在建筑物内部井道中间时，应在全行程范围并壁四周搭设封闭屏障。装设在阴暗处或夜班作业的升降机，应在全行程上装设足够的照明和明亮的楼层编号标识灯。

（9）升降机安装后，应经企业技术负责人会同有关部门对基础和附壁支架以及升降机架设安装的质量、精度等进行全面检查，并应按规定程序进行技术试验（包括坠落试验），经试验合格验证后，方可投入运行。

（10）升降机的防坠安全器，在使用中不得任意拆检调整。每用满 1 年后，均应由生产厂或指定的认可单位进行调整、检修或鉴定。

（11）新安装或转移工地重新安装以及经过大修后的升降机，再投入使用前，必须经过坠落试验。升降机在使用中每隔 3 个月，应进行一次坠落试验。试验程序应按说明书规定进行，当实验中梯笼坠落超过 1.2m 制动距离时，应查明原因，并应调整防坠安全器，切实保证不超过 1.2m 制动距离。试验后以及正常操作中每发生一次防坠动作，均必须对防坠安全器进行复位。

（12）作业前重点检查项目应符合下列要求：

① 各部结构无变形，连接螺栓无松动。

② 齿条与齿轮、导向轮与导轨均结合正常。

③ 各部钢丝绳固定良好，无异常磨损。

④ 运行范围内无障碍。

（13）启动前，应检查并确认电缆、接地线完整无损，控制开关在零位。电源接通后，应检查并确认电压正常，应测试无漏电现象。应试验并确认各限位装置、梯笼、维护门等处的电器连锁装置良好可靠，电气仪表灵敏有效。启动后，应进行空载升降试验，测定各传动机构制动器的效能，确认正常后，方可开始作业。

（14）升降机在每班首次载重运行时，当梯笼升离地面1～2m时，应停机试验制动器的可靠性；当发现制动效果不良时，应调整或修复后方可运行。

（15）梯笼内乘人或载物时，应使载荷均匀分布不得偏重。严禁超载运行。

（16）操作人员应根据指挥信号操作。作业前应鸣声示意。在升降机未切断总电源开关前，操作人员不得离开操作岗位。

（17）当升降机运行中发现有异常情况时应立即停机，并采取有效措施，将梯笼降到底层，排除故障后可继续运行。在运行中发现电器失控时，应立即按下急停按钮。再没排除故障前，不得打开急停按钮。

（18）升降机在大雨、大雾、六级及以上大风以及导轨架、电缆等结冰时必须停止运行，并将梯笼降到底层，切断电源。暴风雨后，应对升降机各有关安全装置进行一次检查，确认正常后方可运行。

（19）升降机运行到最上层或最下层时，严禁用行程限位开关作为停止运行的控制开关。

（20）当升降机在运行中由于断电和其他原因而中途停止时，可进行手动下降，将电动机尾端制动电磁铁手动释放，拉手缓缓向外拉出，使梯笼缓慢地向下滑行。梯笼下滑时不得超过额定运行速度，手动下降必须由专业维修人员进行操作。

（21）作业后，应将梯笼降到底层，各控制开关拨到零位，切断电源，锁好开关箱，闭锁梯笼门和围护门。

7.11　自立式起重架

7.11.1　自立式起重架外形图

如图7-9所示为自立式起重架的外形图。

图7-9　自立式起重架

7.11.2　自立式起重架安全操作规程

（1）起重架的架设场地应平整夯实，立架前应先将四条支腿伸出，调整四杆宜悬露

50mm，并应用枕木与地面垫实。

（2）架设前，应检查并确认钢丝绳与缆风绳正常，架设地点附近 5m 范围内不得有非作业人员。

（3）架设时，卷扬机应用慢速，在两节接近合拢时不易出现冲击。合拢后应先将下架与底盘用连接螺栓紧固，然后安装并紧固上下架连接螺栓，在反向开动卷扬机，将架设钢丝绳取下，最后将缆风绳与地锚收紧固定。

（4）当架设高度在 10～15m 时，应设一组缆风绳，每增高 10m 应增设一组缆风绳，并应与建筑物锚固。

（5）作业前，应检查并确认超高限位装置灵敏、可靠。

（6）提升的重物应放置平稳，严禁载人上下。吊笼提升下面严禁有人停留或通过。

（7）在 5 级及以上风力时应停止作业，并应将吊笼降到地面。

（8）作业后，应将吊笼降到地面，切断电源，锁好开关箱。

7.12　井架式、平台式起重机

7.12.1　井架式、平台式起重机外形图

如图 7-10 所示为井架式起重机的外形图，如图 7-11 所示为平台式起重机的外形图。

图 7-10　井架式起重机　　　　　　　　图 7-11　平台式起重机

7.12.2　井架式、平台式起重机安全操作规程

（1）起重机卷扬机部分应执行《建筑机械使用安全技术规程》JGJ 33—2001 中 4.7 节的规定。

（2）架设场地应平整坚实，平台应适合手推车尺寸、便于装卸。井架四周应设缆风绳拉紧。不得用钢筋、铁线代替做缆风绳用。

（3）起重机的制动器应灵活可靠。平台的四角与井架不得互相摩擦。平台固定销和吊钩应可靠，并应有防坠落、防冒顶等保险装置。

（4）龙门架和井架不得和脚手架连为一体。

（5）垂直输送混凝土和砂浆时，翻斗出料口应灵活可靠，保证自动卸料。

（6）操作人员得到下降信号后，必须确认平台下面无人员停留或通过时方可下降平台。

（7）作业后，应检查钢丝绳、滑轮、滑轮轴和导轨等，发现异常磨损，应及时修理或更换。

（8）作业后，应将平台降到最低位置切断电源，锁好开关箱。

7.13 物料提升机

物料提升机是建筑施工现场常用的一种输送物料的垂直运输设备。它以卷扬机为动力，以底架、立柱及天梁为架体，以钢丝绳为传动，以吊笼（吊篮）为工作装置。在架体上装设滑轮、导轨、导靴、吊笼、安全装置等和卷扬机配套构成完整的垂直运输体系。物料提升机构造简单，用料品种和数量少，制作容易，安装拆卸和使用方便，价格低，是一种投资少、见效快的装备机具，因而受到施工企业的欢迎，近几年得到了快速发展。

7.13.1 物料提升机的分类

1. 概念

根据《龙门架及井架物料提升机安全技术规范》JGJ 88—2010 规定，起重量在 2000kg 以下，以地面卷扬机为动力，由天梁组成架体，吊笼沿导轨升降运动，垂直输送物料的起重设备。

2. 分类

（1）按结构形式的不同，物料提升机可分为龙门架式物料提升机和井架式物料提升机。

① 龙门架式物料提升机：以地面卷扬机为动力，由两根立柱与天梁构成门架式架体，吊篮（吊笼）在两立柱间沿轨道作垂直运动的提升机。

② 井架式物料提升机：以地面卷扬机为动力，由型钢组成井字架体，吊笼（吊篮）在井孔内或架体外侧沿轨道作垂直运动的提升机。

（2）按架设高度的不同，物料提升机可分为高架物料提升机和低架物料提升机。

① 架设高度在 30m（含 30m）以下的物料提升机为低架物料提升机。

② 架设高度在 30（不含 30m）～150m 的物料提升机为高架物料提升机。

7.13.2 物料提升机的结构

物料提升机由架体、提升与传动机构、吊笼（吊篮）、稳定机构、安全保护装置和电气控制系统组成。本节介绍物料提升机的架体、提升与传动机构和吊笼（吊篮）。

物料提升机结构的设计和计算应符合《钢结构设计规范》GB 50017—2003、《塔式起重机设计规范》GB/T 13752—1992 和《龙门架及井架物料提升机安全技术规范》JGJ 88—2010 等标准的有关要求。物料提升机结构的设计和计算应提供正式、完整的计算书，结构计算应含整体抗倾翻稳定性、基础、立柱、天梁、钢丝绳、制动器、电机、安装抱杆、附墙架等的计算。

1. 架体

架体的主要构件有底架、立柱、导轨和天梁。

（1）底架

架体的底部设有底架，用于立柱与基础的连接。

（2）立柱

由型钢或钢管焊接组成，用于支承天梁的构件，可为单立柱、双立柱或多立柱。立柱可由标准节组成，也可以由杆件组成，其断面可组成三角形、方形。当吊笼在立柱之间，立柱与天梁组成龙门形状时，称为龙门架式；当吊笼在立柱的一侧或两侧时，立柱与天梁组成井字形状时，称为井架式。

（3）导轨

导轨是为吊笼提供导向的部件，可用工字钢或钢管。导轨可固定在立柱上，也可直接用立柱作为吊笼垂直运行的导轨。

（4）天梁

安装在架体顶部的横梁，是主要的受力构件，承受吊笼（吊篮）自重及所吊物料重，天梁应使用型钢，其截面高度应经计算确定，但不得小于2根 [14 槽钢。

2. 提升与传动机构

（1）卷扬机

卷扬机是物料提升机主要的提升机构。按构造形式分为可逆式卷扬机和摩擦式卷扬机。提升机卷扬机应符合《建筑卷扬机》GB/T 1955—2008 的规定，并且应能够满足额定起重量、提升高度、提升速度等参数的要求。在选用卷扬机时宜选用可逆式卷扬机，高架提升机不得选用摩擦式卷扬机。

卷扬机卷筒应符合下列要求：卷扬机卷筒边缘外周至最外层钢丝绳的距离应不小于钢丝绳直径的2倍，且应有防止钢丝绳滑脱的保险装置。卷筒与钢丝绳直径的比值应不小于30。

（2）滑轮与钢丝绳

装在天梁上的滑轮称天轮，装在架体底部的滑轮称地轮，钢丝绳通过天轮、地轮及吊篮上的滑轮穿绕后，一端固定在天梁的销轴上，另一端与卷扬机卷筒锚固。滑轮按抽丝绳的直径选用。

（3）导靴

导靴是安装在吊笼上沿导轨运行的装置，可防止吊笼运行中偏移或摆动，保证吊笼垂直上下运行。

（4）吊笼（吊篮）

吊笼（吊篮）是装载物料沿提升机导轨作上下运行的部件。吊笼（吊篮）的两侧应设置高度不小于 100cm 的安全挡板或挡网。高架提升机不能使用吊篮，只能使用吊笼。

7.13.3　物料提升机的稳定

物料提升机的稳定性能主要取决于物料提升机的基础、附墙架、缆风绳及地锚。

1. 基础

物料提升机的基础要依据提升机的类型及土质情况确定基础的做法，基础应符合以下规定：

（1）高架提升机的基础应进行设计，基础应能可靠地承受作用在其上的全部荷载，基础的埋深与做法应符合设计和提升机出厂使用规定。

（2）低架提升机的基础当无设计要求时应符合下列要求：

① 土层压实后的承载力应不小于 80kPa；

② 浇筑 C20 混凝土，厚度不少于 30cm；

③ 基础表面应平整，水平度偏差不大于 10mm。

（3）基础应有排水措施，距基础边缘 5m 范围内开挖沟槽或有较大振动的施工时，必须有保证架体稳定的措施。

2. 附墙架

为增强提升机架体的稳定性而连接在物料提升机架体立柱与建筑物结构之间的钢结构。附墙架的设置应符合以下要求：

（1）附墙架与建筑结构的连接应进行设计计算，附墙架与立柱及建筑物连接时，应采用刚性连接，并形成稳定结构。

（2）附墙架的材质应达到现行国家标准《碳素结构钢》GB/T 700—2006 的要求，不得使用木杆、竹竿等作附墙架与金属架体连接。

（3）附墙架的设置应符合设计要求，其间隔不宜大于 9m，且在建筑物的顶层宜设置 1 组，附墙后立柱顶部的自由高度不宜大于 6m。

3. 缆风绳

缆风绳是为保证架体稳定而在其四个方向设置的拉结绳索，所用材料为钢丝绳。缆风绳的设置应当满足以下条件：

（1）缆风绳应经计算确定，直径不得小于 9.3mm，按规范要求，当钢丝绳用作缆风绳时，其安全系数为 3.5。

（2）高架物料提升机在任何情况下均不得采用缆风绳。

（3）提升机高度在 20m（含 20m）以下时，缆风绳不少于 1 组（4 根）；提升机高度在 20～30m 时不少于 2 组。

（4）缆风绳应在架体四角有横向缀件的同一水平面上对称设置。

（5）缆风绳的一端应连接在架体上，对连接处的架体焊缝及附件必须进行设计计算。

（6）缆风绳的另一端应固定在地锚上，不得随意拉结在树上、墙上、门窗框上或脚手架上等。

（7）缆风绳与地面的夹角不应大于 60°，应以 45°～60°为宜。

（8）当缆风绳需改变位置时，必须先做好预定位置的地锚，并加临时缆风绳，确保提升机架体的稳定，方可移动原缆风绳的位置，待与地锚拴牢后，再拆除临时缆风绳。

4. 地锚

地锚的受力情况、埋设的位置都直接影响着缆风绳的作用，常常因地锚角度不够或受力达不到要求发生变形，而造成架体歪斜甚至倒塌。在选择缆风绳的锚固点时，要视其土质情况，决定地锚的形式和做法。

7.13.4 物料提升机的安全保护装置

1. 安全保护装置

物料提升机的安全保护装置主要包括：安全停靠装置、断绳保护装置、载重量限制装置、上极限限位器、下极限限位器、吊笼安全门、缓冲器和通信信号装置等。

(1) 安全停靠装置

当吊笼停靠在某一层时，能使吊笼稳妥地支靠在架体上的装置。防止因钢丝绳突然断裂或卷扬机抱闸失灵时吊篮坠落。其装置有制动和手动两种，当吊笼运行到位后抽簧控制或人工搬动使支承杆伸到架体的承托架上，其荷载全部由承托架负担，钢丝绳不受力。当吊笼装载 125% 额定载重量，运行至各楼层位置装卸载荷时，停靠装置应能将吊笼可靠定位。

(2) 断绳保护装置

吊笼装载额定载重量，悬挂或运行中发生断绳时，断绳保护装置必须可靠地把吊笼刹制在导轨上，最大制动滑落距离应不大于 1m，并且不应对构件造成永久性损坏。

(3) 载重量限制装置

当提升机吊笼内载荷达到额定载重量的 90% 时，应发出报警信号；当吊笼内载荷达到额定载重量的 100%～110% 时，应切断提升机工作电源。

(4) 上极限限位器

上极限限位器应安装在吊笼允许提升的最高工作位置，吊笼的越程（指从吊笼的最高位置与天梁最低处的距离）应不小于 3m。当吊笼上升达到限定高度时，限位器即行动，作切断电源（指可逆式卷扬机）或自动报警（指摩擦式卷扬机）。

(5) 下极限限位器

下极限限位器应能在吊笼碰到缓冲装置之前动作，当吊笼下降至下限位时，限位器应自动切断电源，使吊笼停止下降。

(6) 吊笼安全门

吊笼的上料口处应装设安全门。安全门宜采用联锁开启装置。安全门联锁开启装置，可为电气联锁，也可为机械联锁。吊笼上行时安全门自动关闭，如果安全门未关，可造成断电，提升机不能工作。

(7) 缓冲器

缓冲器应装设在架体的底坑里，当吊笼以额定荷载和规定的速度作用到缓冲器上时，应能承受相应的冲击力。缓冲器的形式可采用弹簧或弹性实体。

(8) 通信信号装置

信号装置是由司机控制的一种音响装置，其音量应能使各楼层使用提升机装卸物料人员清晰听到。当司机不能清楚地看到操作者和信号指挥人员时，必须加装通信装置。通信装置必须是一个闭路的双向电气通信系统，司机和作业人员能够相互联系。

2. 安全保护装置的设置

(1) 低架物料提升机应当设置安全停靠装置、断绳保护装置、上极限限位器、下极限限位器、吊笼安全门和信号装置。

(2) 高架物料提升机除了应当设置低架物料提升机应当设置的安全保护装置外，还应当设置载重量限制装置、上极限限位器、下极限限位器、缓冲器和通信装置等。

7.13.5 物料提升机的安装与拆卸

1. 安装前的准备

（1）根据施工要求和场地条件，并综合考虑发挥物料提升机的工作能力，合理确定安装位置。

（2）做好安装的组织工作，包括安装作业人员的配备，高处作业人员必须具备高处作业的业务素质和身体条件。

（3）按照说明书基础图制作基础。

（4）基础养护期应不少于 7d，基础周边 5m 内不得挖排水沟。

2. 安装前的检查

（1）检查基础的尺寸是否正确，地脚螺栓的长度、结构、规格是否正确，混凝土的养护是否达到规定期，平面度是否达到要求（用水平仪进行验证）。

（2）检查提升卷扬机是否完好，地锚拉力是否达到要求，刹车开、闭是否可靠，电压是否在 380V±5％之内，电机转向是否合乎要求。

（3）检查钢丝绳是否完好，与卷扬机的固定是否可靠，特别要检查计算安装好全部架体达到规定高度时，在全部钢丝绳输出后，钢丝绳长度是否能在卷筒上保持至少三圈。

（4）各标准节是否完好，导轨、导轨螺栓是否齐全、完好，各种螺栓是否齐全、有效，特别是用于紧固标准节的高强度螺栓数量是否充足，各种滑轮是否齐备，有无破损。

（5）吊笼是否完整，焊缝是否有裂纹，底盘是否牢固，顶棚是否安全。

（6）断绳保护装置、重量限制器等安全防护装置事先进行检查，确保安全、灵敏、可靠无误。

3. 安装与拆卸

井架式物料提升机的安装一般按以下顺序：将底架按要求就位──→将第一节标准节安装于标准节底架上──→提升抱杆──→安装卷扬机──→利用卷扬机和抱杆安装标准节──→安装导轨架──→安装吊笼──→穿绕起升钢丝绳──→安装安全装置。物料提升机的拆卸按安装架设的反程序进行。

7.13.6 安全使用和维修保养

1. 物料提升机的安全使用

（1）建立物料提升机的使用管理制度。物料提升机应有专职机构和专职人员管理。

（2）组装后应进行验收，并进行空载、动载和超载试验。

① 空载试验：即不加荷载，只将吊篮按施工中各种动作反复进行，并试验限位灵敏程度。

② 动载试验：即按说明书中规定的最大载荷进行动作运行。

③ 超载试验：一般只在第一次使用前，或经大修后按额定载荷的 125％逐渐加荷进行。

（3）物料提升机司机应经专门培训，人员要相对稳定，每班开机前，应对卷扬机、钢丝绳、地锚、缆风绳进行检验，并进行空车运行。

（4）严禁载人。物料提升机主要是运送物料的，在安全装置可靠的情况下，装卸料人员才能进入到吊篮作业，严禁各类人员乘吊篮升降。

（5）禁止攀登架体和从架体下面穿越。

（6）司机在通信联络信号不明时不得开机，作业中不论任何人发出紧急停车信号，司机应立即执行。

（7）缆风绳不得随意拆除。凡需临时拆除的，应先行加固，待恢复缆风绳后，方可使用升降机；如缆风绳改变位置，要重新埋设地锚，待新缆风绳拴好后，原来的缆风绳方可拆除。

（8）严禁超载运行。

（9）司机离开时，应降下吊篮并切断电源。

2. 物料提升机的维修保养

（1）建立物料提升机的维修保养制度。

（2）使用过程中要定期检修。

（3）除定期检查外，提升机必须做好日常检查工作。日常检查应由司机在每班前进行，主要内容有：

① 附墙杆与建筑物连接有无松动，或缆风绳与地锚的连接有无松动。

② 空载提升吊篮做一次上下运行，查看运行是否正常，同时验证各限位器是否灵敏可靠及安全门是否灵敏完好。

③ 在额定荷载下，将吊篮提升至离地面 1～2m 高处停机，检查制动器的可靠性和架体的稳定性。

④ 卷扬机各传动部件的连接和紧固情况是否良好。

（4）保养设备必须在停机后进行。禁止在设备运行中擦洗、注油等工作。如需重新在卷筒上缠绳时，必须两人操作，一人开机一人扶绳，相互配合。

（5）司机在操作中要经常注意传动机构的磨损，发现磨绳、滑轮磨偏等问题，要及时向有关人员报告并及时解决。

（6）架体及轨道发生变形必须及时维修。

思 考 题

1. 自卸式汽车有哪些类型？

2. 如何正确使用油罐车？

3. 简述散装水泥车的工作原理。

4. 简述带式输送机的结构组成。

5. 简述叉车的安全使用要点。

6. 施工升降机作业前重点检查哪些项目？

8 桩工及水工机械

8.1 桩工及水工机械概况

桩工机械品种繁多，本章列举了最常用的几种。

螺旋打桩机既可用于建筑打桩、成孔，也可用于高铁建设；柴油锤打桩机主要用于房地产打桩，因其振动力强，噪声大，故不适应于居民区和闹市区；正反循环钻机因其用到循环水故应用广泛，打桩口径偏大，也可用于钻机，但不能入岩；冲击钻机广泛用于高速公路、铁路的桥墩打桩，可打岩石；插板机主要用于沿海地区软弱地基的处理，其后再进行打桩；夯扩桩机主要用于房地产打桩，口径小、效率高，因其具有挤密作用故承载力较高；碎石桩机因其独特的设计，通过振动锤的激振力将沉管震入土中，承载力好，打桩效率高，是未来桩工行业的主流产品；旋挖钻机摆脱了电缆的束缚，移动灵活，打桩口径大，效率高，深受桩工行业人生欢迎，但其成本较高，一些行业新人无法接受，另外螺旋打桩机同样具有其打桩效果；振动桩锤主要用于基础工程，一般做为插板机、振动沉管桩机的配套设备，也可独立操作；水平定向钻主要用于公用设施。

8.2 桩工及水工机械安全操作规程

（1）打桩机所配置的内燃机、电动机、卷扬机和液压装置等的使用应执行《建筑机械使用安全技术规程》JGJ 33—2001 中 3.2、3.4、4.7 节及附录 C 的规定。

（2）打桩机类型应根据桩的类型、桩长、桩径、地质条件、施工工艺等综合考虑选择。打桩作业前，应由施工技术人员向机组人员进行安全技术交底。

（3）施工现场应按地基承载力不小于 83kpa 的要求进行整平压实。在基坑和围堰内打桩，应配置足够的排水设备。

（4）打桩机作业区内应无高压线路。作业区应有明显标志或围栏，非工作人员不得进入。桩锤在施工过程中，操作人员必须在距离桩锤中心 5m 以外监视。

（5）机组人员作登高检查或维修时，必须系安全带。工具和其他物件应放在工具包内，高空人员不得向下随意抛物。

（6）水上打桩时，应选择排水量比装机重量大四倍以上的作业船或牢固排架，打桩机与船体或排架应可靠固定，并采取有效的锚固措施。当打桩船或排架的偏斜度超过 3°时应停止作业。

（7）安装时，应将桩锤运到立柱正前方 2m 以内，并不得斜吊。吊装时，应在桩上拴好拉绳，不得与桩锤或机架碰撞。

（8）严禁吊装、吊锤、回转或行走等动作同时进行。打桩机在吊有桩和锤的情况下，操作人员不得离开岗位。

（9）插桩后，应及时矫正桩的垂直度，桩入土3m以上时严禁用打桩机行走或回转动作来纠正桩的倾斜度。

（10）拔送桩时，不得超过桩机起重能力。起拔载荷应符合以下规定：

① 打桩机为电动卷扬机时，起拔载荷不得超过电动机满载电流；

② 打桩机卷扬机以内燃机为动力，拔桩时发现内燃机明显降速，应立即停止起拔；

③ 每米送桩深度的起拔载荷可按40kN计算。

（11）卷扬钢丝绳应经常润滑，不得干摩擦。钢丝绳的使用及报废标准应执行《建筑机械使用安全技术规程》JGJ 33—2001有关规定。

（12）作业中，当停机时间较长时，应将桩锤落下垫好。检修时不得悬吊桩锤。

（13）遇有雷雨、大雾和六级及以上大风等恶劣天气时，应停止一切作业。当风力超过七级或有风暴警告时，应将打桩机顺风向停止，并应增加缆风绳，或将桩立柱放到地面上。立柱长度在27m级以上时应提前放倒。

（14）作业后，应将打桩机停放在坚实平整的地面上，将桩锤落下垫实，并切断动力电源。

8.3　柴油锤桩机

8.3.1　概述

柴油锤桩机是利用燃油爆炸推动活塞往复运动而锤击打桩，活塞重量从几百公斤到数吨。用锤击沉桩宜重锤轻击。若重锤重击，则锤击功大部分被桩身吸收，桩不易打入，且桩头易被打碎。锤重与桩重宜有一定的比值，或控制锤击应力，以防桩被打坏。桩架是支持桩身和桩锤，沉桩过程中引导桩的方向，并使桩锤能沿着要求的方向冲击的打桩设备。如图8-1所示为柴油桩锤机外形图。

图8-1　柴油桩锤机外形图

8.3.2 结构组成及工作原理

主体也是由汽缸和柱塞组成，其工作原理和单缸二冲程柴油机相似，利用喷入汽缸燃烧室内的雾化柴油受高压高温后燃爆所产生的强大压力驱动锤头工作。柴油锤按其构造形式分导杆式和筒式。导杆式柴油锤以柱塞为锤座压在桩帽上，以汽缸为锤头沿两根导杆升降。打桩时，先将桩吊到桩架龙门中就位，再将柴油锤搁在桩顶，降下吊钩将汽缸吊起，又脱开吊钩让汽缸下落套入柱塞，将封闭在汽缸内的空气进行压缩，汽缸继续下落，直到缸体外的压销推压锤座上燃油泵的摇杆时，燃油泵就将油雾喷入缸内，油雾遇到燃点以上的高温气体，当即发生燃爆，爆发力向下冲击使桩下沉，向上顶推，使汽缸回升，待汽缸重新沿导杆坠落时，又开始第二次冲击循环。筒式柴油锤以汽缸作为锤座，并直接用加长了的缸筒内壁导向，省去了两根导杆，柱塞是锤头，可在汽缸中上下运动。打桩时，将锤座下部的桩帽压在桩顶上，用吊钩提升柱塞，然后脱钩往下冲击，压缩封闭在汽缸中的空气，并进行喷油、爆发、冲击、换气等工作过程。柴油锤的工作是靠压燃柴油来启动的，因此必须保证汽缸内的封闭气体达到一定的压缩比，有时在软土地层上打桩时，往往由于反作用力过小，压缩量不够而无法引燃起爆，就需要用吊钩多次吊起锤头脱钩冲击，才能起动。柴油锤的锤座上附有燃油喷射泵、油箱、冷却水箱及桩帽。柱塞和缸筒之间的活动间隙用弹性柱塞环密封。

8.3.3 柴油锤桩机安全操作规程

（1）柴油锤桩机应使用规定配合比的柴油，作业前，应将燃油箱注满，并将出油阀门打开。

（2）作业前，应打开放气螺塞，排出油路中的空气，并应检查和试验燃油泵，从清扫孔中观察喷油情况，发现不正常时，应予调整。

（3）作业前，应使用起落架将上活塞提起，稍高于上气缸，打开贮油室油塞，按规定加满润滑油。对自动润滑的桩锤，应采用专用油泵，向润滑油管路中加入润滑油，并应排除管路中的空气。

（4）对新启用的桩锤，应预先沿上活塞一周浇入 0.5L 润滑油，并应用油枪对下活塞加注一定量的润滑油。

（5）应检查所有紧固螺栓，并应重点检查导向板的固定螺栓，不得在松动及缺件情况下作业。

（6）应检查确认起落架各工作机构安全可靠，起动钩与上活塞接触线在 5～10mm 之间。

（7）提起桩锤脱出砧座后，其下滑长度不宜超过 200mm。超过时应调整桩帽绳扣。

（8）应检查导向板磨损间隙，当间隙超过 7mm 时，应予更换。

（9）应检查缓冲胶垫，当砧座和橡胶垫的接触面小于原面积 2/3 时，或下气缸法兰与砧座间隙小于 7mm 时，均应更换橡胶垫。

（10）对水冷式桩锤，应将水箱内的水加满。冷却水必须使用软水。冬季应加温水。

（11）桩锤启动前，应使桩锤、桩帽和桩在同一轴线上，不得偏心打桩。

（12）在桩贯入度较大的软土层启动桩锤时，应先关闭油门冷打，待每击贯入度小于100mm 时，再开启油门启动桩锤。

（13）锤击中，上活塞最大起跳高度不得超过出厂说明书规定。目视测定高度宜符合出厂说明书的目测表或计算公式。当超过规定高度时，应关小油门，控制落距。

（14）当上活塞下落而柴油锤未燃爆时，上活塞可发生短时间起伏，此时起落架不得落下，应防撞击碰块。

（15）打桩过程中，应有专人负责拉好曲臂上的控制绳。在意外情况下，可使用控制绳紧急停锤。

（16）当上活塞与起动钩脱离后，应将起落架继续提起，宜使它与上汽缸达到或超过2m的距离。

（17）作业中，应重点观察上活塞的润滑油是否从油孔中泄出。当下气缸为自动加油泵润滑时，应经常打开油管头，检查有无油喷出。当无自动加油泵时，应每隔15min向下活塞润滑点注入润滑油。当一根桩打进时间超过15min时，则应在打完后立即加注润滑油。

（18）作业中，当桩锤冲击能量达到最大能量时，其最后10锤的贯入值不得小于5mm。

（19）桩帽中的填料不得偏斜，作业中应保证锤击桩帽中心。

（20）作业中，当水套的水由于蒸发而低于下汽缸吸排气口时，应及时补充，严禁无水作业。

（21）停机后，应将桩锤最低位置盖上汽缸盖和吸排气孔塞子，关闭燃料阀，将操作杆置于停机位置，起落架升至高于桩锤1m处，锁住安全限位装置。

（22）长期停用的桩锤，应从桩机上卸下，放掉冷却水、燃油及润滑油，将燃烧室及上下活塞打击面清洗干净，并应做好防腐措施，盖上保护套，入库保存。

8.4　振动沉拔桩锤

振动沉拔桩锤是一种适合各种基础工程的沉拔桩施工机械。

8.4.1　分类

振动沉拔桩锤按照动力、振频和结构进行分类。

（1）按动力可分为电动振动沉拔桩锤和液压振动沉拔桩锤，前者动力是耐振电动机，后者是柴油发动机驱动液压泵——马达系统。

（2）振动锤的振动器是一个带偏心块的转轴，其产生的振动频率可分为低频（300～700r/min）、中频（700～1500r/min）、高频（2300～2500r/min）、超高频（约6000r/min），以适应不同的地基土质情况。

（3）按振动偏心块的结构可分为固定式偏心块和可调式偏心块。

8.4.2　结构组成

振动沉拔桩锤的主要组成部分是由动力装置、振动器、夹桩器和吸振器等组成。

8.4.3　应用范围

它广泛应用于各类钢桩和混凝土预制桩的沉拔作业。与相应的桩架配套后，也可用于混凝土灌注桩、石灰桩、砂桩等各种类型的地基处理作业。振动沉拔桩锤有如下特点：贯入力强，沉桩质量好；不仅用于沉桩还适合用于拔桩；使用方便，施工速度快，成本低；结构简单，维修保养方便，噪声低，无大气污染。

在施工中，振动沉拔桩锤是利用桩体产生的高频振动，以高速度振动桩身，当桩的强迫振动与土壤颗粒的频率接近时，土壤颗粒产生共振，使桩身周围的土体产生液化，迅速破坏桩和土壤间的粘结力，减小了沉桩阻力，这样，桩在自重及较小的附加压力下便可沉入土中。

8.4.4　振动沉拔桩锤安全操作规程

（1）作业场地至电源变压器或供电主干线的距离应在 200m 以内。

（2）电源容量与导线截面应符合出厂使用说明书的规定，起动时，电压应按《建筑机械使用安全技术规程》JGJ 33—2001 中 3.4.7 条规定执行。

（3）液压箱、电气箱应置于安全平坦的地方。电气箱和电动机必须安装保护接地设施。

（4）长期停放重新使用前，应测定电动机的绝缘值，且不得小于 0.5MΩ，并应对电缆芯线进行导通试验。电缆外包橡胶层应完好无损。

（5）应检查并确认电气箱内各部件完好，接触无松动，接触器触点无烧毛现象。

（6）作业前，应检查振动桩锤减震器与连接螺栓的紧固性，不得在螺栓松动或缺件的状态下起动。

（7）应检查并确认振动箱内润滑油位在规定范围内。用手盘转胶带轮时，振动箱内不得有任何异响。

（8）应检查各传动胶带的松紧度，过松或过紧时应进行调整。胶带防护罩不应有破损。

（9）夹持器与振动器连接处的紧固螺栓不得松动。液压缸根部的接头防护罩应齐全。

（10）应检查夹持片的齿形。当齿形磨损超时 4mm 时，应更换或用堆焊修复。使用前，应在夹持片中间放一块 10～15mm 厚的钢板进行试夹。试夹中液压缸应无渗漏，系统压力应正常，不得在夹持片之间无钢板时试夹。

（11）悬挂振动桩锤的起重机，其吊钩上必须有防松脱的保护装置。振动桩锤悬挂钢架的耳环上应加装保险钢丝绳。

（12）启动振动桩锤应监视起动电流和电压，一次启动时间不应超于 10s。当启动困难时，应查明原因，排除故障后，方可继续启动。启动后，应待电流降到正常值时，方可转到运行位置。

（13）振动桩锤启动运转后，应待振幅达到规定值时，方可作业。当振幅正常后仍不能拔桩时，应该用功率较大的振动装锤。

（14）拔钢板桩时，应按沉入顺序的相反方向起拔，夹持器在夹持板桩时，应靠近相邻一根，对工字桩应夹紧腹板的中央。如钢板桩和工字桩的头部有钻孔时，应将钻孔焊平或将钻孔以上割掉，亦可在钻孔处焊加强板，应严防拔断钢板桩。

（15）夹桩时，不得在夹持器和桩的头部之间留有空隙，并应待压力表显示压力达到额定值后，方可指挥起重机起拔。

（16）拔桩时，当桩身埋入部分拔起 1.0～1.5m 时，应停止振动，拴好吊装用钢丝绳，再起振拔桩。当桩尖在地下只有 1～2m 时，应停止振动，由起重机直接拔桩。待桩完全拔出后，在吊装钢丝绳未吊紧前，不得松开夹持器。

（17）沉桩前，应以桩的前端定位，调整导轨与桩的垂直度，不应使倾斜度超过 2°。

（18）沉桩时，吊装的钢丝绳应紧跟桩下沉速度而放松。在桩入土 3m 之前，可利用桩机回转或导杆前后移动，校正桩的垂直度；在桩入土超过 3m 时，不得再进行校正。

（19）沉桩过程中，当电流表指数急剧上升时，应降低沉桩速度，使电动机不超载。但当桩沉入太慢时，可在振动桩锤上加一定量的配重。

（20）作业中，当遇液压软管破损、液压操纵箱失灵（包括熔丝烧断）时，应立即停机，将换向开关放在"中间"位置，并应采取安全措施，不得让桩从夹持器中脱落。

（21）作业中，应保持振动桩锤减振装置各摩擦部位具有良好的润滑。

（22）作业后，应将振动桩锤沿导杆放至低处，并采用木块垫实，带桩管的振动桩锤可将桩管插入地下一半。

（23）作业后，除应切断操作箱上的总开关外，尚应切断配电盘上的开关，并应采用防雨布将操作箱遮盖好。

8.5   强夯机械

8.5.1   概述

强夯机在建设工程、填海工程中广泛应用。在建筑工程中由于需要对松土压实处理，往往使用强夯机处理。强夯机种类有很多，有蛙式、震动式、跃步式、打夯式还有吊重锤击式，根据工程需要，选用不同类型强夯机。

8.5.2   工作原理

强夯置换是强夯用于加固饱和软黏土地基的方法。强夯置换法的加固机理与强夯法不同，它是利用重锤高落差产生的高冲击能将碎石、片石、矿渣等性能较好的材料强力挤入地基中，在地基中形成一个一个的粒料墩，墩与墩间的土形成复合地基，以提高地基承载力，减小沉降。在强夯置换过程中，土体结构破坏，地基土体产生超孔隙水压力，但随着时间的增加，土体结构强度会得到恢复。粒料墩一般都有较好的透水性，利于土体中超孔隙水压力消散产生固结。如图 8-2 所示为强夯机外形图。

图 8-2   强夯机外形图

8.5.3   设计

（1）强夯置换法在设计前必须通过现场试验确定其运用性和处理效果。应在施工现场有代表性的场地上选取一个或几个试验区，进行试夯或试验性施工，试验区数量应根据建筑场地复杂程度、建筑规模及建筑类型确定。

(2) 强夯置换墩的深度由土质条件决定，除厚层饱和粉土外，应穿透软土层，到达较硬土层上，深度不宜超过 7m。

(3) 墩体材料可采用级配良好的块（片）石、碎石、矿渣等坚硬粗颗粒材料，粒径不宜大于夯锤底面积直径的 0.2 倍，含泥量不宜大于 10%，粒径大于 300mm 的颗粒含量不宜超过全重的 30%。

(4) 强夯置换法的单击夯击能应根据现场试验确定。夯点的夯击次数应通过现场试夯确定，且应同时满足下列条件：

① 墩底穿透软弱土层，且达到设计墩长；

② 累计夯沉量为设计墩长的 1.5～2.0 倍；

③ 最后两击的平均夯沉量不大于下列规定值：当单击夯击能小于 400kN·m 时为 50mm；当单击夯击能为 4000～6000kN·m 时为 100mm；当单击夯击能大于 6000kN·m 时为 200mm；

④ 夯坑周围地面不应发生过大的隆起；

⑤不因夯坑过深而发生提锤困难。

(5) 墩位布置宜采用等边三角形或正方形。对独立基础或条形基础可根据基础形状与宽度相应布置。

(6) 墩间距应根据荷载大小和原土的承载力选定，当满堂布置时可取夯锤直径的 2～3 倍。对独立基础或条形基础可取夯锤直径的 1.5～2.0 倍。墩的计算直径可取夯锤直径的 1.1～1.2 倍。当墩间净距较大时，应适当提高上部结构和基础的刚度。

(7) 墩顶应铺设一层厚度不小于 500mm 的压实垫层。垫层材料一般采用水稳性好的砂、砂砾、石屑、碎石土等。当与墩体材料相同时，粒径不宜大于 100mm。

(8) 强夯置换设计时，应预估地面抬高值，并在试夯时校正。

(9) 强夯置换地基的变形计算应符合现行国家标准《建筑地基基础设计规范》GB 50007—2002 的有关规定。

8.5.4 作业过程

(1) 强夯锤质量可取 10～40t，其底面形式宜采用圆形或多边形，锤底面积宜按土的性质确定，锤底静接地压力值可取 25～40kPa，对于细颗粒土锤底静接地压力宜取较小值。锤的底面宜对称设置若干个与其顶面贯通的排气孔，孔径可取 250～300mm。强夯置换锤底静接地压力值可取 100～200kPa。

(2) 施工机械宜采用带有自动脱钩装置的履带式起重机或其他专用设备。采用履带式起重机时，可在臂杆端部设置辅助门架，或采取其他安全措施，防止落锤时机架倾覆。

(3) 当场地表土软弱或地下水位较高，夯坑底积水影响施工时，宜采用人工降低地下水位或铺填一定厚度的松散性材料，使地下水位低于坑底面以下 2m。坑内或场地积水应及时排除。

(4) 施工前应查明场地范围内的地下构筑物和各种地下管线的位置及标高等，并采取必要的措施，以免因施工而造成损坏。

(5) 强夯施工所产生的振动对邻近建筑物或设备会产生有害的影响时，应设置监测点，并采取隔振或防振措施消除强夯对邻近建筑物的有害影响。

（6）强夯置换施工可按下列步骤进行：

① 清理并平整施工场地，当表土松软时可铺设一层厚度为 1.0～2.0m 的砂石施工垫层；

② 标出夯点位置，并测量场地高程；

③ 起重机就位，夯锤置于夯点位置；

④ 测量夯前锤顶高程；

⑤ 夯击并逐击记录夯坑深度。当夯坑过深而发生起锤困难时停夯，向坑内填料直至与坑顶平，记录填料数量，如此重复直至满足规定的夯击次数及控制标准完成一个墩体的夯击。当夯点周围软土挤出影响施工时，可随时清理并在夯点周围铺垫碎石，继续施工；

⑥ 按由内而外，隔行跳打原则完成全部夯点的施工；

⑦ 推平场地，用低能量满夯，将场地表层松土夯实，并测量夯后场地高程；

⑧ 铺设垫层，并分层碾压密实。

（7）施工过程中应有专人负责下列监测工作：

① 开夯前应检查夯锤质量和落距，以确保单击夯击能量符合设计要求；

② 在每一遍夯击前，应对夯点放线进行复核，夯完后检查夯坑位置，发现偏差或漏夯应及时纠正；

③ 按设计要求检查每个夯点的夯击次数和每击的夯沉量。对强夯置换尚应检查置换深度。

（8）施工过程中应对各项参数及情况进行详细记录。

8.5.5 强夯机安全操作规程

（1）担任强夯作业的主机，应按照强夯等级的要求经过计算选用。用履带式起重机作主机的，应执行《建筑机械使用安全技术规程》JGJ 33—2001 中的 4.2 节规定。

（2）夯机的作业场地应平整，门架底座与夯机着地部位应保持水平，当下沉超过 100mm 时，应重新垫高。

（3）强夯机械的门架、横梁、脱钩器等主要结构和部件的材料及制作质量，应经过严格检查，对不符合设计要求的，不得使用。

（4）夯机在工作状态时，起重臂仰角应置于 70°。

（5）梯形门架支腿不得前后错位，门架支腿在未支稳垫实前，不得提锤。

（6）变换夯位后，应重新检查门架支腿，确认稳固可靠，然后再将锤提升 100～300mm，检查整机的稳定性，确认可靠后，方可作业。

（7）夯锤下落后，在吊钩尚未降至夯锤吊环附近前，操作人员不得提前下坑挂钩。从坑中提锤时，严禁挂钩人员站在锤上随锤提升。

（8）当夯锤留有相应的通气孔在作业中出现堵塞现象时，应随时清理。但严禁在锤下进行清理。

（9）当夯坑内有积水或因粘土产生的锤底吸附力增大时，应采取措施排除，不得强行提锤。

（10）转移夯点时，夯锤应由辅机协助转移，门架随夯机移动前，支腿离地面高度不得超过 500mm。

（11）作业后，应将夯锤下降，放实在地面上。在非作业时严禁将锤悬挂在空中。

8.6　螺旋钻孔机

8.6.1　概述

螺旋钻孔机是一种螺旋叶片钻孔机，包括钻机框架，框架上设有滑道，还设有可沿滑道上下滑动的减速箱，减速箱接动力输入轴和动力输出轴，动力输入轴的另一端接液压马达，动力输出轴的另一端接钻杆，钻杆的下端接钻头。

8.6.2　结构组成和工作原理

螺旋钻孔机根据钻杆长度不同分为长螺旋式（螺旋钻杆长度在 10m 以上）和短螺旋钻（装配式钻杆，每段长为 6.5m）；按基础车类型不同分有汽车式和履带式螺旋钻孔机。如图 8-3 所示为汽车式长螺旋钻孔机外形，它主要由机头、钻杆、支承臂架、导向装置、支腿、出土装置、卷扬机和底盘等组成。

螺旋式钻孔机的工作原理极似于机械加工中的麻花钻钻孔，作业时钻渣（泥土、砂石）可沿螺旋槽自动排出孔外，钻出的桩孔规则，且不需要泥浆护壁和高压水清底，达到要求的深度后，提出钻杆、钻头，浇灌混凝土，待其凝结、硬化后，便成了所需要的基础桩。

汽车式螺旋钻孔机是以载重汽车为底盘，在底盘上面安装着供钻孔使用的各工作机构和辅助设备。

（1）机头。它是由电动机、减速箱、横向微调机构、滑轮组及门架等组成。钻孔时，电动机的转速经一级带传动和一级齿轮传动减速后驱动钻杆与钻头旋转。为使钻孔位置准确，在机头的上部安装有齿轮箱的横向微调机构，它是由一台独立的小功率的电动机直接驱动蜗轮蜗杆传动机构，通过蜗轮孔螺母和固定在机头架上的螺杆相配合，可使齿轮箱向左、右各移动 150mm，从而使钻杆与钻头得到钻孔位置的调整。机头架顶部安装有提升滑轮，周围有四对导向装置，可确保机头沿四根门架立越过上、下滑动。

（2）钻杆与钻头。钻杆的作用是传递扭矩和向上输送钻下来的土壤。钻杆为一根无缝钢管，直径为 $\phi102\sim\phi127\text{mm}$，管壁厚为 5mm，

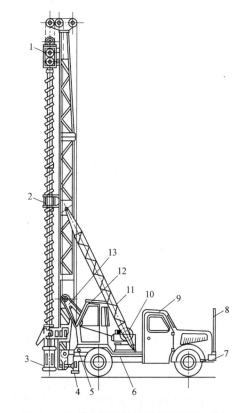

图 8-3　汽车式长螺旋钻孔机外形示意图
1—机头；2—中间导向器；3—导向器；4—支腿；
5—滑轮组；6—底梁；7—压重铁；8—支架；
9—汽车；10—卷扬机；11—斜撑；
12—操纵室；13—支承座

在钢管外表面焊接有 4~6mm 厚的螺旋叶片，螺距为 0.7~0.8 倍的钻杆直径，最下面的一圈螺旋叶片用 10mm 厚的钢板制成，以承受钻杆的垂直荷载及扭转力矩。钻杆的长度应稍大于欲钻桩孔的深度。装配式螺旋钻要分段制作，各段钢管之间用法兰盘联接，联接时应保持联接处螺旋叶片的连续性。钻头是一块扇形钢板，借助于钻头接头安装在钻杆上，以便于随时更换。在扇形钢板的端部镶装着硬质合金的刀头，作为切削之用。切刀头的前角为 20° 左右，后角为 8°~12°，前角是便于切削，后角的功用则是为减小刀头的摩擦。作业中，钻头的左右刀刃同时进行切削。

螺旋钻孔机作业时，钻杆与钻头以 100~120r/min 的转速旋转，切削下来的土壤和砂石沿钻杆螺旋叶片自动上升到出土装置，通过溜槽溜入出土车内。为了保证钻机在作业中的稳定性，在钻杆的中间位置安装有导向套，借助于钢丝绳与机头相联，它可随机头的升降而升降。

（3）机架。机架是机头的导向装置，起着机头升降时的稳定和准确就位的作用。机架借助于支臂和斜撑与底盘固定。支臂的上端与门架铰接，下端固定在底盘上。可作为门架起落时的回转支承。斜撑的下端通过销轴座固定在底座上，上端用球铰与门架相联。门架的垂直位置可通过斜撑上的花篮螺栓进行调整。

8.6.3　螺旋钻孔机安全操作规程

（1）使用钻机的现场，应按钻机说明书的要求清除孔位及周围的石块等障碍物。

（2）作业场地至电源变压器或供电主干线距离应在 200m 以内，启动时电压降不得超过额定电压的 10%。

（3）电动机和控制箱应有良好的接地装置。

（4）安装前，应检查并确认钻杆及各部件无变形；安装后，钻杆与动力头的中心线允许偏斜为全长的 1%。

（5）安装钻杆时，应从动力头开始，逐节往下安装。不得将所需钻杆长度在地面上全部接好后一次起吊安装。

（6）动力头安装前，应先拆下滑轮组，将钢丝绳穿绕好。钢丝绳的选用，应按说明书规定的要求配备。

（7）安装后，电源的频率与控制箱内频率转换开关上的指针应相同，不同时，应采用频率转换开关予以转换。

（8）钻机应放置平稳、坚实，汽车式钻孔机应架好支腿，将轮胎支起，并应用自动微调或吊线锤调整挺杆，使之保持垂直。

（9）启动前应检查并确认钻机各部件连接牢固，传动带的松紧度适当，减速箱内油位符合规定，钻深限位报警装置有效。

（10）启动前，应将操纵杆放在空挡位置。启动后，应做空运转试验，检查仪表、温度、音响、制动等各项工作正常，方可作业。

（11）施钻时，应先将钻杆缓慢放下，使钻头对准孔位，当电流表指针偏向无负荷状态时即可下钻。在钻孔过程中，当电流表超过额定电流时，应放慢下钻速度。

（12）钻机发出下钻限位警报信号时，应停钻，并将钻杆稍稍提升，待解除警报信号后，方可继续下钻。

（13）钻孔中卡钻时，应立即切断电源，停止下钻。未查明原因前，不得强行启动。

（14）作业中，当需改变钻杆回转方向时，应待钻杆完全停转后再进行。

（15）钻孔时，当机架出现摇晃、移动、偏斜或钻头内发出有节奏的响声时，应立即停钻，经处理后，方可继续施钻。

（16）扩孔达到要求孔径时，应停止扩削，并拢扩孔刀管，稍松数圈，使管内存土全部输送到地面，即停钻。

（17）作业中停电时，应将各控制器放置零位，切断电源，并及时将钻杆全部从孔内拔出，使钻头接触地面。

（18）钻机运转时，应防止电缆线被缠入钻杆中，必须有专人看护。

（19）钻孔时，严禁用手清除螺旋片中的泥土。发现紧固螺栓松动时，应立即停机，在紧固后方可继续作业。

（20）成孔后，应将孔口加盖保护。

（21）作业后，应将钻杆及钻头全部提升至孔外，先清除钻杆和螺旋叶片上的泥土，再将钻头按下接触地面，各部制动住，操纵杆放到空挡位置，切断电源。

（22）当钻头磨损量达到 20mm 时，应予更换。

8.7　履带式打桩机

8.7.1　概述

以 JZL 系列电动履带式桩架为例对履带式打桩机进行简要介绍。JZL 系列电动履带式桩架是烟台海山建筑机械有限公司生产的新一代桩工机械产品。该系列产品集中了目前国内外两大类型桩架——自行式履带桩架和步履式桩架的优点：机动能力强、施工效率高、安全稳定性高、价格低廉。因而 JZL 系列电动履带桩架优点突出。

（1）行走稳定，作业安全。因接地尺寸不受起重机底盘限制，而按桩柱高度设计，稳定性优于现有各类桩机，并装有前后 4 个液压支腿，确保施工安全。

（2）行走灵活、迅速，施工效率高。绝不会发生步履式桩架经常因支腿下陷而移动困难的情形。施工效率可提高 2 倍以上，没有桩位死角。

（3）制桩垂直度高。立柱三点支撑，两方位调整，其钻孔垂直度大大优于悬挂式履带桩架。

（4）有利于城市施工和环境保护。采用电动机驱动噪音小，不干扰居民，不燃烧柴油，无废气排放。

（5）维修简单。电动机的故障率和维修成本均远低于柴油机和液压驱动系统。

基于以上优点，JZL 系列电动履带式桩架可配用不同作业装置，广泛应用于城市建筑的各种桩基础工程、深基坑支护工程以及防洪工程中的防渗坝工程等工业与民用建筑施工中。

8.7.2　履带式打桩机的主要技术参数

60 桩机的主要技术参数见表 8-1。

主要技术参数表

表 8-1

型　号	JZL60	JZB60	备注
行走方式	液压(电动)履带式	步履式	
立柱支撑方式	三点支撑	三点支撑	
桩架总高	30.4	30.4	单位:m
回转角度	360	360	单位:度
最大钻孔直径	≤800	≤800	单位:mm
最大钻孔深度	≤25	≤25	单位:m
立柱导向中心距	600×ϕ102/330×ϕ70	600×ϕ102/330×ϕ70	
履带(步履)长度	4.8	6	单位:m
履带(步履)宽度	800	540	单位:mm
许用拔桩力	400	400	单位:kN
动力头配置功率	2×45(2×55)	2×37(2×45)	单位:kW
外型尺寸(长×宽)	10630×4900	10630×4900	单位:mm
整机总重	55	52	单位:t

8.7.3　结构组成

履带式打桩机以履带式起重机为底盘,增加立柱和斜撑用以打桩。性能较多,桩架灵活,移动方便,可适应各种预制桩及灌注桩施工,目前应用较多。它由桩锤1、桩帽2、桩3、立柱4、斜撑5、车体6等机构组成。如图8-4所示。

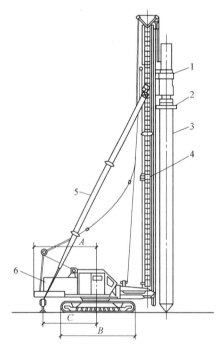

图 8-4　履带式打桩机

1—桩锤;2—桩帽;3—桩;
4—立柱;5—斜撑;6—车体

8.7.4　履带式打桩机安全操作规程

(1)组成打桩机的履带式起重机,应执行《建筑机械使用安全技术规程》JGJ 33—2001中第4.2节的规定。配装的柴油打桩锤或振动桩锤,应执行《建筑机械使用安全技术规程》JGJ 33—2001中第7.2节、第7.3节的规定。

(2)打桩机的安装场地应平坦坚实,当地基承载力达不到规定的压应力时,应在履带下铺设路基箱或30mm厚的钢板,其间距不得大于300mm。

(3)打桩机的安装、拆卸应按照出厂说明书规定程序进行。用伸缩式履带的打桩机,应将履带扩张后方可安装。履带扩张应在无配重情况下进行,上部回转平台应转到与履带成90°的位置。

（4）立柱底座安装完毕后，应对水平微调液压缸进行试验，确认无问题时，应在将活塞杆缩尽，并准备安装立柱。

（5）立柱安装时，履带驱动轮应置于后部，履带前倾覆点应采用铁楔块填实，并应制动住行走机构和回转机构，用销轴将水平伸缩臂定位。在安装垂直液压缸时，应在下面铺木垫板将液压缸顶实，并使主机保持平衡。

（6）安装立柱时，应按规定扭矩将连接螺栓拧紧，立柱支座下方应垫千斤顶顶实。安装后的立柱，其下方搁置点不应少于 3 个。立柱的前端和两侧应系缆风绳。

（7）立柱竖立前，应向顶梁各润滑点加注润滑油，再进行卷扬筒制动试验。试验时，应先将立柱拉起 300～400mm 后制动住，然后放下，同时应检查并确认前后液压缸千斤顶牢固可靠。

（8）立柱的前端应垫高，不得在水平以下位置扳起立柱。当立柱扳起时，应同步放松缆风绳。当立柱接近垂直位置，应减慢竖立速度。扳到 75°～83° 时，应停止卷扬，并收紧缆风绳，再装上后支撑，用后支撑液压缸使立柱竖直。

（9）安装后支撑时，应有专人将液压缸向主机外侧拉出，不得撞击机身。

（10）安装桩锤时，桩锤底部冲击块与桩帽之间应有下述厚度的缓冲垫木。对金属桩，垫木厚度应为 100～150mm；对混凝土桩，垫木厚度应为 200～250mm。作业中应观察木垫的损坏情况，损坏严重的应给予更换。

（11）连接桩锤与桩帽的钢丝绳张紧度应适宜，过紧或过松时，应予调整，拉紧后应留有 200～250mm 的滑出余量，并应防止绳头插入汽缸法兰与冲击块内损坏缓冲垫。

（12）拆卸应按与安装时相反程序进行。放倒立柱时，应使用制动器使立柱缓缓放下，并用缆风绳控制，不得不加控制地快速下降。

（13）正前方吊桩时，对混凝土预制桩，立柱中心与桩的水平距离不得大于 4m；对钢管桩，水平距离不得大于 7m。严禁偏心吊装或强行拉桩等。

（14）使用双向立柱时，应待立柱转向到位，并用锁销将立柱与基杆锁住后，方可吊起。

（15）施打斜桩时，应先将桩锤提升到预定位置，并将桩吊起，套入桩帽，桩尖插入桩位后再后仰立柱，并用后支撑杆顶紧，立柱后仰时打桩机不得回转及行走。

（16）打桩机带锤行走时，应将桩锤放至最低位。行走时，驱动轮应在尾部位置，并应有专人指挥。

（17）在斜坡上行走时，应将打桩机重心置于斜坡的上方，斜坡的坡度不得大于 5°，在斜坡上不得回转。

（18）作业后，应将桩锤放在已打入地下的桩头或地面垫板上，将操纵杆置于停机位置，起落架升至比桩锤高 1m 的位置，锁住安全限位装置，并应使全部制动生效。

8.8 静力压桩机

8.8.1 概述

静力压桩机是利用静压力（压桩机自重及配重）将预制桩逐节压入土中的压桩方法。

这种方法节约钢筋和混凝土，降低工程造价，采用的混凝土强度等级可降低 1～2 级，配筋比锤击法可节省钢筋 40％左右，而且施工时无噪音、无振动、无污染，对周围环境的干扰小，适用于软土地区、城市中心或建筑物密集处的桩基础工程以及精密工厂的扩建工程。

8.8.2　结构组成

静力压桩机有机械式和液压式之分，如图 8-5 所示。压桩机的主要部件有桩架底盘 2、压梁 10、卷扬机 5、滑轮组、配置和动力设备等。压桩时，先将桩起吊，对准桩位，将桩顶置于梁下，然后开动卷扬机牵引钢丝绳，逐渐将钢丝绳收紧，使活动压梁向下，将整个桩机的自重和配重荷载通过压梁压在桩顶。当静压力大于桩尖阻力和桩身与土层之间的摩擦力时，桩逐渐压入土中。常用压桩机的荷重有 80t，120t，150t 等数种，目前使用的多为液压式静力压桩机，压力可达 8000kN。

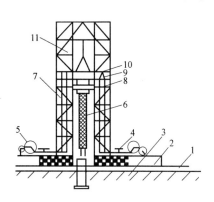

图 8-5　静力压桩机

1—垫板；2—底盘；3—操作平台；4—加重物仓；
5—卷扬机；6—上段桩；7—加压钢丝绳；8—桩帽；
9—油压表；10—活动压梁；11—桩架

8.8.3　作业过程

静力压桩机在一般情况下是分段预制，分段压入、逐段接长。每节桩长度取决于桩架高度，通常 6m 左右，压桩桩长可达 30m 以上，桩断面为 400mm×400mm。接桩方法可采用焊接法、硫磺胶泥锚接法等。压桩一般是分节压入，逐段接长。为此，桩需分节预制。当第一节桩压入土中，其上端距地面 2m 左右时将第二节桩接上，继续压入。对每一根桩的压入，各工序应连续。

压桩顺序宜根据场地工程地质条件确定，并应符合下列规定：

（1）对于场地地层中局部含砂、碎石、卵石时，宜先对该区域进行压桩；

（2）当持力层埋深或桩的入土深度差别较大时，宜先施压长桩后施压短桩。

压桩过程中应测量桩身的垂直度。当桩身垂直度偏差大于 1‰的时候，应找出原因并设法纠正。当桩尖进入较硬土层后，严禁用移动机架等方法强行纠偏。

8.8.4　静力压桩机安全操作规程

（1）压桩机安装地点应按施工要求进行先期处理，应平整场地，地面应达到 35kPa 的平均地基承载力。

（2）安装时，应控制好两个纵向行走机构的安装间距，使底盘平台能正确对位。

（3）电源在导通时，应检查电源电压并使其保持在额定电压范围内。

（4）各液压管路连接时，不得将管路强行弯曲。安装过程中，应防止液压油过多流损。

（5）安装配重前，应对各紧固件进行检查，在紧固件未拧紧前不得进行配重安装。

（6）安装完毕后，应对整机进行试运转，对吊桩用的起重机，应进行满载试吊。

（7）作业前应检查并确认各传动机构、齿轮箱、防护罩等良好，各部件连接牢固。

（8）作业前应检查并确认起重机升起、变幅机构正常，吊具、钢丝绳、制动器等良好。

（9）应检查并确认电缆表面无损伤，保护接地电阻符合规定，电源电压正常，旋转方向正常。

（10）应检查并确认润滑油、液压油的油位符合规定，液压系统无泄漏，液压缸动作灵活。

（11）冬季应清除机上积雪，工作平台应有防滑措施。

（12）压桩作业时，应有统一指挥，压桩人员和吊装人员应密切联系，相互配合。

（13）当压桩机的电动机尚未正常运转前，不得进行压桩。

（14）起重机吊装进入夹持机构进行接桩或插桩作业中，应确认在压桩开始前吊钩已安全脱离桩体。

（15）接桩时，上一节应提升 350～400mm，此时，不得松开夹持板。

（16）压桩时，应按桩机技术性能表作业，不得超载运行。操作时动作不应过猛，避免冲击。

（17）顶升压桩机时，四个顶升缸应两个一组交替动作，每次行程不得超过 100mm。当单个顶升缸动作时，行程不得超过 50mm。

（18）压桩时，非工作人员应离机 10m 以外。起重机的起重臂下，严禁站人。

（19）压桩过程中，应保持桩的垂直度，如遇地下障碍物使桩产生倾斜时，不得采用压桩机行走的方法强行纠正，应先将桩拔起，待地下障碍物清除后，重新插桩。

（20）当桩在压入过程中，夹持机构与桩侧出现打滑时，不得任意提高液压缸压力，强行操作，而应找出打滑原因，排除故障后，方可继续进行。

（21）当桩的贯入阻力太大，使桩不能压至标高时，不得任意增加配重。应保护液压元件和构件不受损坏。

（22）当桩顶不能最后压到设计标高时，应将桩顶部分凿去，不得用桩机行走的方式，将桩强行推断。

（23）当压桩引起周围土地隆起，影响桩机行走时，应将桩机前进隆起方向的土铲平，不得强行通过。

（24）压桩机行走时，长、短船与水平坡度不得超过 5°。纵向行走时，不得单向操作一个手柄，应两个手柄一起动作。

（25）压桩机在顶升过程中，船形轨道不应压在已入土的单一桩顶上。

（26）压桩机上装设的起重机及卷扬机的使用，应执行《建筑机械使用安全技术规程》JGJ 33—2001 中第 4 节的规定。

（27）作业完毕，应将短船运行至中间位置，停放在平整地面上，其余液压缸应全部回程缩进，起重机吊钩应升至最上部，并应使各部制动生效，最后应将外露活塞杆擦拭干净。

（28）作业后，应将控制器放在"零位"，并依此切断各部电源，锁闭门窗，冬季应放尽各部积水。

（29）转移工地时，应按规定程序拆卸后，用汽车装运。所有油管接头处加闷头螺栓。

不得让尘土进入。液压软管不得强行弯曲。

8.9   转盘钻孔机

8.9.1   概述

转盘钻孔机也叫打眼机,它是利用回转的钻杆与钻斗将土壤切下后混入泥浆内,然后再排除孔外而形成所需要的孔。如图 8-6 所示为转盘钻孔机构造示意图。转盘钻孔机很类似一般的地质勘探机,利用履带式或轮胎式的基础车,底盘上部都带有可回转的转盘、动力装置、驱动钻杆的回转机构和操纵系统等。

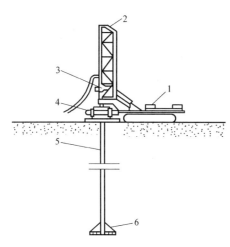

图 8-6   转盘钻孔机构造示意图

1—基础车;2—钻架;3—水龙头;4—钻杆回转机构;5—钻杆;6—钻头

8.9.2   转盘钻孔机安全操作规程

(1) 安装钻孔机前,应掌握勘探资料并确认地质条件符合该钻机的要求,地下无埋设物,作业范围内无障碍物,施工现场与架空输电线路的安全距离符合规定。

(2) 安装钻孔机时,钻机钻架基础应夯实、整平。轮胎式钻机的钻架下应铺设枕木,垫起轮胎,钻机垫起后应保持整机处于水平位置。

(3) 钻机的安装和钻头的组装应按照说明书规定进行,竖立或放倒钻架时,应有熟练的专业人员进行。

(4) 钻架的吊重中心、钻机的卡孔和护进管中心应在同一垂直线上,钻杆中心允许偏差为 20mm。

(5) 钻头和钻杆连接螺纹应良好,滑扣时不得使用。钻头焊接应牢固,不得有裂纹。钻杆连接处应加便于拆卸的厚垫圈。

(6) 作业前重点检查项目应符合下列要求:

① 各部件安装紧固,转动部位和传动部分带有防护罩,钢丝绳完好,离合器、制动带功能良好;

② 润滑油符合规定,各管路接头密封良好,无漏油、漏气、漏水现象;

③ 电气设备齐全、电路配置完好;

④ 钻机作业范围内无障碍物。

(7) 作业前,应将各部操作手柄置于空挡位置,用人力盘动无卡阻,再起动电动机空载运转,确认一切正常后,方可作业。

(8) 开机时,应先送浆后开钻;停机时,应先停钻后停浆。泥浆泵应有专人看管,对泥浆质量和浆面高度应随时测量和调整,保证浓度合适。停钻时,出现漏浆应及时补充,并应随时清除沉淀池中杂物,保持泥浆纯净和循环不中断,防止踏孔和埋钻。

(9) 开钻时，钻压应轻，转速应慢。在钻进过程中，应根据地质情况和钻进深度，选择适合的钻压和钻速，均匀给进。

(10) 变速箱换挡时，应先停机，挂上挡后再开机。

(11) 加接钻杆时，应使用特制的连接螺栓均匀紧固，保证连接处的密封性，并做好连接处的清洁工作。

(12) 钻进中，应随时观察钻机的运转情况，当发生异响、吊索具破损、漏气、漏渣以及其他不正常情况时，应立即停机检查，排除故障后，方可继续开钻。

(13) 提钻、下钻时，应轻提轻放。钻机下和井孔周围 2m 以内及高压胶管下，不得站人。严禁钻杆在旋转时提起。

(14) 发生提钻受阻时，应先设法使钻具活动后再慢慢提升，不得强行提升。如钻进受阻时，应采用缓冲击法解除，并查明原因，采取措施后，方可钻进。

(15) 钻架、钻台平车、封口平车等的承载部位不得超载。

(16) 使用空气反循环时，其喷浆口应遮拦，并应固定管端。

(17) 钻进进尺达到要求时，应根据钻杆长度换算孔底标高，确认无误后，再把钻头略微提起，降低转速，空转 5~20min 后再停钻。停钻时，应先停钻后停风。

(18) 钻机的移位和拆卸，应按照说明书规定进行，在转移和拆运过程中，应防止碰撞机架。

(19) 作业后，应对钻机进行清洗和润滑，并应将主要部位遮盖妥当。

8.10 离心泵

8.10.1 概述

离心泵就是根据离心力原理设计的，高速旋转的叶轮叶片带动水转动，将水甩出，从而达到输送的目的。离心泵的种类很多，分类方法常见的有以下几种方式。

按离心泵的用途可分为：

(1) 清水泵。适用于输送不含固体颗粒、无腐蚀性的溶液或清水。

(2) 杂质泵。用于输送含有泥沙的矿浆、灰渣等。

(3) 耐酸泵。输送含有酸性、碱性等有腐蚀作用的溶液。

(4) 铅水泵。专门用于输送铅熔体，其使用温度可高达 460℃。

按叶轮结构可以分为：

(1) 闭式叶轮泵。泵中叶轮两侧都有盘板（如图 8-7 所示），适用于输送澄清的液体。

(2) 开式叶轮泵。泵中叶轮两侧没有前、后盘板（如图 8-8 所示），它多用于泥浆泵。

(3) 半开式叶轮泵。叶轮的吸入口一侧没有前盘板（如图 8-9 所示）。它适用于输送具有碱性或含有固体颗粒的液体。

按泵的吸入方式可以分为：

(1) 单吸式。液体从叶轮一侧进入叶轮（如图 8-10a 所示），这种泵结构简单，易制造，但是叶轮两侧受力不均，有轴向力存在。

图 8-7 闭式叶轮泵   图 8-8 开式叶轮泵   图 8-9 半开式叶轮泵

（2）双吸式。液体从叶轮两侧同时进入叶轮（见图 8-10*b*），这种泵制造较为复杂，但避免了轴向力，可以延长泵的使用寿命。

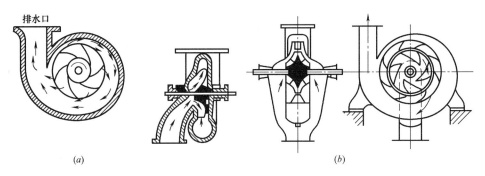

图 8-10 泵的吸入方式
（*a*）单吸式泵；（*b*）双吸式泵

按转子的叶轮数目分为：

（1）单级泵。泵的转动部分（转子）仅有一个叶轮。它结构简单，但压头较小，一般不超过 $50\sim70$m。

（2）多级泵。泵的转子由多个叶轮串联而成。这种泵的压头可随叶轮的增多而提高，最大可达 2000m。

8.10.2 结构组成

在灌满水的离心泵装置中，动力机启动后，通过泵轴带动叶轮快速旋转，泵就能源源不断地抽水。可见，离心泵能够抽水的关键在于叶轮。我们知道，任何物体围绕某个中心做圆周运动时，都会受到离心力的作用。叶轮中的水也不例外，当叶轮快速转动时，叶轮的叶片就会驱使叶轮中的水一起转动，在离心力的作用下，叶轮中的水向叶轮外缘流去。在叶片与水流的相互作用过程中，叶片对水流做功，水流得到能量而从叶轮四周射出，此时，所射出的水流具有很大的动能和压能，并在泵壳与叶轮外缘所形成的空间（压水室）内汇集后流向压水室出口扩散段，在扩散段中随着过流面积的逐步增大，水流流速逐步降低，压力进一步提高，最后在泵出口形成高压水流进入出水管路，输送到上游。如图8-11所示为一个单级离心泵的简图。

泵的主要工作部分是安装在主轴 6 上的叶轮 1，叶轮上面有一定数量的叶片 2，泵的外壳是渐伸线形的扩散室 3。泵的吸入口和吸入管 4 连接，吸入管末端安装有吸入阀 7 并置于吸液池 8 中，排液口和排液管 5 连接。

开动前泵壳内需先充满液体。叶轮旋转后，叶轮间的液体在叶片的推动下获得一定的动能和压力能，以较高的速度自叶轮中心流向叶轮四周，并经扩散室流入排液管。叶轮间的液体向外流动时，叶轮的中心就形成了一定的真空，吸液池的液面在大气压力作用下，使液体经吸入管上升而流入叶轮。这样，就使液体连续地进入水泵，并在泵中获得必要的压头，然后从排液口排出。

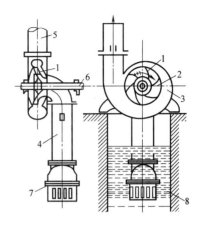

图 8-11 单级离心泵简图

1—叶轮；2—叶片；3—扩散室；4—吸入管；5—排液管；6—主轴；7—吸入阀；8—吸液池

水流输送高度的大小与泵内水流压力的大小有关，而压力的大小与叶轮直径和转速有关。在转速相同的情况下，叶轮直径越大，泵内产生的压力越大，水流输送高度就越大。反之，叶轮直径越小，水流输送高度就越小。对于同一台水泵，当转速改变时，水流输送高度也不同，转速高，输送高度大。反之，输送高度小。如图 8-12 所示为一个多级离心泵的简图。

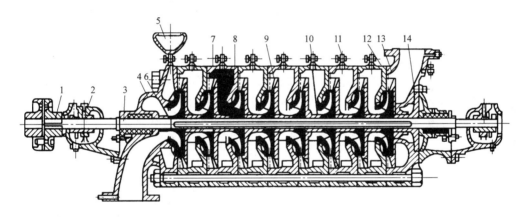

图 8-12 多级离心泵简图

1—联轴器；2—轴承；3—填料压盖；4—前段；5—引水漏斗；6—轴套；7—中段；
8—叶轮；9—导翼；10—挡套；11—气嘴；12—末导翼；13—后段；14—均衡盘

上面介绍了离心泵叶轮将水流压出并输送到高处的原理，那么，叶轮又是如何将下游的水吸上来的呢？当叶轮快速旋转时，叶轮中的水由于受离心力作用而从叶轮四周射出，导致叶轮中心处形成真空（低压区），即此处的压力低于大气压力，而下游（进水池）水面上却作用着大气压力。那么，下游的水在下游水面大气压与泵叶轮中心处的低压所形成压力差的作用下，从下游流向叶轮中心，达到吸水的目的。叶轮中心处的压力越低，水泵吸水的高度越大。由于大气压力为 0.1MPa，而叶轮中心处的压力不可能降低到零，还要考虑进水管路水力损失及水流动能等因素。因此，一般离心泵的最大吸水高度只能达到 8m 左右。这就是离心泵的吸水原理。

综上所述，动力机带动离心泵叶轮快速旋转使叶轮中的水受到离心力作用而向叶轮外缘流动，在水流从叶轮压出的同时，下游的水通过进水管路补充到叶轮中心低压区。到达低压区的水流立即在叶轮叶片作用下，产生离心力，向叶轮四周压出，并经压水室进入出水管路。叶轮连续不断地旋转，水流就源源不断地从下游输送到上游。

那么，水泵启动前，为什么要先使泵壳灌满水呢？这是因为空气的相对密度远小于水的相对密度，如果泵壳内不灌满水的话，叶轮必然在空气中旋转，上述过程在空气中进行，叶轮中心处由空气形成的低压与大气压力之间的压力差不足以吸上进水池中的水，因此达不到抽水的目的。

8.10.3　悬臂泵的结构组成

单级单吸悬臂泵的结构特点从其名称上即可知道，单级指这种泵只有一个叶轮，单吸指水流只能从叶轮的一面进入，即只有一个吸入口。所谓悬臂指的是泵轴的支承轴承装在泵轴的一端，泵轴的另一端装叶轮，状似悬臂。单级单吸悬臂泵一般为卧式。我国设计生产的单级单吸悬臂泵类型主要有：BA 型、B 型、IS 型等。B 型泵是 BA 型泵的改进型，B型泵目前在中国的使用量较大，而 IS 型泵是 20 世纪 80 年代初，根据国际标准设计制造的，将用来取代 B 型和 BA 型泵。

如图 8-13 所示为 B 型单级单吸横轴悬臂泵结构。这种泵在国内生产较早，它的叶轮由叶轮螺母、止动垫圈和键固定在泵轴的右端。泵轴的左端通过联轴器与动力机轴相连。在泵轴穿出泵壳处设有轴封，以防止泵内液体泄漏，这类泵的轴封一般采用填料式密封。泵轴用两个单列向心球轴承支承。从图中可以看出，该泵的泵脚与托架铸为一体，泵体悬臂安装在托架上，故该泵属于托架式悬臂泵。这种泵的优点是：泵体相对于托架可以有不同的安装位置，以便根据实际需要，使泵出口朝上、朝下、朝前或朝后。但检修这种泵时，必须将吸入管路和压出管路与泵体分离，比较麻烦。此外，这种泵的全部质量主要靠托架承受，托架较笨重，故国内近年来生产的单级单吸离心泵已不太使用托架式悬臂结构。

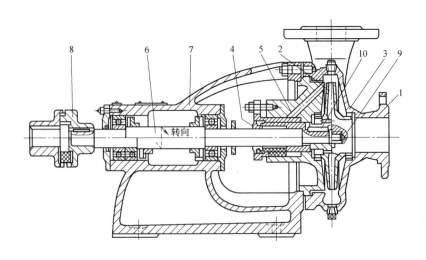

图 8-13　托架式悬臂泵（B 型）

1—泵体；2—叶轮；3—密封环；4—轴套；5—泵盖；6—泵轴；7—托架；8—联轴器；9—叶轮螺母；10—键

B型泵共有17种型号，39种规格，6种口径（最大进口直径200mm），适用范围为：扬程10~100m，流量4.5~360m³/h。

如图8-14所示为IS型单级单吸横轴悬臂泵结构。该泵的大致结构与B型泵差不多，所不同的是：将托架式改为悬架式，即泵脚与泵体铸为一体，轴承置于悬架内，同时将各部件的厚度均相应减薄，减小了泵的质量，整台泵的质量主要由泵体承受（支架仅起辅助支承作用）。此外，增设了加长联轴器（即在泵轴和电机轴端法兰间加一段两端带联轴器的短轴）。

由于IS型泵的泵盖位于泵体右端（如图8-14所示），且结构上采用悬架式，加上增设了加长联轴器，故只要卸下连接泵体和泵盖的螺栓、叶轮、泵盖和悬架等零部件就可以一起从泵体内拆出。这使得检修时不需拆卸吸入管路和压出管路，也不需移动泵体和动力机，只需拆下加长联轴器中间连接件，即可拆出泵转子部件。其不足之处是机组长度增加，强度有所降低。

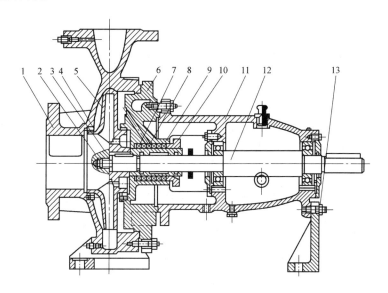

图 8-14　悬架式悬臂泵（IS 型）
1—泵体；2—叶轮螺母；3—止动垫圈；4—密封环；5—叶轮；6—泵盖；7—轴套；
8—填料环；9—填料；10—填料压盖；11—悬架；12—泵轴；13—支架

与B型泵相比，IS型泵的效率要高2%~4%；IS型泵的零部件标准化、通用化程度较高；IS型泵的适用范围较大，共有29个品种，51种规格，进水口径可为50~200mm，扬程可为5~125m，流量可为6.3~400m³/h。

在单级单吸离心泵中，还有一种直联式泵，其结构特点是泵与动力机同轴或加一联接轴，如图8-15所示。由于这种泵采用直联式，使得泵结构简单紧凑，外形尺寸小，质量小，拆装方便，适用于工作场地经常更换的情况。

单级双吸泵具有一个叶轮，两个吸入口。这种泵一般采用双支承结构，即支承转子的轴承位于叶轮两侧，且靠近轴的两端。如图8-16所示S型泵的全称为单级双吸横轴双支承泵。双吸式叶轮靠键、轴套和轴套螺母固定在轴上形成转子，是一个单独装配的部件。装配时，可用轴套螺母调整叶轮在轴上的轴向位置。泵转子用位于泵体两端的轴承体内的两个轴承实现双支承。因在联轴器处有径向力作用在泵轴上，远离联轴器的左端轴承所受

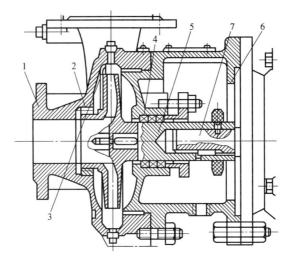

图 8-15 直联式泵

1—泵体；2—口环；3—叶轮；4—填料；5—连

接轴；6—电动机轴；7—后盖架

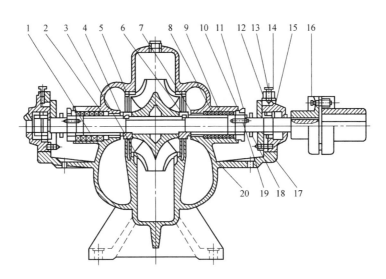

图 8-16 单级双吸横轴双支承泵（S型）

1—泵体；2—泵盖；3—叶轮；4—轴；5—密封环；6—轴套；7—填料套；8—填料；9—填料环；

10—填料压盖；11—轴套螺母；12—轴承体；13—联接螺钉；14—轴承压盖；

15—轴承；16—联轴器；17—轴承端盖；18—挡圈；19—螺栓；20—键

的径向载荷较小，故应将它的轴承外圈进行轴向紧固，让它承受转子的轴向力。

S型泵是侧向吸入和压出的，泵的吸入口和压出口与泵体铸为一体，并采用水平中开式泵壳，即泵壳沿通过轴心线的水平面剖成上部分的泵盖和下部分的泵体。螺旋形压水室和两个半螺旋形吸水室由泵体和泵盖对合构成。这种结构，检修时只要揭开泵盖即可，无需拆卸进、出水管路和动力机，非常方便。泵盖的顶部设有安装抽气管用的螺孔，泵壳下部设有放水用的螺孔。在叶轮吸入口的两侧都设置轴封。该轴封也为填料式密封，由填料套、填料、填料环和填料压盖等组成，轴封所用的水封压力水是通过泵盖中开面上开出的凹槽，从压水室引到填料环的。有的中开式双吸泵要通过专设的水封管将水封压力水送入填料环。

与悬臂泵相比较，双支承泵虽因泵轴穿过叶轮进口而使水力性能稍受影响，且泵零件较多，泵体形状较复杂，使工艺性较差，但双支承泵泵轴的刚度比悬臂泵好得多。此外，对双吸泵来讲，采用双支承结构可使叶轮两侧吸入口处形状对称，有利于轴向力的平衡。故为了提高泵运转可靠性，尺寸较大的双吸泵均采用双支承结构。

目前国内生产的单级双吸泵型号有：Sh 型、SA 型、S 型。其中 Sh 型用得较多，口径 150～800mm，扬程 10～140m，流量 0.35～1.5m³/s。SA 型为 Sh 型的改进型，共有 13 个品种，45 种规格，口径 150～800mm。S 型为 20 世纪 80 年代研制，用于替代 Sh 型和 SA 型的产品，共 41 种规格，目前只有部分规格投产。S 型泵与 Sh 型、SA 型泵相比，在结构上和性能上均有所改进和提高，如取消外设水封管，改用水封槽。泵壳厚度减薄，减小质量，节省材料，提高吸程和效率等。

8.10.4　离心泵安全操作规程

(1) 水泵放置地点应坚实，安装应牢固、平稳并有防雨设施。多级水泵的高压软管接头应牢固可靠，放置宜平直，转弯处应固定牢靠。数台水泵并列安装时，其扬程宜相同，每台之间应有 0.8～1.0m 的距离。串联安装时，应有相同的流量。

(2) 冬季运转时，应做好管路、泵房的防冻、保温工作。

(3) 启动前检查项目应符合下列要求：

① 电动机与水泵的连接同心，联轴节的螺栓紧固，联轴节的转动部分有防护装置，泵的周围无障碍物；

② 管路支架牢固，密封可靠，泵体、泵轴、填料和压盖严密，吸水管底阀无堵塞或漏水；

③ 排气阀畅通、进、出水管接头严密不漏，泵轴与泵体之间不漏水。

(4) 起动时应加足引水，并将出水阀关闭。当水泵达到额定转速时，旋转真空表和压力表的阀门，待指针位置正常后，方可逐步打开水阀。

(5) 运转中发现下列情况，应立即停机检修：

① 漏水、漏气、填料部分发热；

② 底阀滤网堵塞，运转声音异常；

③ 电动机温升过高，电流突然增大；

④ 机械零件松动或其他故障。

(6) 升降吸水管时，应在有护栏的平台上操作。

(7) 运转时，严禁人员从机上跨越。

(8) 水泵停止作业时，应先关闭压力表，再关闭出水阀，然后切断电源。冬季使用时，应将各部放水阀打开，放净水泵和水管中的积水。

8.11　潜水泵

8.11.1　概述

就使用介质来说，潜水泵大体上可以分为清水潜水泵，污水潜水泵，海水潜水泵（有腐蚀性）三类。

安装方式有如下几种。

（1）立式竖直使用，比如在一般的水井中。

（2）斜式使用，比如在矿井有斜度的巷道中。

（3）卧式使用，比如在水池中使用。

潜水泵主要用在矿山抢险、建设施工排水、农业排灌、工业水循环、城乡居民饮用水供应，甚至抢险救灾等领域。

潜水泵的主要参数包括流量、扬程、泵转速、配套功率、额定电流、效率、出水口管径等。

8.11.2   工作原理

开泵前，吸入管和泵内必须充满液体。开泵后，叶轮高速旋转，其中的液体随着叶片一起旋转，在离心力的作用下，飞离叶轮向外射出，射出的液体在泵壳扩散室内速度逐渐变慢，压力逐渐增加，然后从泵出口排出管流出。此时，在叶片中心处由于液体被甩向周围而形成既没有空气又没有液体的真空低压区，液池中的液体在池面大气压的作用下，经吸入管流入泵内，液体就是这样连续不断地从液池中被抽吸上来又连续不断地从排出管流出的。如图 8-17 所示为潜水泵外形图。

图 8-17   潜水泵

8.11.3   结构组成

潜水泵机组由水泵、潜水电机（包括电缆）、输水管和控制开关四大部分组成。潜水泵为单吸多级立式离心泵。潜水电机为密闭充水湿式、立式三相鼠笼异步电动机，电机与水泵通过爪式或单键筒式联轴器直接配备有不同规格的三芯电缆。起动设备为不同容量等级的空气开关和自耦减压气动器。输水管为不同直径的钢管制成，采用法兰联结，高扬程电泵采用闸阀控制。潜水电机轴上部装有迷宫式防砂器和两个反向装配的骨架油封，防止流砂进入电机。潜水电机采用水润滑轴承，下部装有橡胶调压膜、调压弹簧，组成调压室，调节由于温度引起的压力变化。电机绕组采用聚乙烯绝缘，尼龙户套耐水电磁线，电缆联结方式按电缆接头工艺，把接头绝缘脱去刮净漆层，分别接好，焊接牢固，用生橡胶绕一层，再用防水粘胶带缠 2～3 层，外面包上 2～3 层防水胶布或用水胶粘结包一层橡胶（自行车里胎）以防渗水。潜水泵每级导流壳中装有一个橡胶承。叶轮用椎形套固定在泵轴上。导流壳采用螺纹或螺栓联成一体。高扬程潜水泵上部装有止回阀，避免停机水锤造成机组破坏。电机密闭，采用精密止口螺栓，电缆出口加胶垫进行密封。电机上端有一个注水孔，有一个放气孔，下部有个放水孔。电机下部装有上下止推轴承，止推轴承上有沟槽用于冷却，和它对磨的不锈钢推力盘，承受水泵的上下轴向力。

8.11.4   潜水泵机组的安装

1. 安装须知

（1）水泵进水口必须在动水位 1m 以下，但潜水深度不得超过静水位以下 70m，电机下端距井底最少 1m 以下。

（2）额定功率小于或等于 15kW（电源允许时 25kW），电动机采用满压启动。

（3）额定功率大于 15kW，电动机采用降压启动。

（4）使用环境必须符合规定条件。

2. 安装前的准备

（1）首先检查水井的直径、静水深度以及供电系统是否符合使用条件。

（2）检查电泵转动是否灵活，应无卡死点，分装的电机和电泵应用联轴器联结，注意上紧顶丝。

（3）打开排气和注水螺塞，往电机内腔注满清水，注意防止假满。上好螺塞，不应有漏水现象。

（4）用 500V 兆欧表测量电机绝缘，应不低于 150MΩ。

（5）应装备相应的吊装工具，如三脚架，吊链等。

（6）装好保护开关和启动设备，瞬时启动电机（不超过 1s），看电机的转向是否和转向标牌相同，若相反，调换电源任意两个接头即可，然后上好护线板和滤水网，准备下井。在电机与水泵联结转向时，必须从泵出水口灌入清水，待水从进水节流出时方可启动。

3. 安装

（1）首先在泵的出水口安装接泵管一节，并用夹板夹住，吊起落入井中，使夹板坐落在井台上。

（2）再用一副夹板夹住另一节输水管。然后吊起，降下与接水管法兰加胶垫相接，拧螺丝时必须对角线同时进行。升起吊链拆下第一副夹板，使泵管下降夹板又落在井台上。依次反复进行安装、下井，直到全部装完，放上井盖，最后一副夹板不拆卸将其放在井盖上。

（3）安装弯管、闸阀、出水口等，并加相应的胶垫密封。

（4）电缆线要固定在输水管法兰上的凹槽内，每节用绳固定好，下井过程要小心，不得碰伤电缆。

（5）下泵过程中如有卡住现象，要想办法克服卡点，不能强行下泵，以免卡死。

（6）安装时严禁人员下井作业。

（7）保护开关和启动设备应安装在用户的配电盘后，配电盘有电压表、电流表、指示灯，并放置在井房内适当位置。

（8）采用"铁丝从电机底座到接泵管捆绑"的强行保护措施，以防止意外事故发生。

8.11.5 潜水泵安全操作规程

（1）潜水泵宜先装在坚固的篮筐里再放入水中，亦可在水中将泵的四周设立坚固的防护围网，泵应直立于水中，水深不得小于 0.5m，不得在含泥沙的水中使用。

（2）泵放入水中，或提出水面时，应先切断电源，严禁拉拽电缆或出水管。

（3）泵应装设接零或漏电保护装置，工作时周围 30m 以内水面不得有人、畜进入。

（4）启动前检查项目应符合下列要求：

① 水管结扎牢固；

② 放气、放水、注油等螺塞均旋紧；

③ 叶轮和进水节无杂物；

④ 电缆绝缘良好。

（5）接通电源后，应先试运转，并应检查并确认旋转方向正确，在水外运转时间不得超过 5min。

（6）应经常观察水位变化，叶轮中心至水平距离应在 0.5～3m 间，泵体不得陷入污泥或露出水面。电缆不得与井壁、池壁相擦。

（7）新泵或新换密封圈，在使用 50h 后，应旋开放水。封口塞，检查水、油的泄漏量，当泄漏量超过 5mL 时，应进行 0.2MPa 的气压试验，查出原因，予以排除，以后每月检查一次；若泄漏量不超过 25mL 时，可继续使用。检查后应换上规定的润滑油。

（8）经过修理的油浸式潜水泵，应先经 0.2MPa 气压试验，检查各部无泄漏现象，然后将润滑油加入上、下壳体内。

（9）当气温降到 0℃ 以下时，在停止运转后，应从水中提出潜水泵擦干后存放室内。

（10）每周应测定一次电动机定子绕组的绝缘电阻，其值应无下降。

8.12 泥浆泵

8.12.1 概述

泥浆泵是在钻探过程中，向钻孔里输送泥浆或水等冲洗液的机械。泥浆泵是钻探设备的重要组成部分。

在常用的正循环钻探中，它是将地表冲洗介质——清水、泥浆或聚合物冲洗液在一定的压力下，经过高压软管、水龙头及钻杆柱中心孔直送钻头的底端，以达到冷却钻头、将切削下来的岩屑清除并输送到地表的目的。常用的泥浆泵是活塞式或柱塞式的，由动力机带动泵的曲轴回转，曲轴通过十字头再带动活塞或柱塞在泵缸中做往复运动。在吸入和排出阀的交替作用下，实现压送与循环冲洗液的目的。

泥浆泵分单作用及双作用两种型式。单作用式在活塞往复运动的一个循环中仅完成一次吸排水动作。而双作用式每往复一次完成两次吸排水动作。若按泵的缸数分类，有单缸、双缸及三缸 3 种型式。

泥浆泵性能的两个主要参数为排量和压力。排量以每分钟排出若干升计算，它与钻孔直径及所要求的冲洗液自孔底上返速度有关，即孔径越大，所需排量越大。要求冲洗液的上返速度能够把钻头切削下来的岩屑、岩粉及时冲离孔底，并可靠地携带到地表。地质岩心钻探时，一般上返速度在 0.4～1.0m/min 左右。泵的压力大小取决于钻孔的深浅、冲洗液所经过的通道的阻力以及所输送冲洗液的性质等。钻孔越深，管路阻力越大，需要的压力越高。随着钻孔直径、深度的变化，要求泵的排量也能随时加以调节。在泵的机构中设有变速箱或以液压马达调节其速度，以达到改变排量的目的。为了准确掌握泵的压力和排量的变化，泥浆泵上要安装流量计和压力表，随时使钻探人员了解泵的运转情况，同时通过压力变化判别孔内状况是否正常以预防发生孔内事故。

8.12.2 结构材质形式

I-1BB 型：壳体铸件、传动件（主轴、螺杆和绕轴）为不锈钢制造，适用于一般中性浓浆液输送，一般微酸、碱浆液输送。

I-1BF 型：传动件和接触浆液的泵壳均由不锈钢制造，适用于食品、制药及腐蚀性浆液的输送。

橡胶衬套有一般耐磨橡胶、食品用橡胶和耐油橡胶供用户选择。

传动方式有电机与泵轴直接传动，电机经减速机与泵直接传动和电机经三角皮带轮与泵轴传动式。

配用电动机有一般封闭式、防爆式和电磁调速式电机并配无级变速机，齿轮减速机供用户选购。如图 8-18 所示为泥浆泵外形图。

8.12.3 泥浆泵安全操作规程

（1）泥浆泵应安装在稳固的基础架或地基上，不得松动。

（2）启动前，检查项目应符合下列要求：

① 各连接部位牢固；

② 电动机旋转方向正确；

③ 离合器灵活可靠；

④ 管路连接牢固，密封可靠，底阀灵活有效。

图 8-18 泥浆泵

（3）启动前，吸水管、底阀及泵体内应注满引水，压力表缓冲器上端应注满油。

（4）启动前应使活塞往复两次，无阻梗时方可空载起动。启动后，应待运转正常，再逐步增加载荷。

（5）运转中，应经常测试泥浆含沙量。泥浆含沙量不得超过 10%。

（6）有多挡速度的泥浆泵，在每班运转中应将多挡速度分别运转，运转时间均不得少于 30min。

（7）运转中不得变速；当需要变速时，应停泵进行换挡。

（8）运转中，当出现异响或水量、压力不正常，或有明显高温时，应停泵检查。

（9）在正常情况下，应在空载时停泵。停泵时间较长时，应全部开放水孔，并松开缸盖，提起底阀放水杆，放尽泵体及管道中的全部泥砂。

（10）长期停用时，应清洗各部分泥沙，油垢，将曲轴箱内润滑油放尽，并应采取防锈、防腐措施。

思 考 题

1. 简述桩工机械的种类及用途。

2. 说明柴油打桩机的工作原理。

3. 振动沉桩锤按照动力、振频和结构怎样进行分类？

4. 简述强夯机械安全使用方法。

5. 简述螺旋钻孔机的工作原理。

6. JZL 系列电动履带式打桩机的特点是什么？

7. 静力压装机主要有哪些部件组成？

8. 简述离心泵的分类。

9. 离心泵在什么情况下要进行停机检修？

10. 潜水泵安装要点是什么？

11. 泥浆泵启动前应符合什么要求？

9 钢筋加工机械

9.1 钢筋加工机械概况

钢筋加工机械是指用于钢筋除锈、冷拉、冷拔等原料的加工，调直、剪切等配料加工和弯曲、点焊、对焊等成型加工的机械。主要有除锈机、冷拉机、冷拔机、调直切断机、钢筋切断机、钢筋镦头机、钢筋弯曲机、钢筋焊接机等类型。

9.2 钢筋加工机械安全操作规程

(1) 钢筋加工机械中的电动机、液压装置、卷扬机的使用，应符合相关规定。

(2) 机械的安装应坚实稳固，保持水平位置。固定式机械应有可靠的基础；移动式机械作业时应揳紧行走轮。

(3) 室外作业应设机棚，机旁应有堆放原料、半成品的场地。

(4) 加工较长的钢筋时，应有专人帮扶，并听从操作人员指挥，不得任意推拉。

(5) 作业后，应堆放好成品，清理场地，切断电源，锁好开关箱，做好润滑工作。

9.3 钢筋调直切断机

9.3.1 结构组成及工作原理

钢筋调直切断机是钢筋加工机械之一。用于调直和切断直径 14mm 以下的钢筋，并进行除锈。由调直筒、牵引机构、切断机构、钢筋定长架、机架和驱动装置等组成。

其工作原理是，由电动机通过皮带传动增速，使调直筒高速旋转，穿过调直筒的钢筋被调直，并由调直模清除钢筋表面的锈皮，由电动机通过另一对减速皮带传动和齿轮减速箱，一方面驱动两个传送压辊，牵引钢筋向前运动，另一方面带动曲柄轮，使锤头上下运动。当钢筋调直到预定长度，锤头锤击上刀架，将钢筋切断，切断的钢筋落入受料架时，由于弹簧作用，刀台又回到原位，完成一个循环。

GT-4/8 型钢筋调直剪切机主要由放盘架 1、调直筒 2、传动箱 3、切断机构、机座 4 等主要部分组成，其结构如图 9-1 所示。

GT-4/8 型钢筋调直剪切机的最大调直钢筋直径为 8mm，最大调直长度为 6m，切断误差≤3mm，其传动系统和工作原理如图 9-2 所示。作业时由一台功率为 5.5kW 的电动机驱动，在电动机的轴上装有两个带轮，其中带轮 3 和 5 带动调直筒旋转，实现钢筋的调直。另一小带轮通过大带轮 4 带动锥齿轮 12、13 传动的偏心轴，再经过两级齿轮 6、7 和 8、9 的减速，传动带速反向旋转上、下压辊而使上压辊及下压辊 15 相对旋转，从而实现

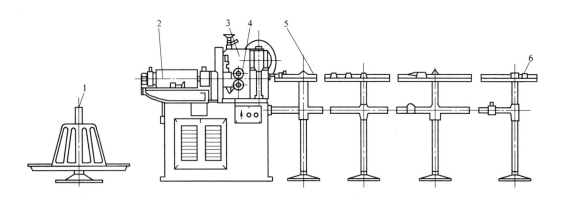

图 9-1   GT-4/8 型钢筋调直剪切机构造示意图

1—放盘架；2—调直筒；3—传动箱；4—机座；5—承受架；6—定尺板

调直和引曳钢筋。

上压辊 14 安装在框架 16 上，转动偏心手柄可使框架发生少许转动，用以调整压辊的间隙。经过偏心轴和双滑块机构 17 及 18 带动锤头 19 上下运动。当装在刀台 21 上的上切刀 20 进入锤头下面时，即受到锤头锤击，实现对钢筋的切断动作。上切刀 20 的回程是靠拉杆的重力作用来完成的。

在工作时，方刀台 21 和承料架上的拉杆相联，拉杆上装有定尺板（如图 9-1 所示），当钢筋端部顶到定尺板时，即将方刀台拉到锤头下面，切断钢筋。定尺板在承受架的位置，可按切断钢筋需要的长度调整。

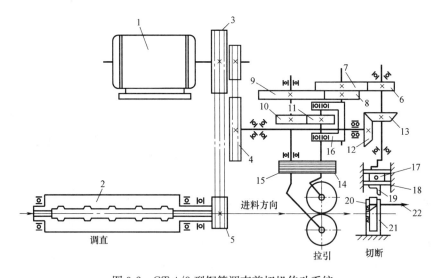

图 9-2   GT-4/8 型钢筋调直剪切机传动系统

1—电动机；2—调直筒；3、4、5—带轮；6～11—齿轮；12、13—锥齿轮；14、15—上、下压辊；
16—框架；17、18—双滑块机构；19—锤头；20—上切刀；21—方刀台；22—拉杆

9.3.2   钢筋调直切断机的使用安全技术

（1）安装承受架时，承受架料槽中心线应对准导向筒、调直筒和下切刀孔的中心线。

（2）安装完毕后，应先检查电气系统及其他元件有无损坏，机器连接零件是否牢固可靠，各传动部分是否灵活。确认各部分正常后，方可进行试运转。试运转中应检查轴承温度，查看锤头、切刀及剪切齿轮等工件是否正常。确认无异常状况时，方可进料、试验调直和切断。

（3）按所需调直钢筋的直径，选用适当的调直块，曳引轮槽及传动速度。调直块的孔径应比钢筋直径大2~5mm，曳引轮槽宽，应和所需调直钢筋的直径相符合。

（4）必须注意调整调直块。调直筒内，一般设有五个调直块，第1、第5两个调直块须放在中心线上，中间三个可偏离中心线。先使钢筋偏移3mm左右的偏移量，经过试调值，如钢筋仍有慢弯，可逐渐加大偏移量直到调直为止。

（5）导向筒前部，应安装一根长度为1m左右的钢管。需调直的钢筋应先穿过该钢管，然后穿入导向筒和调直筒内，以防止每盘钢筋接近调直完毕时其端头弹出伤人。

（6）在调直块未固定、防护罩未盖好前，不得穿入钢筋，以防止开动机器后调直块飞出伤人。

9.3.3　钢筋调直切断机安全操作规程

（1）料架、料槽应安装平直，并应对准导向筒、调直筒和下切刀孔的中心线。

（2）应用手转动飞轮，检查传动机构和工作装置，调整间隙，紧固螺栓，确认正常后，起动空运转，并应检查轴承无异响，齿轮啮合良好，运转正常后，方可作业。

（3）应检查直钢筋的直径，选用适当的调直块及传动速度。调直块的孔径应比钢筋大2~5mm，传动速度应根据钢筋直径选用，直径大的宜选用慢速，经调试合格，方可送料。

（4）在调直块未固定、防护罩未盖好前不得送料。作业中严禁打开各部防护罩并调整间隙。

（5）当钢筋送入后，手与曳轮应保持一定的距离，不得接近。

（6）送料前，应将不直的钢筋端头切除。导向筒前应安装一根1m长的钢管，钢筋应先穿过钢管再送入调直前端的导孔内。

（7）经过调直后的钢筋如仍有弯曲，可逐渐加大调直块的偏移量，直到调直为止。

（8）切断3或4根钢筋后，应停机检查其长度，当超过允许偏差时，应调整限位开关或定尺板。

9.4　钢筋切断机

9.4.1　概述

钢筋切断机是剪切钢筋所使用的一种工具。一般有全自动钢筋切断机和半自动钢筋切断机之分。全自动的也叫电动切断机，是电能通过马达转化为动能控制切刀切口，来达到剪切钢筋效果的。而半自动的是人工控制切口，从而进行剪切钢筋操作。而按传动方式来分，钢筋切断机有机械传动和液压传动两种。钢筋切断机是钢筋加工必不可少的设备之一，它主要用于房屋建筑、桥梁、隧道、电站、大型水利等工程中对钢筋的定长切断。钢筋切断机与其他切断设备相比，具有重量轻、耗能少、工作可靠、效率高等特点，因此近年来逐步被机械加工和小型轧钢厂等广泛采用，在国民经济建设的各个领域发挥了重要的作用。

钢筋切断机适用于建筑工程上各种普通碳素钢、热扎圆钢、螺纹钢、扁钢、方钢的切断。切断圆钢（Q235-A）最大规格：（$\phi6\sim\phi40$）mm；切断扁钢最大规格：（70×15）mm；切断方钢（Q235-A）最大规格：（32×32）mm；切断角钢最大规格：（50×50）mm。

9.4.2　结构组成和工作原理

现以 GQ-40 型机械传动钢筋切断机为例，介绍钢筋切断机的一般组成和工作原理。GQ-40 型钢筋切断机由电动机通过带轮和齿轮减速后，带动偏心轴来推动连杆做往复运动。连杆端装有冲切刀片，它在与固定刀片相错的往复水平运动中切断钢筋。其构造、传动系统如图 9-3、图 9-4 所示。

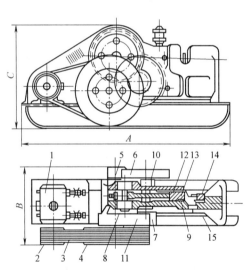

图 9-3　GQ-40 型钢筋切断机构造

1—电动机；2—小皮带轮；3—三角胶带；4—大皮带轮；
5—第一齿轮轴；6、8—齿轮；7—第二齿轮轴；9—机体；
10—连杆；11—偏心轴；12—冲切刀座；13—冲切刀；
14—固定刀；15—底架

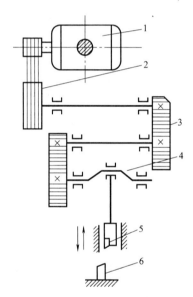

图 9-4　GQ-40 型钢筋切断机传动系统

1—电动机；2—皮带轮；3—减速齿轮；4—偏心连
杆机构；5—冲切刀片；6—固定刀片

9.4.3　钢筋切断机安全操作规程

（1）接送料的工作台面应和切刀下部保持水平，工作台的长度可根据加工材料长度确定。

（2）启动前，应检查并确认切刀无裂纹，刀架螺栓紧固，防护罩靠牢。然后用手转动皮带轮，检查齿轮啮合间隙，调整切刀间隙。

（3）启动后，应先空运转，检查各传动部分及轴承运转正常后，方可作业。

（4）机械未达到正常转速时，不得切料。切料时，应使用切刀中、下部位，紧握钢筋对准刃口迅速投入，操作者应站在固定刀片一侧用力压住钢筋，应防止钢筋末端弹出伤人。严禁用两手分在刀片两边握住钢筋俯身送料。

（5）不得剪切直径及强度超过机械铭牌规定的钢筋和烧红的钢筋。一次切断多根钢筋时，其总截面积应在规定范围内。

（6）剪切低合金钢时，应更换高硬度切刀，剪切直径应符合机械铭牌规定。

（7）切断短料时，手和切刀之间的距离应保持在 150mm 以上，如手握端小于 400mm 时，应采用套管或夹具将钢筋短头压住或夹牢。

（8）运转中，严禁用手直接清除切刀附近的断头和杂物。钢筋摆动周围和切刀周围，不得停留非操作人员。

（9）当发现机械运转不正常、有异常响声或切刀歪斜时，应立即停机检修。

（10）液压传动时切断机作业前，应检查并确认液压油位及电动机旋转方向符合要求。启动后，应空载运转，松开放油阀，排净液缸体内的空气，方可进行切筋。

（11）手动液压式切断机使用前，应将放油阀按顺时针方向旋紧，切断完毕后，应立即按逆时针方向旋松。作业中，手应持稳切断机，并戴好绝缘手套。

（12）作业后，应切断电源，用钢刷清除切刀间的杂物，进行整机清洁润滑。

（13）作业后，应堆放好成品，清理场地，切断电源，锁好开关箱。

9.5 钢筋弯曲机

9.5.1 概述

钢筋弯曲机是钢筋加工机械之一。它主要是利用工作盘的旋转对钢筋进行各种弯曲、弯钩、半箍、全箍等作业的设备，以满足钢筋混凝土结构中对各种钢筋形状的要求。当前工程主要使用 GW-40 型和钢筋弯箍机等。

工作机构是一个在垂直轴上旋转的水平工作圆盘，把钢筋置于一定位置，支承销轴固定在机床上，中心销轴和压弯销轴装在工作圆盘上，圆盘回转时便将钢筋弯曲。为了弯曲各种直径的钢筋，在工作盘上有几个孔，用以插压弯销轴，也可相应地更换不同直径的中心销轴。

9.5.2 结构组成及工作原理

现以 GW-40 型钢筋弯曲机为例，介绍钢筋弯曲机的一般组成和工作原理。GW-40 型钢筋弯曲机的结构组成如图 9-5 所示。主要由机架 1、滚轴 2、转轴 4、调节手轮 5、夹持器 6、工作台 8、控制配电箱 9 等组成。该机工作原理是由双速带制动电动机，驱动齿轮减速器带动主轴（工作盘）旋转。改变了传统式蜗杆蜗轮传动，因而传动效率高。

弯曲机的工作盘安装在主轴的顶端，它是一个用铸铁加工成的圆盘，是弯曲机的工作部分。盘面共有 9 个孔位，中心孔用于安装心轴。为了保证弯曲半径，必须选用不同直径的心轴，该机共有 16mm、20mm、25mm、35mm、45mm、60mm、75mm、80mm 和 100mm 九种规格的心轴供作业中选用。

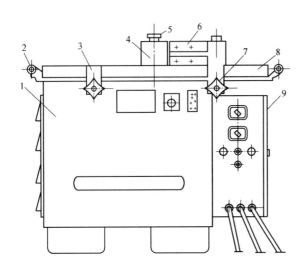

图 9-5　GW-40 型钢筋弯曲机构造

1—机架；2—滚轴；3、7—紧固手柄；4—转轴；
5—调节手轮；6—夹持器；8—工作台；9—控制配电箱

GW-40 型弯曲机具有点动、自动状态、双向控制、瞬时制动、事故急停车、系统的短路保护、电动机的过热保护等多种功能。

9.5.3　钢筋弯曲机安全操作规程

（1）工作台和弯曲机台面应保持水平，作业前应准备好各种芯轴及工具。

（2）应按加工钢筋的直径和弯曲半径的要求，装好相应规格的芯轴和成型轴、挡铁轴。芯轴直径应为钢筋直径的 2.5 倍。挡铁轴应有轴套。

（3）挡铁轴的直径和强度不得小于被弯钢筋的直径和强度。不直的钢筋，不得在弯曲机上弯曲。

（4）应检查并确认芯轴、挡铁轴、转盘等无裂纹和损伤，防护罩坚固可靠，空载运转正常后，方可作业。

（5）作业时，应将钢筋需弯一端插入在转盘固定销的间隙内，另一端紧靠机身固定销，并用手压紧。应检查机身固定销并确认安放在挡住钢筋的一侧，方可开动。

（6）作业中，严禁更换轴芯、销子和变换角度以及调整，也不得进行清扫和加油。

（7）对超过机械铭牌规定直径的钢筋严禁进行弯曲。在弯曲未经冷拉或带有锈皮的钢筋时，应戴防护镜。

（8）弯曲高度或低合金钢筋时，应按机械铭牌规定换算最大允许直径并应调换相应的芯轴。

（9）在弯曲钢筋的作业半径内和机身不设定固定销的一侧严禁站人。弯曲好的半成品，应堆放整齐，弯钩不得朝上。

（10）转盘换向时，应待停稳后进行。

（11）作业后，应及时清除转盘及插入座孔内的铁锈、杂物等。

9.6　钢筋冷拔机

9.6.1　概述

钢筋冷拔机是钢筋加工机械之一，它是使直径 6～10mm 的 HPB300 钢筋强制通过直径小于 0.5～1mm 的硬质合金或碳化钨拔丝模进行冷拔。冷拔时，钢筋同时经张拉和挤压而发生塑性变形，拔出的钢筋截面积减小，产生冷作强化，抗拉强度可提高40%～90%。

9.6.2 结构组成及工作原理

现以卧式双筒钢筋冷拔机为例，介绍钢筋冷拔机的一般组成和工作原理。钢筋冷拔机的一般组成如图 9-6 所示。该机主要由放圈架 1、拔丝模块 2、卧式卷筒 3、变速箱 4 和电动机 5 等组成。

卧式双筒钢筋冷拔机的工作原理是由电动机 5 通过三角带驱动减速器减速，使卧式卷筒 3 得到 20r/min 的转速，强力使钢筋通过拔丝模盒，完成拉拔工序，并将拔出的钢丝卷在卷筒上。

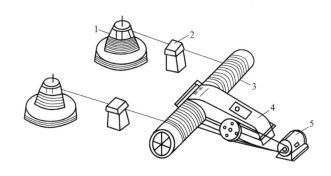

图 9-6　钢筋冷拔机构造示意图
1—放圈架；2—拔丝模块；3—卧式卷筒；4—变速箱；5—电动机

9.6.3 钢筋冷拔机安全操作规程

（1）机械的安装应坚实稳固，保持水平位置。固定式机械应有可靠的基础；移动式机械作业时应揠紧行走轮。

（2）室外作业应设置机棚，机旁应堆有原料、半成品的场地。

（3）加工较长的钢筋时，应有专人帮扶，并听从操作人员指挥，不得任意堆拉。

（4）应检查确认机械各连接件牢固，模具无裂纹，轧头和模具的规格配套，然后启动主机空运转，确认正常后，方可作业。

（5）在冷拔钢筋时，每道工序的冷拔直径应按机械出厂说明书规定进行，不得超量缩减模具孔径，无资料时，可按每次缩减孔径 0.5～1.0mm。

（6）轧头时，应先使钢筋的一端穿过模具长度达 100～150mm，再用夹具夹牢。

（7）作业时，操作人员的手和轧辊应保持 300～500mm 的距离。不得用手直接接触钢筋和滚筒。

（8）冷拔模架中应随时加足润滑剂，润滑剂应采用石灰和肥皂水调和晒干后的粉末。钢筋通过冷拔模前，应抹少量润滑脂。

（9）当钢筋的末端通过冷拔模后，应立即脱开离合器，同时用手闸挡住钢筋末端。

（10）拔丝过程中，当出现断丝或钢筋打结乱盘时，应立即停机。在处理完毕后，方可开机。

（11）作业后，应堆放好成品，清理场地，切断电源，锁好开关箱，做好润滑工作。

9.7   钢筋冷镦机

9.7.1   概述

在冷镦法中，冷镦机按其动力传递的不同方式可分为机械传动和液压传动两种类型。机械传动又有手动和电动两种，电动和手动冷镦机，适用于冷镦直径 4～5mm 的低碳钢丝。液压传动按其性能又可分为液压钢丝冷镦机和液压钢筋冷镦机两种。

9.7.2   结构组成

钢筋冷镦机是一种用于为钢筋端头镦粗的机械，它主要由四通机架、钢筋夹紧装置、模具、加力装置所组成，钢筋夹紧装置、模具、加力装置均置于四通机架主体上，四通机架分为相互垂直的四个孔口，一孔口与三孔口同轴线并设有钢筋夹紧装置，二孔口即钢筋出入口，四孔口内设有带有凹形孔的模具，模具外侧设有加紧装置。

9.7.3   使用要点

（1）钢筋或钢丝的直径应符合冷镦机的要求，不能冷镦过粗或过细的钢筋（丝）。

（2）在冷镦机的冷镦直径允许范围内，可根据所要求的锚固头尺寸来调整夹具的位置（旋进或旋出），以便得到合适的钢筋（丝）伸出留量。

（3）在钢筋（丝）冷镦部分的 120～130mm 区域内，须除锈和矫直。

（4）钢筋的端头应磨平，以保证冷镦锚固头的准确形状。

（5）钢筋镦头后，须经过拉力试验以检验锚固头的强度是否合格。

以上要求同样适用于电动和液压冷镦机。

9.7.4   钢筋冷镦机安全操作规程

（1）机械的安装应坚实稳固，保持水平位置。固定式机械应有可靠的基础；移动式机械作业时应揳紧行走轮。

（2）室外作业应设置机棚，机旁应有堆放原料、半成品的场地。

（3）加工较长的钢筋时，应有专人帮扶，并听从操作人员指挥，不得任意推拉。

（4）应根据钢筋直径，配换相应夹具。

（5）应检查并确认模具、中心冲头无裂纹，并应校正上下模具与中心冲头的同心度，坚固各部螺栓，作好安全防护。

（6）启动后应先空运转，调整上下模具紧度，对准冲头模进行镦头校对，确认正常后，方可作业。

（7）机械未达到正常转速时，不得镦头。当镦出的头大小不匀时，应及时调整冲头与夹具的间隙。冲头导向块应保持有足够的润滑。

（8）作业后，应堆放好成品，清理场地，切断电源，锁好开关箱，做好润滑工作。

9.8　钢筋冷拉机

9.8.1　概述

钢筋冷垃机是钢筋强化处理的专用设备。通过冷拉处理，达到把钢筋调直、延伸，与此同时使氧化皮自行脱落的目的。

9.8.2　结构组成及工作原理

钢筋冷拉机的构造组成如图9-7所示。该机主要由卷扬机2、定滑轮组3、地锚1、导向滑轮5、前、后夹具12、13、测力器10、动滑轮组4等组成。其工作原理是，由于卷筒上钢丝绳是正、反向穿绕在两副动滑轮组上，因此，当卷扬机2旋转时，夹持钢筋的一只动滑轮组4拉向卷扬机2，使钢筋被拉伸，而另一只动滑轮组则被拉向导向滑轮5，为下次冷拉时交替使用。钢筋所受的拉力经传力杆9、活动横梁7传送给测力器10，从而测出拉力的大小。对于拉伸长度，可通过标尺直接测量或行程开关来控制。

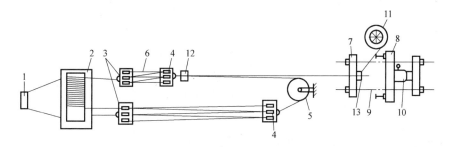

图9-7　钢筋冷拉机构造示意图

1—地锚；2—卷扬机；3—定滑轮组；4—动滑轮组；5—导向滑轮；6—钢丝绳；7—活动横梁；
8—固定横梁；9—传力杆；10—测力器；11—放盘器；12—前夹具；13—后夹具

9.8.3　钢筋冷拉机安全操作规程

（1）机械的安装应坚实稳固，保持水平位置。固定式机械应有可靠的基础；移动式机械作业时应揪紧行走轮。

（2）室外作业应设置机棚，机旁应堆有原料、半成品的场地。

（3）应根据冷拉钢筋的直径，合理选用卷扬机。卷扬钢丝绳应经封闭式导向滑轮并和被拉钢筋水平方向成直角。卷扬机的位置应使操作人员能见到全部冷拉场地，卷扬机与冷拉中线距离不得小于5m。

（4）冷拉场地应在两端地锚外侧设置警戒区，并应安装防护栏及警告标志。无关人员不得在此停留。操作人员在作业时必须离开钢筋2m以外。

（5）用配重控制的设备应与滑轮匹配，并应有指示起落的记号，没有指示记号时应有专人指挥。配重框提起时高度应限制在离地面300mm以内，配重架四周应有栏杆及警告标志。

（6）作业前，应检查冷拉夹具，夹齿应完好，滑轮、拖拉小车应润滑灵活，拉钩、地锚及防护装置均应齐全牢固。确认良好后，方可作业。

（7）卷扬机操作人员必须看到指挥人员发出信号，并待所有人员离开危险区后方可作业。冷拉应缓慢、均匀。当有停车信号或见到有人进入危险区时，应立即停拉，并稍稍放松卷扬钢丝绳。

（8）用延伸率控制的装置，应装设明显的限位标志，并应有专人负责指挥。

（9）夜间作业的照明设施，应装设在张拉危险区外。当需要装设在场地上空时，其高度应超过 5m。灯泡应加防护罩，导线严禁采用裸线。

（10）作业后，应放松卷扬绳，落下配重，切断电源，锁好开关箱。

（11）作业后，应堆放好成品，清理场地，切断电源，锁好开关箱，做好润滑工作。

9.9　预应力钢丝拉伸设备

9.9.1　概述

预应力钢丝拉伸设备顾名思义就是强化产生预应力并进行施工的机械设备，这种机械通常必须要具备产生很大外力的能力，因为受力模块本身通常具有很强的刚度和硬度，普通机械很难起到作用，这时预应力机械便可发挥作用。

常见的预应力机械主要有：液压千斤顶，用于对预应力筋施加应力；高压油泵，用于对液压千斤顶供油；压浆机，用于对孔道灌注水泥浆；搅拌机，用于搅拌水泥浆；真空泵，用于将孔道抽真空；钢筋强化机械，用于拉伸钢筋。

9.9.2　几种预应力钢丝拉伸设备的结构组成及工作原理

预应力钢丝拉伸设备要求工作可靠，控制应力准确，能以稳定的速率加大拉力。下面分别介绍油压千斤顶、卷扬机、电动螺杆张拉机这三种预应力钢丝拉伸设备的结构组成及其工作原理。

1. 油压千斤顶

油压千斤顶可用来张拉单根或多根成组的预应力筋。可直接从油压表的读数求得张拉压力值，如图 9-8 所示为 YC-20 型穿心式千斤顶张拉过程示意图。成组张拉时，由于拉力较大，一般用油压千斤顶张拉，如图 9-9 所示。

2. 卷扬机

在长线台座上张拉钢筋时，由于千斤顶行程不能满足要求，小直径钢筋可采用卷扬机张拉，用杠杆或弹簧测力。弹簧测力时，宜设行程开关，在张拉到规定的应力时，能自行停机，如图 9-10 所示。

3. 电动螺杆张拉机

电动螺杆张拉机由螺杆、电动机、变速箱、测力计及顶杆等组成。可单根张拉预应力钢丝或钢筋。张拉时，顶杆支于台座横梁上，用张拉夹具夹紧钢筋后，开动电动机，由皮带、齿轮传动系统使螺杆作直线运动，从而张拉钢筋。这种张拉的特点是运行稳定，螺杆有自锁性能，故张拉机恒载性能好，速度快，张拉行程大。如图 9-11 所示。

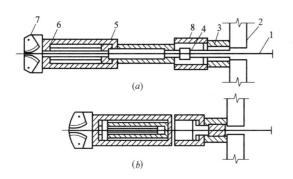

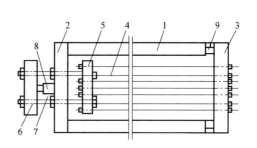

图 9-8　YC-20 型穿心式千斤顶张拉过程示意图

（a）张拉；（b）暂时锚固，回油

1—钢筋；2—台座；3—穿心式夹具；4—弹性顶压头；

5、6—油嘴；7—偏心式夹具；8—弹簧

图 9-9　油压千斤顶成组张拉示意图

1—台座；2、3—前后横梁；4—钢筋；

5、6—拉力架横梁；7—大螺丝杆；

8—油压千斤顶；9—放松装置

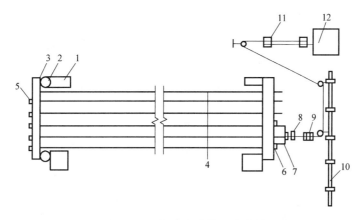

图 9-10　用卷扬机张拉预应力筋

1—台座；2—放松装置；3—横梁；4—钢筋；5—镦头；6—垫块；7—销片夹具；

8—张拉夹具；9—弹簧测力计；10—固定梁；11—滑轮组；12—卷扬机

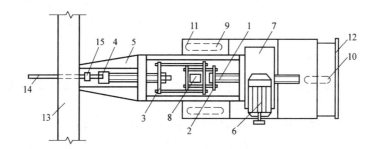

图 9-11　电动螺杆张拉机

1—螺杆；2、3—拉力架；4—张拉夹具；5—顶杆；6—电动机；7—齿轮减速箱；8—测力计；

9、10—车轮；11—地盘；12—手把；13—横梁；14—钢筋；15—锚固夹具

9.9.3　预应力钢丝拉伸设备安全操作规程

（1）机械的安装应坚实稳固，保持水平位置。固定式机械应有可靠的基础；移动式机

械作业时应搋紧行走轮。

（2）室外作业应设置机棚，机旁应堆有原料、半成品的场地。

（3）作业场地的两端外侧应设有防护栏杆和警告标志。

（4）作业前，应检查被拉钢丝两端的镦头，当有裂纹或损伤时，应及时更换。

（5）固定钢丝镦头的端钢板上圆孔直径应较所拉钢丝的直径大 0.2mm。

（6）高压油泵启动前，应将各油路调节阀松开，然后开动油泵，待空载运转正常后，再紧闭回油阀，逐渐拧开进油阀，待压力表指示值达到要求，油路无泄漏，确认正常后，方可作业。

（7）作业中，操作应平稳、均匀。张拉时，两端不得站人。拉伸机在有压力情况下，严禁拆卸液压系统的任何零件。

（8）高压油泵不得超载作业。安全阀应按设备额定油压调整，严禁任意调整。

（9）在测量钢丝的伸长时，应先停止拉伸，操作人员必须站在侧面操作。

（10）用电热张拉法带电操作时，应穿戴绝缘胶鞋和绝缘手套。

（11）张拉时，不得用手摸或脚踩钢丝。

（12）高压油泵停止作业时，应先断开电源，再将回油阀缓慢松开，待压力表退回至零位时，方可卸开通往千斤顶的油管接头，使千斤顶全部卸荷。

（13）作业后，应堆放好成品，清理场地，切断电源，锁好开关箱，做好润滑工作。

9.10 钢筋冷挤压连接机

9.10.1 概述

钢筋冷挤压连接机涉及的是一种采用超高压冷挤压连接钢筋的建筑施工机械。结构具有液压泵站车、压接钳、压接模块、超高压钢丝胶管。液压泵站车由油泵、控制阀、油箱、电机、仪表组成。控制阀包括液控低压溢流阀、高压安全阀、单向阀、手动阀，其特征是液压泵站车油泵为高低压并联油泵，由高压柱塞泵和低压齿轮泵并联组成，在压接钳活塞杆油路中设置了溢流阀，压接钳油缸内部密封采用组合密封结构。

9.10.2 钢筋冷挤压连接机安全操作规程

（1）机械的安装应坚实稳固，保持水平位置。固定式机械应有可靠的基础；移动式机械作业时应搋紧行走轮。

（2）室外作业应设置机棚，机旁应堆有原料、半成品的场地。

（3）加工较长的钢筋时，应有专人帮扶，并听从操作人员指挥，不得任意推拉。

（4）有下列情况之一时，应对挤压机的挤压力进行标定：

① 新挤压设备使用前；

② 旧挤压设备大修后；

③ 油压表受损或强烈振动后；

④ 套筒压痕异常且查不出其他原因时；

⑤ 挤压设备使用超过一年；

⑥ 挤压的接头数超过 5000 个。

（5）设备使用前后的拆装过程中，超高压油管两端的接头及压接钳、换向阀的进出油接头，应保持清洁，并应及时用专用防尘帽封好。超高压油管的弯曲半径不得小于 250mm，扣压接头处不得扭转，且不得有死弯。

（6）挤压机液压系统的使用，应符合本规程的有关规定。高压胶管不得荷重拖拉、弯折和受到尖利物体刻划。

（7）压模、套筒与钢筋应相互配套使用，压模上应有相应的连接钢筋规格标记。

（8）挤压前的准备工作应符合下列要求：

① 钢筋端头的锈、泥沙、油污等杂物应清理干净；

② 钢筋与套筒应先进行试套，当钢筋有马蹄、弯折或纵肋尺寸过大时，应预先进行矫正或用砂轮打磨；不同直径钢筋的套筒不得串用；

③ 钢筋端部应划出定位标记与检查标记，定位标记与钢筋端头的距离应为套筒长度的一半，检查标记与定位标记的距离宜为 20mm；

④ 检查挤压设备情况，应进行试压，符合要求后方可作业。

（9）挤压操作应符合下列要求：

① 钢筋挤压连接宜先在地面上挤压一端套筒，在施工作业区插入待接钢筋后再挤压另一端套筒；

② 压接钳就位时，应对准套筒压痕位置的标记，并应与钢筋轴线保持垂直；

③ 挤压顺序宜从套筒中部开始，并逐渐向端部挤压；

④ 挤压作业人员不得随意改变挤压力、压接道数或挤压顺序。

（10）作业后，应收拾好成品、套筒和压模，清理场地，切断电源，锁好开关箱，最后将挤压机和挤压钳放到指定地点。

思　考　题

1. 简述钢筋调直切断机的使用安全技术。

2. 简述钢筋切断机的构造和工作原理。

3. 钢筋弯曲机工作原理是什么？

4. 简述钢筋冷镦机的使用要点。

5. 简述预应力钢丝拉伸设备的结构组成。

6. 简述钢筋冷挤压连接机的正确使用方法。

7. 简述插入式混凝土振动器的结构组成机工作原理。

10　混凝土机械

10.1　混凝土机械概况

20世纪80年代以前，我国商品混凝土机械有两个突出特点，也可以说是当时的状况，那就是：①单机产品100%是20世纪30～20世纪40年代的老产品；②混凝土车、站、泵100%是进口产品，主要是德国、日本产品。这两个特点就反映了当时我国混凝土机械发展水平，也是与国际水平存在的差距。

1994年，上海华东建筑机械厂和山东省建筑机械厂生产的混凝土站（楼）已在国内市场渐露头角，市场占有率达50%，外国混凝土机械产品一统中国市场的格局开始改变，垄断的局面被打破，在我国混凝土机械市场，开始形成有益于发展壮大国内产品、有益于提高产品质量性能的良性竞争环境。应该说，这种新格局的形成，离不开建设部及中国建设机械协会正确的有导向性的引导：把握国际先进水平，在引进国际先进技术和产品的同时，努力消化和吸收，开展自行设计和创新。

早在1977年，在研发和掌握了混凝土输送泵技术的基础上，长沙建机所、廊坊机械化所和沈阳工程机械厂一道，开发研制了23m臂架式泵车，这是我国第一台自行设计研制的国产混凝土泵车。同时，国内其他企业采取技术引进与消化创新相结合的方式，引进了德国、日本先进的混凝土车、站、泵产品和技术。

1982年，原湖北建筑机械厂引进日本石川岛建机的泵车生产技术，合作生产臂架式泵车，从此结束了我国不能批量生产混凝土泵车的历史。

1984年，在建设部的支持下，由长沙建机院牵头，提出了国产混凝土机械产品更新换代的方针。首先，针对当时我国现状，于1984年初在长沙开展了全国性的混凝土机械大比武与评奖，实际上也就是进行产品选型。通过行业专家反复论证比较，同时结合我国实际情况和国际发展趋势，对已有产品，认为混凝土搅拌机中的反转出料式和卧轴式较有前途，虽然当时该型产品还不成熟，但技术与市场潜力巨大。例如，当时我国鼓筒型搅拌机年产量约为15万台，单机重量达3～4t，而反转式重量仅2t多，仅原材料一项每年就可以节省钢材20万t，同时搅拌机运转的耗电量也可以减少30%～40%。为此，在建设部的协调下，组织了全国2所（长沙建机所、廊坊机械化所）10厂（上海华东建筑机械厂、浙江省建筑机械厂、扬州机械厂、福建省建筑机械厂、广州市建筑机械厂、山东省建筑机械厂、云南省建筑机械厂、吉林工程机械厂、韶关挖掘机厂等）开展联合设计与技术攻关。1984年，全国集中了70～80人的联合攻关队伍在长沙，对反转式150型、200型、350型、500型和卧轴式200型、250型、350型、500型等2个系列8个产品进行联合设计，同时在全国选择了10个厂进行试制。随后，针对由于各厂制造工艺不同的具体情况，联合攻关小组又组织开展了工艺上的学术交流，并且将6个厂的整个制造工艺过程通过录像记录下来，相互交流。同时，成立了专家鉴定委员会，提出具体意见和建议，制订了混凝土搅拌机械新标准，上报到建设部。1987年被评为部科技进步二等奖。

至 1987 年，我国混凝土搅拌设备已基本完成单机产品的更新换代，推动了全行业的技术进步。在随后的几年里，老产品全部淘汰退出市场，节能型新产品成为市场主流产品。上海华东建筑机械厂和阜新矿山机械厂于 1987 年引进了日本混凝土搅拌站技术，开发生产了 60～100m³/h 商品混凝土站。

20 世纪 80 年代末，长沙建机院已完成 25～90m³/h 商品混凝土站（楼）的开发设计。

进入 20 世纪 90 年代，全面发展混凝土机械产品中的车、站、泵提上了我国建设机械发展议事日程。中国建设机械协会混凝土机械分会提出了"全行业联合起来，用三年时间发展'一站三车'，把商品混凝土机械搞上去！"的口号。由于我国正在进行大规模的经济建设，因此，中国建设机械行业协会在这一历史时期，抓住机遇，把工作重点主要放在了自主创新、引导企业技术进步和发展壮大上来，促进我国混凝土机械行业的全面发展。

10.2 混凝土机械安全操作规程

（1）混凝土机械上的内燃机、电动机、空气压缩机以及电气、液压等装置的使用，应执行相关规程的规定。

（2）作业场地应有良好的排水条件，机械近旁应有水源，机棚内应有良好的通风、采光及防雨、防冻设施，并不得有积水。

（3）固定式机械应有可靠的基础，移动式机械应在平坦坚硬的地坪上用方木或撑架架牢，并应保持水平。

（4）当气温降到 5℃以下时，管道、水泵、机内均应采取防冻保温措施。

（5）作业后，应及时将机内、水箱内、管道内的存料、积水放尽，并应清洁保养机械，清理工作场地，切断电源，锁好开关箱。

（6）装有轮胎的机械，转移时拖行速度不得超过 15km/h。

10.3 混凝土搅拌机

10.3.1 概述

混凝土搅拌机是把水泥、砂石骨料和水混合并拌制成混凝土混合料的机械。主要由拌筒、加料和卸料机构、供水系统、原动机、传动机构、机架和支承装置等组成。混凝土搅拌机，包括通过轴与传动机构连接的动力机构及由传动机构带动的滚筒，在滚筒筒体上装有围绕滚筒筒体设置的齿圈，传动轴上设置与齿圈啮合的齿轮。如图 10-1 所示为混凝土搅拌机的外形图。

图 10-1 混凝土搅拌机

10.3.2 分类

混凝土搅拌机有以下几种分类方式。

（1）按工作性质分：周期性工作搅拌机；连续性工作搅拌机。

（2）按搅拌原理分：自落式搅拌机；强制式搅拌机。

（3）按搅拌桶形状分：鼓筒式；锥式；圆盘式。

另外，搅拌机还分为筒式和圆槽式（即卧轴式）搅拌机。

自落式搅拌机有较长的历史，早在 20 世纪初，由蒸汽机驱动的鼓筒式混凝土搅拌机已开始出现。20 世纪 50 年代后，反转出料式和倾翻出料式的双锥形搅拌机以及裂筒式搅拌机等相继问世并获得发展。自落式混凝土搅拌机的拌筒内壁上有径向布置的搅拌叶片。工作时，拌筒绕其水平轴线回转，加入拌筒内的物料，被叶片提升至一定高度后，借自重下落，这样周而复始的运动，达到均匀搅拌的效果。自落式混凝土搅拌机的结构简单，一般以搅拌塑性混凝土为主。

强制式搅拌机从 20 世纪 50 年代初兴起后，得到了迅速地发展和推广。最先出现的是圆盘立轴式强制混凝土搅拌机。这种搅拌机分为涡浆式和行星式两种。19 世纪 70 年代后，随着轻骨料的应用，出现了圆槽卧轴式强制搅拌机，它又分单卧轴式和双卧轴式两种，兼有自落和强制两种搅拌的特点。其搅拌叶片的线速度小，耐磨性好和耗能少，发展较快。强制式混凝土搅拌机拌筒内的转轴臂架上装有搅拌叶片，加入拌筒内的物料，在搅拌叶片的强力搅动下，形成交叉的物流。这种搅拌方式远比自落搅拌方式作用强烈，主要适于搅拌干硬性混凝土。

连续式混凝土搅拌机装有螺旋状搅拌叶片，各种材料分别按配合比经连续称量后送入搅拌机内，搅拌好的混凝土从卸料端连续向外卸出。这种搅拌机的搅拌时间短，生产率高，其发展引人注目。随着混凝土材料和施工工艺的发展又相继出现了许多新型结构的混凝土搅拌机，如蒸汽加热式搅拌机、超临界转速搅拌机、声波搅拌机、无搅拌叶片的摇摆盘式搅拌机和二次搅拌的混凝土搅拌机等。

10.3.3　维护保养

（1）保持机体的清洁，清除机体上的污物和障碍物。

（2）检查各润滑处的油料及电路和控制设备，并按要求加注润滑油。

（3）每班工作前，在搅拌筒内加水空转 1～2min，同时检查离合器和制动装置工作的可靠性。

（4）混凝土搅拌机运转过程中，应随时监听电动机，减速器，传动齿轮的噪声是否正常，温升是否过高。

（5）每班工作结束后，应认真清洗混凝土搅拌机。

10.3.4　混凝土搅拌机的功能

混凝土搅拌机可使各组成成分在宏观与微观上均匀破坏水泥颗粒团聚的现象，促进弥散现象的发展，破坏水泥颗粒表面的初始水化物薄膜包裹层，促使物料颗粒间碰撞摩擦，减少灰尘薄膜的影响，提高拌合料各单元体参与运动的次数和运动轨迹的交叉频率，加速匀质化。

10.3.5 结构组成及工作原理

锥形反转出料混凝土搅拌机是一种自落式搅拌机，拌筒正向回转搅拌，拌筒反向回转出料。该机是作为逐步取代鼓筒式搅拌机的一种机型。如图 10-2 所示为 JZ350 型混凝土搅拌机，额定出料容量为 $0.35m^3$，其主要机构由搅拌系统、进料系统、供水系统、底盘和电气控制系统等组成。

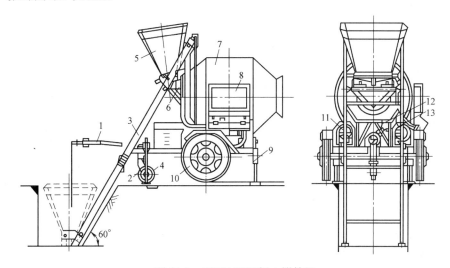

图 10-2 JZ350 型混凝土搅拌机

1—牵引架；2—前支腿；3—上料架；4—底盘；5—料斗；6—中间料斗；7—锥形搅拌筒；
8—电器箱；9—支腿；10—行走轮；11—搅拌动力和传动机构；12—供水系统；13—卷扬系统

锥形反转出料搅拌机具有搅拌质量好、生产效率高、能耗低、重量轻等优点。其缺点主要是反转出料时为满载起动。它是当前我国中、小容量自落式混凝土搅拌机中一种较好的机型。

10.3.6 混凝土搅拌机安全操作规程

（1）固定式搅拌机应安装在牢固的台座上。当长期固定时，应埋至地脚螺栓；在短期使用时，应在机座上铺设木枕并找平放稳。

（2）固定式搅拌机的操作台，应使操作人员能看到各部工作情况。电动搅拌机的操纵台，应垫上橡胶板和干燥木板。

（3）移动式搅拌机的停放位置应选择平整坚实的场地，周围应有良好的排水沟渠。就位后，应放下支腿将机架顶起达到水平位置，使轮胎离地。当试用期较长时，应将轮胎卸下妥善保管，轮轴端部用油布包扎好，并用枕木将机架垫起支牢。

（4）对需设置上料斗地坑的搅拌机，其坑口周围应垫高夯实，应防止地面水流入坑内。上料轨道架的底端支承面应夯实或铺砖，轨道架的后面应采用木料加以支承，应防止作业时轨道变形。

（5）料斗放到最低位置时，在料斗和地面之间，应加一层缓冲垫木。

（6）作业前重点检查项目应符合下列要求：

① 电源电压升降幅度不超过额定值的 5%；

② 电动机和电器元件的接线牢固，保护接零或接地电阻符合规定；

③ 各传动机构、工作装置、制动器等均紧固可靠，开式齿轮、皮带轮等均有防护罩；

④ 齿轮箱的油质、油量符合规定。

（7）作业前，应先启动搅拌机空载运转。应确认搅拌筒或叶片旋转方向与筒体上箭头所示方向一致。对反转出料的搅拌机，应使搅拌筒正、反转运转数分钟，并应无冲击抖动现象和异常噪声。

（8）作业前，应进行料斗提升试验，应观察并确认离合器、制动器灵活可靠。

（9）应检查并校正供水系统的指示水量与实际用水量的一致性。当误差超过 2% 时，应检查管路的漏水点，或应校正节流阀。

（10）应检查骨料规格并应与搅拌机性能相符，超出许可范围的不得使用。

（11）搅拌机启动后，应使搅拌筒达到正常转速后进行上料。上料时应及时加水。每次加入的拌合料不得超过搅拌机的额定容量并应减少物料粘罐现象，加料的次序应为石子——水泥——砂子或砂子——水泥——石子。

（12）进料时，严禁将头或手伸入料斗与机架之间。运转中，严禁用手或工具伸入搅拌筒内扒料、出料。

10.4 混凝土搅拌站

10.4.1 概述

混凝土搅拌站主要由搅拌主机、物料称量系统、物料输送系统、物料贮存系统和控制系统等 5 大系统和其他附属设施组成。搅拌站的规格大小是按其每小时的理论生产来命名的，目前我国常用的规格有：HZS25、HZS35、HZS50、HZS60、HZS75、HZS90、HZS120、HZS150、HZS180、HZS240 等。如：HZS25 是指每小时生产能力为 25m³ 的搅拌站，主机为双卧轴强制搅拌机。若是主机用单卧轴则型号为 HZD25。搅拌站又可分为单机站和双机站，顾名思义，单机站即每个搅拌站有一个搅拌主机，双机站有两个搅拌主机，每个搅拌主机对应一个出料口，所以双机搅拌站是单机搅拌站生产能力的 2 倍，双机搅拌站命名方式是 2HZS××，比如 2HZS25 指搅拌能力为 2×25＝50m³/h 的双机搅拌站。

由于楼骨料计量与站骨料计量相比，减少了四个中间环节，并且是垂直下料计量，节约了计量时间，因此大大提高了生产效率，同型号的情况下，搅拌楼生产效率比搅拌站生产效率提高三分之一。比如：HLS90 楼的生产效率相当于 HZS120 站的生产效率，HLS120 楼的生产效率相当于 HZS180 站的生产效率，HLS180 楼的生产效率相当于 HZS240 站的生产效率。

10.4.2 结构组成

混凝土搅拌站主要由搅拌主机、物料称量系统、物料输送系统、物料贮存系统和控制系统等 5 大系统和其他附属设施组成。

（1）搅拌主机。搅拌主机按其搅拌方式分为强制式搅拌和自落式搅拌。强制式搅拌机是目前国内外搅拌站使用的主流，它可以搅拌流动性、半干硬性和干硬性等多种混凝土。自落式搅拌主机主要搅拌流动性混凝土，目前在搅拌站中很少使用。强制式搅拌机按结构形式分为主轴行星搅拌机、单卧轴搅拌机和双卧轴搅拌机。而其中尤以双卧轴强制式搅拌机的综合使用性能最好。

（2）物料称量系统。物料称量系统是影响混凝土质量和混凝土生产成本的关键部件，主要分为骨料称量、粉料称量和液体称量三部分。一般情况下，每小时 20m³ 以下的搅拌站采用叠加称量方式，即骨料（砂、石）用一把秤，水泥和粉煤灰用一把秤，水和液体外加剂分别称量，然后将液体外加剂投放到水称斗内预先混合。而在每小时 50m³ 以上的搅拌站中，多采用各称物料独立称量的方式，所有称量都采用电子秤及微机控制。骨料称量精度≤2%，水泥、粉料、水及外加剂的称量精度均达到≤1%。

（3）物料输送系统。物料输送由三个部分组成。骨料输送，目前搅拌站输送有料斗输送和皮带输送两种方式。料斗提升的优点是占地面积小、结构简单。皮带输送的优点是输送距离大、效率高、故障率低。皮带输送主要适用于有骨料暂存仓的搅拌站，从而提高搅拌站的生产率。粉料输送，混凝土可用的粉料主要是水泥、粉煤灰和矿粉。目前普遍采用的粉料输送方式是螺旋输送机输送，大型搅拌楼有采用气动输送和刮板输送的。螺旋输送的优点是结构简单、成本低、使用可靠。液体输送，主要指水和液体外加剂，它们是分别由水泵输送的。

（4）物料贮存系统。混凝土可用的物料贮存方式基本相同。骨料露天堆放（也有城市大型商品混凝土搅拌站用封闭料仓），粉料用全封闭钢结构筒仓贮存，外加剂用钢结构容器贮存。

（5）控制系统。搅拌站的控制系统是整套设备的中枢神经。控制系统根据用户不同要求和搅拌站的大小而有不同的功能和配制，一般情况下施工现场可用的小型搅拌站控制系统简单一些，而大型搅拌站的系统相对复杂一些。

10.4.3 工作原理

混凝土搅拌站分为四个部分，分别是砂石给料、粉料（水泥、粉煤灰、膨胀剂等）给料、水与外加剂给料、传输搅拌与存储。搅拌机控制系统上电后，进入人—机对话的操作界面，系统进行初始化处理，其中包括配方号、混凝土等级、坍落度、生产方量等。根据称重对各料仓、计量斗进行检测，输出料空或料满信号，提示操作人员确定是否启动搅拌控制程序。启动砂、石皮带电机进料到计量斗；打开粉煤灰、水泥罐的蝶阀，启动螺旋机电机输送粉煤灰、水泥到计量斗；开启水仓和外加剂池的控制阀使水和外加剂流入计量斗。计量满足设定要求后开启计量斗斗门，配料进入已启动的搅拌机内搅拌混合，到设定的时间打开搅拌机门，混凝土进入已接料的搅拌车内。

如图 10-3 所示混凝土搅拌工作流程示意图。1 是用径向拉铲机或自动拦运机将砂石等骨料拦运至秤量处，2 是将砂、石骨料送入秤量斗中，3 是将水定量器放入水量分配斗中，4 是借助螺旋输送器将水泥配入水泥秤盘中，5 是将秤量斗中砂、石骨料放入搅拌机中，6 是将定量水放入搅拌机中，7 是将水泥放入搅拌机中，8 是将骨料、水泥及水进行搅拌，9 是将已搅拌完毕的混凝土放出。

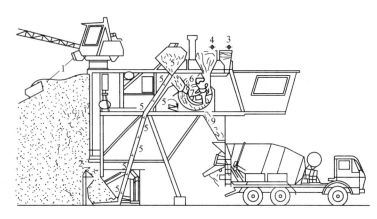

图 10-3   搅拌工作流程图

10.4.4   混凝土搅拌站安全操作规程

（1）混凝土搅拌站的安装，应由专业人员按出厂说明书规定进行，并应在技术人员指示下，组织调试，在各项技术性能指标全部符合规定并验收合格后，方可投产使用。

（2）与搅拌站配套的空气压缩机、皮带输送机及混凝土搅拌机等设备，应执行相关规定。

（3）作业前检查项目应符合下列要求：

① 搅拌筒内和各配套机构的传动、运动部位及仓门、斗门轨道等均无异物卡住；

② 各润滑油箱的油面高度符合规定；

③ 打开阀门排放气路系统中气水分离器的过多积水，打开贮气筒排污螺塞放出油水混合物；

④ 提升斗或拉铲的钢丝绳安装、卷筒缠绕均正确，钢丝绳及滑轮符合规定，提升料斗及拉铲的制动器灵敏有效；

⑤ 各部螺栓已紧固，各进、排料阀门无超限磨损，各输送带的张紧度适当，不跑偏；

⑥ 称量装置的所有控制和显示部分工作正常，其精度符合规定；

⑦ 各电气装置能有效控制机械动作，接触点和动、静触头无明显损伤。

（4）应按搅拌站的技术性能准备合适的砂、石骨料，粒径超出许可范围的不得使用。

（5）机组各部分应逐步起动。起动后，各部件运转情况和各仪表指示情况正常，油、气、水的压力应符合要求，方可开始作业。

（6）作业工程中，在贮料区内和提升斗下，严禁人员进入。

（7）搅拌筒启动前应盖好仓盖。机械运转中，严禁将手、脚深入料斗或搅拌筒探摸。

（8）当拉铲被障碍物卡死时，不得强行起拉，不得用拉铲吊起重物，在拉料过程中，不得进行回转操作。

（9）搅拌机满载搅拌时不得停机，当发生故障或停电时，应立即切断电源，锁好开关箱，将搅拌筒内的混凝土清除干净，然后排除故障或等待电源恢复。

（10）搅拌站各机械不得超载作业。应检查电动机的运转情况，当发现运转声音异常或温升过高时，应立即停机检查。电压过低时不得强制运行。

（11）搅拌机停机前，应先卸载，然后按顺序关闭各部开关和管路。应将螺旋管内的水泥全部输送出来，管内不得残留任何物料。

（12）作业后，应清理搅拌筒、出料门及出料斗，并用水冲洗，同时冲洗附加剂及其供给系统。称量系统的刀座、刀口应清洗干净，并应确保称量精度。

（13）冰冻季节，应放进水泵、附加剂泵、水箱及附加剂箱内的存水，并应启动水泵和附加剂泵运转 $1\sim2\text{min}$。

（14）当搅拌站转移或停用时，应将水箱、附加剂箱、水泥、砂、石贮存料斗及称量斗内的物料排净，并清洗干净。转移中，应将杠杆秤表头平衡砣秤杆固定，传感器应卸载。

10.5　混凝土搅拌输送车

10.5.1　概述

混凝土搅拌输送车是在行驶途中对混凝土不断进行搅动或搅拌的一种特殊运输车辆。混凝土搅拌输送车主要用于预拌混凝土的输送，随着商品混凝土的推广，越来越显示出其在保证输送质量方面的优越性。如图 10-4 所示为混凝土搅拌输送车的外形图。

图 10-4　混凝土搅拌输送车

10.5.2　结构组成及工作原理

混凝土搅拌输送车由汽车底盘、搅拌筒、传动系统、供水装置等部分组成。汽车底盘是混凝土搅拌输送车的行驶和动力输出部分，一般根据搅拌筒的容量选择。搅拌筒是混凝土搅拌输送车的主要作业装置，其结构形式及筒内的叶片形状直接影响混凝土的输送和搅拌质量。搅拌筒的动力分机械和液压两种。液压传动应用最广泛，由发动机驱动油泵经控制阀、油马达和行星齿轮减速器带动搅拌筒工作。机械传动是由发动机经万向联轴节、减速器和链轮、链条等驱动搅拌筒工作。动力方式也有两种：一种是直接从汽车的发动机中引出动力；另一种是设置专用柴油机作动力。供水装置系供输送途中加水搅拌和出料后清洗搅拌筒之用。

混凝土搅拌输送车的结构简图如图 10-5 所示。搅拌输送车按汽车行驶条件运行，并用搅拌装置来满足混凝土在运输过程中的要求。搅拌装置的工作部分为拌筒，它支承在不同平面的三个支点上，拌筒轴线对车架（水平线）倾斜角度，常为 $16°\sim20°$。它开有料口，供进料、出料用。因此进料斗、出料槽均装在料口一端。当拌筒顺时针方向（沿出料端方向看）回转时进行搅拌，拌筒反向回转时进行卸料。搅拌装置一般均采用液压传动。

10.5.3　输送方式

混凝土搅拌输送车的搅拌输送方式主要有三种：①湿料（预拌混凝土）搅拌输送，是将输送车开至搅拌设备的出料口下，搅拌筒以进料速度运转加料，加料结束后，搅拌筒以

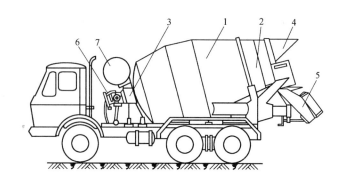

图 10-5   混凝土搅拌输送车结构

1—拌筒；2—两侧支承滚轮；3—支承轴承；4—进料斗；

5—卸料槽；6—液压马达；7—水箱

低速运转。在运输途中，搅拌筒不断慢速搅动，以防止混凝土产生初凝和离析，到达施工现场后搅拌筒反向快速转出料。②干料搅拌输送，当施工现场离搅拌设备距离较远时，可按配比称量好的砂、石、水泥等干料装入搅拌筒内进行干料输送，输送车在运输途中以搅拌速度运转对干料进行搅拌，在驶进施工现场时，从输送车的水箱内将水加入搅拌筒，完成混凝土的最终搅拌，供工地使用。③半干料搅拌输送，输送车从预拌工厂加装按配比称量后的砂、石、水泥和水，在行驶途中或施工现场完成搅拌作业，以供应现场混凝土。

10.5.4   混凝土搅拌输送车安全技术操作规程

（1）混凝土搅拌输送车的汽车部分执行相关规定。

（2）混凝土搅拌输送车的燃油、润滑油、液压油、制动液、冷却水等应添加充足，质量应符合要求。

（3）搅拌筒和滑槽的外观应无裂痕或损伤；滑槽止动器应无松弛或损坏；搅拌筒机架缓冲件应无裂痕或损伤；搅拌叶片磨损应正常。

（4）应检查动力取出装置并确认无螺栓松动及轴承漏油等现象。

（5）起动内燃机应进行预热运转，各仪表指示值正常，制动气压达到规定值，并应低速旋转搅拌筒 3~5min，确认一切正常后，方可装料。

（6）搅拌运输时，混凝土的装载量不得超过额定容量。

（7）搅拌输送车装料前，应先将搅拌筒反转，使筒内的积水和杂物排尽。

（8）装料时，应将操纵杆放在"装料"位置，并调节搅拌筒转速，使进料顺利。

（9）运输前，排料槽应锁止在"行驶"位置，不得自由摆动。

（10）运输中，搅拌筒应低速旋转，但不得停转。运送混凝土的时间不得超过规定的时间。

（11）搅拌筒由正转变为反转时，应先将操纵手柄放在中间位置，待搅拌筒停转后，再将操纵杆手柄放置反转位置。

（12）行驶在不平路面或转弯处时应降低车速至 15km/h 及以下，并暂停搅拌筒旋转。通过桥、洞、门等设施时，不得超过其限制高度及宽度。

（13）搅拌装置连续运转时间不宜超过 8h。

（14）水箱的水位应保持正常。冬季停车时，应将水箱和供水系统的积水放净。

（15）用于搅拌混凝土时，应在搅拌筒内先加入总需水量 2/3 的水，然后再加入骨料和水泥，按出厂说明书规定的转速和时间进行搅拌。

（16）作业后，应先将内燃机熄火，然后对料槽、搅拌筒入口和托轮等处进行冲洗及清除混凝土结块。当需进入搅拌筒清除结块时，必须先取下内燃机电门钥匙，在筒外应设监护人员。

10.6　混凝土泵车

10.6.1　概述

混凝土泵车是利用压力将混凝土沿管道连续输送的机械，由泵体和输送管组成。按结构形式分为活塞式、挤压式、水压隔膜式。泵体装在汽车底盘上，再装备可伸缩或曲折的布料杆，就组成泵车。

10.6.2　结构组成和工作原理

混凝土泵车是在载重汽车底盘上进行改造而成的，它是在底盘上安装有运动和动力传动装置、泵送和搅拌装置、布料装置以及其他一些辅助装置的。混凝土泵车的动力通过动力分动箱将发动机的动力传送给液压泵组或者后桥，液压泵推动活塞带动混凝土泵工作，然后利用泵车上的布料杆和输送管，将混凝土输送到一定的高度和距离。

泵车系统由臂架、泵、液压、支撑、电控五部分组成。

如图 10-6 所示为混凝土输送泵车外形图。它是由载重汽车底盘、柱塞泵、液压折叠臂架、承料斗和输料管等组成。

10.6.3　混凝土泵车安全操作规程

（1）构成混凝土泵车的汽车底盘、内燃机、空气压缩机、水泵、液压装置等的使用，应符合相关的规定。

（2）泵车就位地点应平坦坚实，周围无障碍物，上空无高压输电线。泵车不得停放在斜坡上。

（3）泵车就位后，应支起支腿并保持机身的水平和稳定。当用布料杆送料时，机身倾斜度不得大于 3°。

（4）就位后，泵车应显示停车灯，避免碰撞。

（5）作业前检查项目应符合下列要求：

图 10-6　混凝土输送泵车外形图

① 燃油、润滑油、液压油、水箱添加充足，轮胎气压符合规定，照明和信号指示灯齐全良好；

② 液压系统工作正常，管道无泄漏。清洗水泵及设备齐全良好；

③ 搅拌斗内无杂物，料斗上保护网完好并盖严；

④ 输送管路连接牢固，密封良好。

(6) 布料杆所用配管和软管应按出厂说明书的规定选用，不得使用超过规定直径的配管，装接的软管应拴上防脱安全带。

(7) 伸展布料杆应按出厂说明书的顺序进行。布料杆升离支架后方可回转。严禁用布料杆起吊或拖拉物件。

(8) 当布料杆处于全伸状态时，不得移动车身。作业中需要移动车身时，应将上段布料杆折叠固定，移动速度不超过 10km/h。

(9) 不得在地面上拖拉布料杆前端软管。严禁延长布料配管和布料杆。当风力在六级以上时，不得使用布料杆输送混凝土。

(10) 泵送管道的敷设应按以下规定执行：

① 水平泵送管道应直线敷设；

② 垂直泵送管道不得直接装接在泵的输出口上，应在垂直管前端加装长度不小于 20m 的水平管，并在水平管进泵处加装逆止阀；

③ 敷设向下倾斜的管道时，应在输出口上加装一段水平管，其长度不应小于倾斜管高低差的 5 倍。当倾斜度较大时，应在坡度上端装设排气活阀；

④ 泵送管道应有支承固定，在管道和固定物之间应设置木垫作缓冲，不得直接与钢筋或模板相连，管道与管道间应连接牢靠。管道接头和卡箍应扣牢密封，不得漏浆。不得将已磨损管道装在后端高压区；

⑤ 泵送管道敷设后，应进行耐压试验。

(11) 泵送前，当液压油温度低于 15℃时，应采用延长空运转时间的方法提高油温。

(12) 泵送时应检查泵和搅拌装置的运转情况，监视各种仪表和指示灯，发现异常，应及时停机处理。

(13) 料斗中混凝土面应保持在搅拌轴中心线以上。

(14) 泵送混凝土应连续作业。当因供料中断被迫暂停时，停机时间不得超过 30min。暂停时间内应每隔 5～10min（冬季 3～5min）做 2～3 个冲程反泵—正泵运动，再次投料泵送前应先将料搅拌。当停泵时间超限时，应排空管道。

(15) 作业中，不得取下料斗上的格网，并应及时清除不合格的骨料或杂物。

(16) 泵送中当发现压力表上升到最高值，运转声音发生变化时，应立即停止泵送，并应采用反向运转方法排除管道堵塞，无效时，应拆管清洗。

(17) 作业后，应将管道和料斗内的混凝土全部输出，然后对料斗、管道等进行冲洗。当采用压缩空气冲洗管道时，管道出口端前方 10m 内严禁站人。

(18) 作业后，各部位操纵开关，调整手柄、手轮、控制杆、旋塞等均应复位，液压系统应卸荷，并应收回支腿，将车停放在安全地带，关闭门窗。冬季应放尽存水。

10.7 混凝土喷射机

10.7.1 概述

混凝土喷射机（shotcrete machine，concrete sprayer），利用压缩空气将混凝土沿管道连续输送，并喷射到施工面上去的机械。分干式喷射机和湿式喷射机两类，前者由气力输送干拌合料，在喷嘴处与压力水混合后喷出；后者由气力或混凝土泵输送混凝土混合物经喷嘴喷出。广泛用于地下工程、井巷、隧道、涵洞等的衬砌施工。如图 10-7 所示为混凝土喷射机外形图。

图 10-7　混凝土喷射机

10.7.2 分类

1. 干式喷射机

（1）双罐式混凝土干式喷射机

由上罐储料室、下罐给料器、给料叶轮、钟形门、压缩空气管路、电动机等组成。关闭上、下罐间的下钟形门，向下罐中通入压缩空气。经给料叶轮将干拌合料连续均匀地送至出料口，由压缩空气沿输送管吹送至喷嘴。

（2）螺旋式混凝土喷射机

由螺旋喂料器将料斗卸下的干拌合料均匀地推送至吹送室，罐内装搅拌好的混凝土。然后由螺旋喂料器空心轴和吹送管引入的压缩空气将干拌合料沿输送管吹送至喷嘴。

（3）转子式混凝土喷射机

在立式转子上开有许多料孔。转子在转动过程中，当料孔对准上料斗的卸料口时，就向料孔加料；当料孔对准上吹风口，压缩空气就将干拌合料沿输送管吹至喷嘴。

（4）鼓轮式混凝土喷射机

在圆形鼓轮圆周上均布 8 个 V 形槽。鼓轮低速回转，料斗中的干拌合料经条筛落入 V 形槽，当充满拌合料的 V 形槽转至下方时，拌合料进入吹送室，由此被压缩空气沿输送管吹送至喷嘴。

2. 湿式混凝土喷射机

各种材料（包含水）按照设计配比要求进行充分搅拌，拌合好的湿物料添加到湿式混凝土喷射机，再由喷射机把混凝土喷射到受喷面上。

湿法喷射按照混凝土在喷射机上输送方式的不同又可分为稠密流输送和稀薄流输送。稠密流输送是把拌合好的湿混凝土通过泵送到喷头，在喷头添加压缩空气和速凝剂，混凝土被高速喷射到受喷面上。该种工法推荐适用瑞申 RPB7 混凝土湿喷机。稀薄流输送是把拌合好的湿混凝土添加到混凝土喷射机的料斗内，喷射机把物料均匀分配至下料口处，再由压缩空气裹携物料通过输料管输送到喷头，在喷头处口加入速凝剂，混凝土被高速喷射到受喷面上。该种工法推荐适用瑞申 PZS3000 混凝土湿喷机。

和稀薄流相比，稠密流输送的优点有：①输送距离远（最大距离 100m，最大输送高度 40m；稀薄流输送距离≤20m）。②耗气量小（耗气量 3～4m³/min）。③喷射回弹小（≤8%）。

和稀薄流相比，稠密流输送的缺点有：①设备投资大。②混凝土须要添加泵送剂等。③须要考虑设备清理。

湿式混凝土喷射机的优点如下：

（1）大大降低了机旁和喷嘴外的粉尘浓度，消除了对工人健康的危害。

（2）生产率高。干式混凝土喷射机一般不超过 5m³/h。而使用湿式混凝土喷射机，人工作业时可达 10m³/h；采用机械手作业时，则可达 20m³/h。

（3）回弹度低。干喷时，混凝土回弹度可达 15%～50%。采用湿喷技术。回弹率可降低到 10% 以下。

（4）湿喷时，由于水灰比易于控制，混凝土不化程度高，故可大大改善喷射混凝土的品质，提高混凝土的匀质性。而干喷时，混凝土的水灰比是由喷射手根据经验及肉眼观察来进行调节的，混凝土的品质在很大程度上取决于机手操作正确与否。

10.7.3   结构组成及工作原理

如图 10-8 所示是干式喷射机进行地下支护的情况。它是将一定比例的水泥、砂子及小石子均匀搅拌后，通过带式运输送到喷射机 3 中，借助于压缩空气的动力，使拌合料连续不断地沿着输送管路 8 被吹送到喷嘴 5 处，与来自压力水箱的压力水混合成半湿的混凝土，以每秒约 80～100m 的喷射速度喷射到拟衬的工作面 7 上，使之达到衬砌效果，这种作业称作混凝土喷射支护。因为喷射中加的是干拌合料，所以这种机械称为干式喷射机。

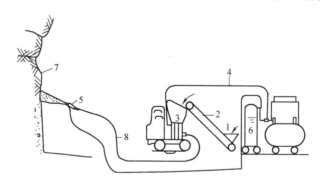

图 10-8   混凝土干式喷射机工作原理示意图

1—混凝土干搅合料；2—皮带运输机；3—喷射机；4—压缩空气管路；

5—喷嘴；6—压力水箱；7—拟衬砌的工作面；8—输送管路

重要的工作面，在喷射混凝土前还要锚以钢筋，喷射后，使钢筋、工作面及混凝土结为一个整体，因此把这种加锚杆的喷射工艺称为喷锚支护。由于该工艺广泛应用于地下开拓工程和地面特殊工程中，所以新的机型、新的机种不断出现。

10.7.4   安全操作规程

（1）喷射机应采用干喷作业，应按出厂说明书规定的配合比配料，风源应是符合要求的稳压源，电源、水源、加料设备等均应配套。

（2）管道安装应正确，连接处应紧固密封。当管道通过道路时，应设置在地槽内并加盖保护。

（3）喷射机内部应保持干燥和清洁，加入的干料配合比及潮润程序，应符合喷射机的性能要求，不得使用结块的水泥和未经筛选的砂石。

（4）作业前重点检查项目应符合下列要求：

① 安全阀灵敏可靠；

② 电源线无破裂现象，接线牢靠；

③ 各部密封件密封良好，对橡胶结合板和旋转板出现的明显沟槽及时修复；

④ 压力表指针在上、下限之间，根据输送距离，调整上限压力的极限值；

⑤ 喷枪水环（包括双水环）的孔眼畅通。

（5）启动前，应先接通风、水、电，开启进气阀逐步达到额定压力，再启动电动机空载运转，确认一切正常后，方可投料作业。

（6）机械操作和喷射操作人员应有信号联系，送风、加料、停料、停风以及发生堵塞时，应及时沟通，密切配合。

（7）喷嘴前方严禁站人，操作人员应始终站在已喷射过的混凝土支护面以内。

（8）作业中，当暂停时间超过 1h 时，应将仓内及输料管内的干混合料全部喷出。

（9）发生堵管时，应先停止喂料。对堵塞部位进行敲击，迫使物料松散，然后用压缩空气吹通。此时，操作人员应紧握喷嘴，严禁甩动管道伤人。当管道中有压力时，不得拆卸管接头。

（10）转移作业面时，供风、供水系统应随之移动，输料软管不得随地拖拉和折弯。

（11）停机时，应先停止加料，然后再关闭电动机和停送压缩空气。

（12）作业后，应将仓内和输料软管内的干混合料全部喷出，并应将喷嘴拆下清洗干净，清除机身内外粘附的混凝土及杂物。同时应清理输料管，并应使密封件处于放松状态。

10.8 混凝土振动器

10.8.1 概述

具有振源并将振动传给混凝土拌合料使其得以密实的机械称为混凝土振动器。合理振捣是混凝土施工中的关键环节，是直接关系到浇筑速度、质量的重要问题。在混凝土工程施工中应用广泛。

10.8.2 结构组成及工作原理

1. 插入式振动器

插入式振动器在混凝土工程施工中应用广泛。它是用量大、使用方便、捣实质量好的一种小型振动器。

如图 10-9 所示为插入式振动器的结构组成。它由电动机 1、限向器 2、软轴 3、振动

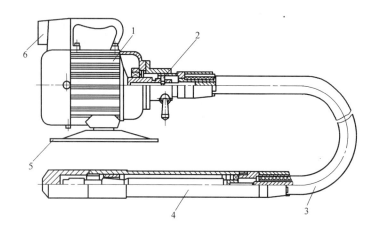

图 10-9   插入式振动器

1—电动机；2—限向器；3—软轴；4—振动棒；5—电机支座；6—开关

棒 4 等部分组成。工作时，电动机通过限向器、软轴驱动振动棒产生振动。

2. 附着式振动器

安装在模板上，对混凝土拌合料进行振动密实的机械称为附着式振动器。

对于形状复杂的薄壁构件，或者钢筋密集的特殊构件，无法使用插入式振动器时，才考虑用附着式振动器。

附着式振动器是依靠其底部螺栓或其他振紧装置固定在模板、滑槽、料斗、振动导管等上面，间接将振动波传递给混凝土或其他被振密的物料。

如图 10-10 所示为附着式振动器的结构示意图。附着式振动器在电动机两端伸出的悬臂轴上安装有偏心块。电动机回转时偏心块产生离心力，整个振动器作圆周振动，并通过机座与模板的联接把振动经模板传给混凝土。

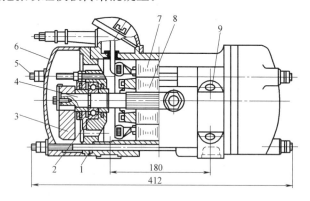

图 10-10   附着式振动器

1—轴承座；2—轴承；3—偏心块；4—轴；5—螺栓；6—端盖；
7—定子；8—转子；9—地脚螺栓孔

10.8.3   电动混凝土振动器的安全操作规程

1. 电动插入式振动器

（1）插入式振动器的电动机电源上，应安装漏电保护装置，接地或接零应安全可靠。

（2）操作人员应经过用电教育，作业时应穿戴绝缘胶鞋和绝缘手套。

（3）电缆线应满足操作所需的长度，电缆线上不得堆压物品或让车辆挤压，严禁用电缆线拖拉或吊挂振动器。

（4）使用前，应检查各部并确认连接牢固，旋转方向正确。

（5）振动器不得在初凝的混凝土、地板、脚手架和干硬的地面上进行试振。在检修作业间断时，应断开电源。

（6）作业时，振动棒软管的弯曲半径不得小于 500mm，并不得多于两个弯，操作时应将振动棒垂直地沉入混凝土，不得用力硬插、斜推或让钢筋夹住棒头，也不得全部插入混凝土中，插入深度不应超过棒长的 3/4，不宜触及钢筋、芯管及预埋件。

（7）振动棒软管不得出现断裂，当软管使用过久使长度增长时，应及时修复或更换。

（8）作业停止需移动振动器时，应先关闭电动机，再切断电源。不得用软管拖拉电动机。

（9）作业完毕，应将电动机、软管、振动棒清理干净，并应按规定要求进行保养作业。振动器存放时，不得堆压软管，应平直放好，并应对电动机采取防潮措施。

2. 电动附着式、电动平板式振动器

（1）附着式、平板式振动器轴承不应承受轴向力，在使用时，电动机轴应保持水平状态。

（2）在一个模板上同时使用多台附着式振动器时，各振动器的频率应保持一致，相对面的振动器应错开安装。

（3）作业前，应对附着式振动器进行检查和试振，试振不得在干硬土或硬质物体上进行。安装在搅拌站料仓上的振动器，应安置橡胶垫。

（4）安装时，振动器底板安装螺孔的位置应正确，应防止底脚螺栓安装扭斜而使机壳受损。底脚螺栓应紧固，各螺栓的紧固程度应一致。

（5）使用时，引出电缆线不得拉得过紧，更不得断裂。作业时，应随时观察电气设备的漏电保护器和接地或接零装置并确认合格。

（6）附着式振动器安装在混凝土模板上时，每次振动时间不应超过 1min，当混凝土在模内泛浆流动或成水平状即可停振，不得在混凝土初凝状态时再振。

（7）装置振动器的构件模板应坚固牢靠，其面积应与振动器额定振动面积相适应。

（8）平板式振动器作业时，应使平板与混凝土保持接触，使振波有效地振实混凝土，待表面出浆，不再下沉后，即可缓慢向前移动，移动速度应能保证混凝土振实出浆。在振的振动器，不得搁置在已凝或初凝的混凝土上。

10.9　混凝土真空吸水泵

10.9.1　混凝土真空吸水泵的外形示意图

如图 10-11 所示为混凝土真空吸水泵的外形示意图。

图 10-11　混凝土真空吸水泵

10.9.2　混凝土真空吸水泵操作规程

（1）真空室内过滤网应完整，集水室通向真空泵的回水管上的旋塞开启应灵活，指示仪表应正确，进出水管应按出厂说明书要求连接。

（2）启动后，应检查并确认电动机旋转方向与罩壳上箭头指向一致，然后应堵住进水口，检查泵机空载真空度，表值不应小于 96kPa。当不符合上述要求时，应检查泵组、管道及工作装置的密封情况。有损坏时，应及时修理或更换。

（3）作业开始即应计时量水，观察机组真空表，并应随时做好记录。

（4）作业后，应及时冲洗水箱及滤网的泥砂，并应放尽水箱内存水。

（5）冬季施工或存放不用时，应把真空泵内的冷却水放尽。

10.10　液压滑升设备

10.10.1　液压滑升设备油泵的外形示意图

如图 10-12 所示为液压滑升设备油泵的外形示意图。

10.10.2　液压滑升设备安全操作规程

（1）应根据施工要求和滑模总载荷，合理选用千斤顶型号和配备台数，并应按千斤顶型号选用相应的爬杆和滑升机件。

图 10-12　液压滑升设备油泵

（2）千斤顶应经 12MPa 以上的耐压试验，同一批组装的千斤顶在相同载荷的作用下，其行程应一致，用行程调整帽调整后，行程允许误差为 2mm。

（3）自动控制台应置于不受雨淋、暴晒和强烈振动的地方，应根据当地的气温调节作业时的油温。

（4）千斤顶与操作平台固定时，应使油管接头与软管连接成直线。液压软管不得扭曲，应有较大的弧度。

（5）作业前，应检查并确认各油管接头连接牢固、无渗漏，油箱油位适当，电器部分不漏电，接地或接零可靠。

（6）所有千斤顶安装完毕未插入爬杆前，应逐个进行抗压试验和行程调整及排气等工作。

（7）应按出厂规定的操作程序操纵控制台，对自动控制器的时间，继电器应进行延时调整。用手动控制器操作时，应与作业人员密切配合，听从统一指挥。

（8）在滑升过程中，应保证操作台与模板的水平上升，不得倾斜，操作平台的载荷应均匀分布，并应及时调整各千斤顶的升高值，使之保持一致。

（9）在寒冷季节使用时，液压油温度不得低于10℃；在炎热季节使用时，液压油温度不得超过60℃。

（10）应经常保持千斤顶的清洁。混凝土延爬杆流入千斤顶内时，应及时清理。

（11）作业后，应切断总电源，清除千斤顶上的附着物。

思 考 题

1. 简述混凝土机械的结构组成。
2. 混凝土机械如何进行分类？
3. 混凝土机械如何进行维护保养？
4. 简述混凝土搅拌站的结构组成。
5. 混凝土输送车的搅拌方式主要有哪几种？
6. 简述混凝土泵车结构及工作原理。
7. 简述混凝土喷射机的分类及特点。
8. 简述插入式混凝土振动器的结构组成及工作原理。

11 装修机械

11.1 装修机械概况

11.1.1 定义

装修机械，是指一般在房屋装修过程中，用来实施装修作业的辅助类机械设备。

11.1.2 类型

抹灰机，即制备灰浆并将灰浆输送和喷涂到墙面或顶棚的机械。常用的有灰浆搅拌机、灰浆输送泵和喷浆机等。通常把上述机械配装成机组，可整体拖运，使用方便。

涂料喷涂机，即将装饰涂料雾化并喷涂到建筑物表面的机械。按工作原理分有气喷涂和无气喷涂两种。

裱糊机，即将贴墙纸裱糊到室内墙面的机械。常用的有墙纸裁剪机、墙纸涂胶机和墙纸粘贴机等。

地面修整机，即用磨削和抹光的方法修整房屋地面的机械。常用的有混凝土抹光机、地坪磨光机、地板刨平机、地板磨光机和打蜡机等。

屋面机，即铺设屋面防水和隔热保护层的机械。铺筑卷材屋面的主要设备有油毡铺筑机和油毡粘结机。铺筑无卷材屋面常用沥青油膏输送泵。

装修平台和吊篮，即可沿建筑物内外墙上下或左右运送材料和进行装修作业的机械。装修平台按其结构形式分单立柱式、双立柱式和叉式。装修吊篮按其在屋面上的支承方式有固定式和移动式两种。

手持装修机具，即可随身携带手持操作的机动工具。以电或压缩空气为动力，工作头的运动有旋转、旋转冲击、往复冲击、拉压等形式。用于打孔、磨光、锯割、刨削、拧紧、除锈、嵌缝等作业。

11.1.3 装修机械的发展趋向

随着建筑功能的提高和新型装饰材料的增多，不断开发新机种，扩大品种规格，逐步扩大机械配套，进一步减少振动、噪声和污染，提高安全可靠性，并朝轻型化、组合化、多能化方面发展。

11.2 装修机械安全操作规程

（1）装修机械上的电动机、手持电动工具及液压装置的使用应符合相关规定。

（2）装修机械上的刃具、胎具、模具、成型滚轮等应保证强度和精度，刃磨锋利，安装稳妥、紧固可靠。

（3）装修机械上外露的传动部分应有防护罩，作业时，不得随意拆卸。

（4）装修机械应安装在防雨、防风沙的机棚内。

（5）长期搁置再用的机械，在使用前必须测量电动机绝缘电阻，合格后方可使用。

11.3 灰浆搅拌机

11.3.1 结构组成及工作原理

卧轴式灰浆搅拌机，由搅拌筒、搅拌轴、传动装置、底架等组成。搅拌轴水平安置在槽形搅拌筒内，在轴的径向臂架上装有几组搅拌叶片，随着轴的转动，搅拌筒里的混合料在搅拌叶片的作用下被强行搅拌。小容量的灰浆搅拌机一般为移动式，依靠人工加料，倾翻搅拌筒出料。大容量的灰浆搅拌机有移动式和固定式两种。有的灰浆搅拌机还备有加料装置和水箱。当制备小量灰浆时也可采用立轴式灰浆搅拌机。这种搅拌机的搅拌筒是一个水平放置的圆筒，圆筒中央有一根回转立轴，立轴的臂架上装有几组搅拌叶片，随着立轴的转动，搅拌筒里的混合料受到叶片的强力搅拌，搅拌好的灰浆由搅拌筒底部的卸料门卸出。

连续作用式灰浆搅拌机，主体部分为一长形圆筒，圆筒中央装有一根水平通轴，轴由电动机通过传动装置驱动。圆筒分隔为供料仓、计量仓和搅拌仓，水平轴与每个仓的对应位置上分别装有供料叶片、计量螺旋叶片和搅拌叶片。预拌好的干料由进料口加入，经给料叶片和计量螺旋叶片，均匀地向搅拌仓喂料。搅拌仓入口处装有喷水管，由水表计量均匀加水，混合料经搅拌叶片搅拌并送到卸料口卸出。连续式灰浆搅拌机可根据施工现场情况灵活配置，进料口可直接与储料罐相连进料，也可在进料口装上料斗，倒入袋装干料。出料口可与吊罐或灰浆泵相连。这种灰浆搅拌机可以边进料边出料，除了搅拌灰浆外，还能搅拌细石混凝土和纸筋石灰，生产率高。

11.3.2 灰浆搅拌机安全操作规程

（1）固定式搅拌机应有牢靠的基础，移动式搅拌机应采用方木或撑架固定，并保持水平。

（2）作业前应检查并确认传动机构、工作装置、防护装置等牢固可靠，三角胶带松紧适当，搅拌叶片和筒壁间隙在 $3 \sim 5\text{mm}$ 之间，搅拌轴两端密封良好。

（3）起动后，应先空运转，检查搅拌叶旋转方向正确，方可加料加水，进行搅拌作业。加入的砂子应过筛。

（4）运转中，严禁用手或木棒等伸进搅拌筒内，或在筒口清理灰浆。

（5）作业中，当发生故障不能继续搅拌时，应立即断开电源，将筒内灰浆倒出，排除故障后方可使用。

（6）固定式搅拌机的上料斗应能在轨道上移动。料斗提升时，严禁斗下有人。

（7）作业后，应清除机械内外砂料和积料，用水清洗干净。

（8）灰浆机外露的传动部分应有防护罩，作业时，不得随意拆卸。

（9）灰浆机应安装在防雨、防风沙的机棚内。

（10）长期搁置再用的机械，使用前除必要的机械部分维修保养外，必须测量电动机的绝缘电阻，合格后方可使用。

11.4　柱塞式、隔膜式灰浆泵

11.4.1　概述

灰浆泵是建筑装修施工中的重要机械设备，它用于建筑工程中各种灰浆的垂直和水平运输，以及涵洞施工中混凝土工程中的灌浆等工作。当它配合空气压缩机和喷枪使用时，即可完成墙面和顶棚的喷涂抹灰工作。

灰浆泵是灰浆输送泵的简称，按其结构特征，可分为直接作用式（即无隔膜）和隔膜式两大类。隔膜式灰浆泵又分圆柱形隔膜和片状隔膜两种。

11.4.2　结构组成及工作原理

1. 柱塞式灰浆泵的结构组成和工作原理

柱塞式灰浆泵又称为直接作用式灰浆泵，它的特点是柱塞直接作用在灰浆上，并产生一定压力使灰浆在输浆管道中流动，输送到施工部位。UB6-3 型柱塞式灰浆泵的外形图和工作简图如图 11-1 所示。

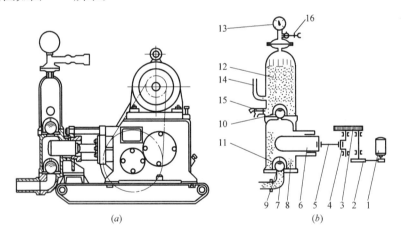

图 11-1　UB6-3 型柱塞式灰浆泵

（a）外形图；（b）工作简图

1—电动机；2—带轮；3—减速齿轮组；4—曲轴；5—连杆；6—柱塞；7—进浆弯管；
8—泵室；9—吸入阀（铁芯橡皮球）；10—排出阀（铁芯橡皮球）；11—阀罩；
12—空气室；13—压力表；14—输浆管道；15—回浆阀；16—安全装置

2. 隔膜式灰浆泵的结构组成和工作原理

隔膜式灰浆泵的结构组成和工作原理与柱塞式灰浆泵基本相同，只是活塞不与灰浆直接作用，而是通过水箱中的水将压力均匀地作用在橡皮隔膜上，靠活塞往复运动，使隔膜凸入灰浆室或者凹出灰浆室，进出输送灰浆。

根据隔膜的形状，它分为片式隔膜泵和圆柱形隔膜泵，如图 11-2 和图 11-3 所示。

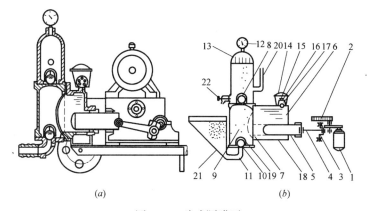

(a)　　　　　　　　　(b)

图 11-2　片式隔膜泵

(a) 外形图；(b) 工作简图

1—电动机；2—减速装置；3—曲轴；4—连杆；5—活塞；6—水；7—橡皮隔膜；
8—排出阀；9—灰浆室；10—吸入阀（铁芯橡皮球）；11—进浆管及弯头；12—压力表；
13—空气室；14—盛水漏斗；15—溢水口；16—安全阀弹簧；17—球阀；18—泵室；
19—阀罩；20—输浆管；21—灰浆料斗；22—回浆阀

11.4.3　柱塞式、隔膜式灰浆泵安全操作规程

（1）灰浆泵的工作机构应保证强度和精度以及完好的状态，安装稳妥，坚固可靠。

（2）灰浆泵外露的传动部分应有防护罩，作业时，不得随意拆卸。

（3）灰浆泵应安装平稳。输送管路的布置宜短直、少弯头；全部输送管道接头应紧密连接，不得浸漏；垂直管道应固定牢固；管道上不得加压或悬挂重物。

（4）作业前应检查并确认球阀完好，泵内无干硬灰浆等物，各连接件坚固牢靠，安全阀已调整到预定的安全压力。

（5）泵送前，应先用水进行泵送试验，检查并确认各部位无浸漏。当有浸漏时，应先排除。

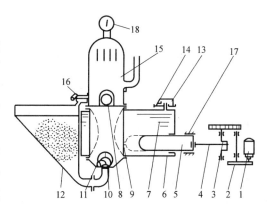

图 11-3　圆柱形隔膜泵

1—电动机；2—减速装置；3—曲轴；4—连杆；
5—活塞；6—泵室；7—水；8—排出阀（铁芯橡皮球）；9—圆柱形隔膜；10—吸入阀（铁芯橡皮球）；11—阀罩；12—料斗；13—盛水斗；
14—安全阀；15—空气室；16—回浆阀；
17—支承环座；18—压力表

（6）被输送的灰浆应搅拌均匀，不得有干砂和硬块；不得混入石子或其他杂物；灰浆稠度应为 80～120mm。

（7）泵送时，应先开机后加料。应先用泵压送适量石灰膏润滑输送管道，然后再加入稀灰浆，最后调整到所需稠度。

（8）泵送过程应随时观察压力表的泵送压力，当泵送压力超过预调的 1.5MPa 时，应反向泵送，使管道内部分灰浆返回料斗，再缓慢泵送；当无效时，应停机卸压检查，不得强行泵送。

（9）泵送过程不宜停机。当短时间内不需泵送时，可打开回浆阀使灰浆在泵体内循环运行。当停泵时间较长时，应每隔 3~5min 泵送一次，泵送时间宜为 0.5min，应防灰浆凝固。

（10）故障停机时，应打开泄浆阀使压力下降，然后排出故障。灰浆泵压力未达到零时，不得拆卸空气室、安全阀和管道。

（11）作业后，应采用石灰膏或浓石灰水把输送管道里的灰浆全部泵出，再用清水浆泵和输送管道清洗干净。

（12）灰浆泵应安装在防雨、防风沙的机棚内。

（13）长期搁置再用的机械，在使用前除必要的机械部分维修保养外，必须测量电动机绝缘电阻，合格后方可使用。

11.5 挤压式灰浆泵

11.5.1 概述

挤压式灰浆泵也称挤压式喷涂机，是近年来才出现的一种灰浆泵，是在大型挤压式混凝土泵的基础上向小型化发展而产生的，主要用于喷涂抹灰工作。其特点是结构简单、操作方便、使用可靠、喷涂质量好（喷涂层均匀、密实，黏结性能和抗渗性能均较高），而且效率较高，不仅可向墙面喷涂普通砂浆，还可以喷涂聚合物水泥浆、纸筋浆、干粘石砂浆，使用时不受结构物的种类、表面形状和空间位置的限制，适用于建筑、矿山、隧道等工程的大面积内外墙底层、外墙装饰面、内墙罩面等喷涂工作，是一种较为理想的喷涂机械。此外它还可以作强制灌浆和垂直、水平输浆用。

11.5.2 构造组成

挤压式灰浆泵主要由变极式电动机、变速箱、减速器、链传动装置、滚轮架和滚轮以及挤压胶管等构成。

11.5.3 工作原理

当滚轮架旋转时，架上的三个滚轮便依次挤压胶管，使管中的砂浆产生压力而沿胶管向前运动，滚轮压过后，胶管由自身的弹性复原，使筒内产生负压，砂浆即被吸入。滚轮架不停地旋转，胶管便连续地受到挤压，从而使砂浆源源不断地输送到喷嘴处，再借助压缩空气喷涂到工作面上。挤压式灰浆泵的启动、停机、回浆运转均由喷嘴处或机身处的按钮控制。其工作原理如图 11-4 所示。

11.5.4 技术性能参数

挤压式灰浆泵的型号及技术性能参数见表 11-1。

11.5.5 挤压式灰浆泵安全操作规程

（1）使用前，应先接好输送管道，往料斗加注清水，起动灰浆泵，当输送胶管出水时，应折起胶管，待升到额定压力时停泵，观察各部位应无渗漏现象。

（2）作业时，应先用水，再用白灰膏润滑输送管道后，方可加入灰浆，开始泵送。

（3）料斗加满灰浆后，应停止振动，待灰浆从料斗泵送完时，再加新灰浆振动筛料。

（4）泵送过程应注意观察压力表。当压力迅速上升，有堵管现象时，应反转泵送2～3转，使灰浆返回料斗，经搅拌后再泵送。当多次正反泵仍不能畅通时，应停机检查，排除堵塞。

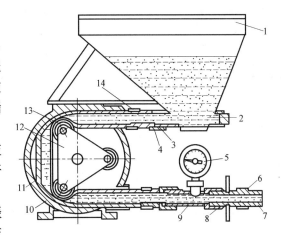

图 11-4 挤压式灰浆泵工作原理示意图
1—料斗；2—放料室；3、8、9—连接管；
4—橡胶垫圈；5—压力表；6、14—胶管卡箍；
7—输送胶管；10—鼓轮形壳；11—挤压胶管；
12—滚轮架；13—挤压滚轮

（5）工作间歇时，应先停止送灰，后停止送气，并应防气嘴被灰堵塞。

（6）作业时，应将泵机和管路系统全部清洗干净。

（7）灰浆机外露的传动部分应有防护罩。作业时，不得随意拆卸。

（8）灰浆机械应安装在防雨、防风沙的机棚内。

（9）长期搁置再用的机械，在使用前除必要的机械部分维修保养外，必须测量电动机绝缘电阻，合格后方可使用。

挤压式灰浆泵的型号及技术性能参数表　　　　　　　　　　表 11-1

型号 性能	UBJ0.8 型	UBJ1.2 型	UBJ1.8G1 UBJ1.8G2 (SJ1.8)型	UBJ2 型
输送量($m^3 \cdot h^{-1}$)	0.2,0.4,0.8	0.3,0.6,1.2	0.3～1.8	2
挤压次数(次·s^{-1})	0.36,0.75,1.5	0.36,0.75,1.5	0.3～1.75	—
电源:相×V×Hz	3×380×50	3×380×50	3×380×50	—
挤压电动机功率/kW 转速(r·min^{-1})	2.2,3 1420,2880	3,4 1440,2880	1.5,2.2 930,1420	2.2 1430
功率(kW)	0.4,1.1,1.5	0.6,1.5,2.2	1.3,1.5,2	2.2
控制电路电压(V)	36	36	36	—
挤压管内径(mm)	32	32	38	—
输送管内径(mm)	25	25	25,32	38
最大水平输送距离(m)	80	60,80	100	80
最大垂直输送距离(m)	25	20,25	30	20

续表

型号 性能	UBJ0.8型	UBJ1.2型	UBJ1.8G1 UBJ1.8G2 (SJ1.8)型	UBJ2型
额定工作压力(MPa)	1	1,1.2	1.5	1.5
振动筛电动机功率(kW)	0.37	0.37	0.37	—
振动筛规格	4目18号 5目18号	4目18号 5目18号	4目18号 5目18号	—
外形尺寸(mm) 长×宽×高	1220×662×960	1220×662×1035 1400×560×900	1270×896×990 800×550×800	1200×780×800
质量(kg)	170	185,200	300,340	270

11.6　喷浆机

11.6.1　几种喷浆机的构造组成与工作原理

1. 手动喷浆机

手动喷浆机体积小，可一人搬移位置，使用时一人反复推压摇杆，一人手持喷杆来喷浆，因不需动力装置而具有较大的机动性。其工作原理如图 11-5 所示。

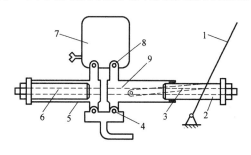

图 11-5　手动喷浆机工作原理示意图
1—摇杆；2、6—左、右柱塞；3—连杆；
4—进浆阀；5—泵体；7—稳压罐；
8—出浆阀；9—框架

当推拉摇杆时，连杆推动框架使左、右两个柱塞交替在各自的泵缸中往复运动，连续将料筒中的浆液逐次吸入左、右泵缸和逐次压入稳压罐中。稳压罐使浆液获得 8～12 个大气压（1MPa 左右）的压力，在压力作用下，浆液从出浆口经输浆管和喷雾头呈伞状喷出。

2. 电动喷浆机

电动喷浆机基本构造如图 11-6 所示，其喷浆原理与手动喷浆机相同，不同之处是柱塞往复运动由电动机经蜗轮减速器和曲柄连杆机构（或偏心轮连杆）来驱动。

这种喷浆机有自动停机电气控制装置，在压力表内安装电接点，当泵内压力超过最大工作压力（通常为 1.5～1.8MPa）时，表内的停机接点啮合，控制线路使电动机停止。压力恢复常压后，表内的启动接点接合，电动机又恢复运转。

3. 离心式电动喷浆泵

它依靠转轮的旋转离心力，将进入转轮孔道中心的浆液甩出，产生压力后，由喷雾头喷出。如图 11-7 所示为离心式电动喷浆泵的外形示意图，其工作原理与离心式喷浆泵相似，如图 11-8 所示，不同的是简化了结构，提高了转速。

4. 喷杆

　　喷杆由气阀、输浆胶管、中间管、喷雾头等组成，如图 11-9 所示。其中，喷雾头由喷头体、喷头芯、喷头片等组成，如图 11-10所示。

11.6.2　技术性能参数

　　喷浆机的型式型号及技术性能参数见表11-2。

11.6.3　使用要点

　　喷射的浆液须经过滤，以免污物堵塞管路或喷嘴，吸浆滤网不得有破损，必要时可清理网面上的积存污物，吸浆管口不得露出液面以免吸入空气，造成喷浆束流不稳定或不喷浆。

　　手动喷浆机在操作时，摇杆不得猛拉猛推，应均匀推动摇杆，不得两人同时推动摇杆，以免造成超载，致使输浆管破裂或损坏机件。

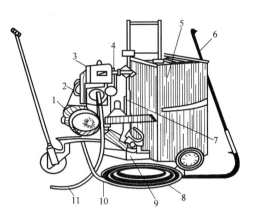

图 11-6　电动喷浆机构造示意图
1—电动机；2—V 形带传动装置；3—电控箱和
开关盒；4—偏心轮连杆机构；5—料筒；
6—喷杆；7—摇杆；8—输浆胶管；9—泵体；
10—稳压罐；11—电力导线

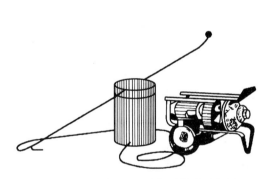

图 11-7　离心式电动喷浆泵外形示意图

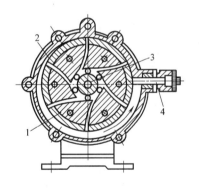

图 11-8　离心式电动喷浆泵工作原理示意图
1—转轮；2—出浆孔道；
3—进浆孔道；4—出浆接管

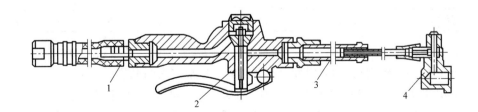

图 11-9　喷杆构造示意图
1—气阀；2—输浆胶管；3—中间管；4—喷雾头

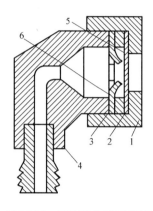

图 11-10　喷雾头构造示意图

1—喷头盖；2—喷头片；3—喷头芯；

4—喷头体；5—旋涡室；6—橡胶垫

喷浆机的各部连接不得有松动现象，紧固件不应松动。各润滑部位应及时加注润滑油脂。

11.6.4　喷浆机安全操作规程

（1）石灰浆的密度应为 $1.06\sim1.10g/cm^3$。

（2）喷涂前，应对石灰浆采用 60 目筛网过滤两遍。

（3）喷嘴孔径宜为 $2.0\sim2.8mm$。当孔径大于 2.8mm 时，应及时更换。

（4）泵体内不得无液体干转。在检查电动机旋转方向时，应先打开料桶开关，让石灰浆流入泵体内部后，再开动电动机带泵旋转。

（5）作业后，应往料斗注入清水，开泵清洗直到水清为止，再倒出泵内积水，清洗疏通喷头座及滤网，并将喷枪擦洗干净。

喷浆机的型式型号及技术性能参数　　　　　　　　　　　表 11-2

型式型号　性能	双联手动喷浆机（P_B-C 型）	自动喷浆机			内燃式喷浆机（WFB-18A 型）
		高压式（GP400 型）	PB1 型（ZP-1）	回转式（HPB 型）	
生产率($m^3\cdot h^{-1}$)	0.2～0.45	—	0.58	—	
工作压力(MPa)	1.2～1.5	—	1.2～1.5	6～8	—
最大压力(MPa)	—	18	1.8	—	—
最大工作高度(m)	30	—	30	20	7 左右
最大工作半径(m)	200	—	200	—	10 左右
活塞直径(mm)	32	—	32		
活塞往复次数（次·min^{-1}）	30～50	—	75		
动力形式功率(kW)转速/(r·min^{-1})	人力	电动0.4	电动1.02890	电动0.55	1E40FP 型汽油机1.185000
外形尺寸(mm)长×宽×高	1100×400×1080	—	816×498×890	530×350×350	360×555×680
质量(kg)	18.6	30	67	28～29	14.5

（6）长期存放前，应清除前、后轴承座内的石灰浆积料，堵塞进浆口，从出浆口注入机油约 50mL，再堵塞出浆口，开机运转约 30s，是泵体内润滑防锈。

（7）喷浆机械上外露的传动部分应有防护罩，作业时，不得随意拆卸。

（8）喷浆机械应安装在防雨、防风沙的机棚内。

（9）长期搁置再用的机械，在使用前除必要的机械部分维修保养外，必须测量电动机绝缘电阻，合格后方可使用。

11.7　高压无气喷涂机

11.7.1　概述

高压无气喷涂机用于喷涂高钻度的油漆和涂料，利用高压泵提供的高压涂料，经过喷枪的特殊喷嘴，把涂料均匀雾化进行喷涂作业。

11.7.2　构造组成

高压无气喷涂机主要由高压涂料泵、柱塞油泵、喷枪、电动机等组成，如图 11-11 所示。工作中是由电动机带动偏心轴旋转，并推动柱塞往复运动，柱塞是通过液压油去推挤一个高强度的塑料隔膜的，不直接与涂料接触。吸入冲程时，隔膜回缩，吸入阀打开，直接从料斗或吸入系统的管道里吸入涂料，使涂料进入挤压腔内。压出时，隔膜膨起，涂料增压并打开输出阀，将高压涂料送入喷枪。在高压下，涂料通过越来越窄小的喷嘴出口被雾化成微小的颗粒。

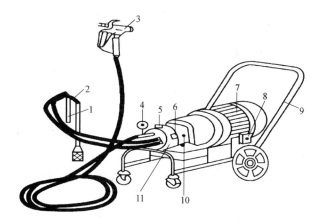

图 11-11　PWD8 型高压无气喷涂机构造示意图
1—排料管；2—吸料管；3—喷枪；4—压力表；5—单向阀；6—解压阀；7—电动机；
8—开关；9—小车；10—柱塞油泵；11—涂料泵（隔膜泵）

11.7.3　使用要点

（1）机器启动前要使调压阀、卸压阀处于开启状态。首次使用结束，待冷却后按对角线方向，将固定涂料泵的螺栓拧紧，以防连接松动。

（2）在喷涂燃点为 21℃ 以下的易燃涂料时，必须接好地线。

（3）喷涂中发生喷枪堵塞现象时，应先将枪关闭，将喷嘴手柄旋转 180°，再开枪用压力涂料排除堵塞物。如无效，可停机卸压后拆下喷嘴，用竹丝疏通，然后用硬毛刷清洗干净。

（4）不许用手指试高压射流。喷涂间歇时，要随手关闭喷枪安全装置，防止无意打开伤人。

（5）高压软管的弯曲半径不得小于 25cm，不得在尖锐的物体上用脚踩高压软管。

（6）作业中停歇时间较长时，要停机卸压，将喷枪的喷嘴部位放入溶剂里。每天作业后，必须彻底清洗喷枪。清洗过程，严禁将溶剂喷回小口径的溶剂桶内，防止静电引起火灾。

11.7.4　高压无气喷涂机安全操作规程

（1）起动前，调压阀、卸压阀应处于开启状态，吸入软管，回路软管接头和压力表、高压软管及喷枪均应连接牢固。

（2）喷涂燃点在 21℃ 以下的易燃涂料时，必须接好地线，地线的一端接电动机的零线位置，另一端应接涂料桶或被喷涂的金属物体。喷涂机不得和被喷物体放在同一房间里，周围严禁有明火。

（3）作业前，应先空载运转，然后用水或溶剂进行运转检查。确认运转正常后，方可作业。

（4）喷涂中，当喷枪堵塞时，应先将枪关闭，使喷枪手柄旋转 180°，再打开喷枪用压力涂料排除堵塞物，当堵塞严重时，应停机卸压后，拆下喷嘴，排除堵塞。

（5）不得用手指试高压射流，射流严禁正对其他人员。喷涂间隙时，应随手关闭喷枪安全装置。

（6）高压软管的弯曲半径不得小于 250mm，亦不得在尖锐的物体上用脚踩高压软管。

（7）作业中，当停歇时间较长时，应停机卸压，将喷枪的喷嘴部位放入溶剂内。

（8）作业后，应彻底清洗喷枪。清洗时不得将溶剂喷回小孔径的溶剂桶内。应防止产生静电火花引起着火。

（9）高压无气喷涂机外露的转动部分应有保护罩。作业时，不得随意拆卸。

（10）高压无气喷涂机应安装在防雨、防风沙的机棚内。

（11）长期搁置再用的机械，在使用前除必要的机械部分维修保养外，必须测量电动机绝缘电阻，合格后方可使用。

11.8　水磨石机

11.8.1　概述

水磨石机是指把水磨石混凝土在饰面上摊匀并压实，待其凝固并具有一定强度之后，平磨光滑所用的机具。

水磨石机有单盘水磨石机、双盘水磨石机、侧向水磨石机、角向水磨石机以及新型的金刚石水磨石机。

11.8.2　构造组成

单盘水磨石机主要由传动轴、夹腔帆布垫、联结盘及砂轮座等组成，如图 11-12 所示。磨盘为三爪形，有三个三角形磨石均匀地装在相应槽内并用螺钉固定。

双盘水磨石机的构造如图 11-13 所示，它具有两个转向相反的磨盘，由电动机经传动机构驱动，结构与单盘式类似，主要适用于大面积磨光。与单盘式比较，耗电量增加不到40%，而工效可提高80%。

11.8.3 水磨石机的型号及主要技术性能参数

水磨石机的型号及主要技术性能参数见表11-3。

11.8.4 水磨石机安全操作规程

（1）水磨石机宜在混凝土达到设计强度70%～80%时进行磨削作业。

（2）作业前，应检查并确认各连接件紧固，当用木槌轻击磨石发出无裂纹的清脆声音时，方可作业。

（3）电缆线应离地架设，不得放在地面上拖动。电缆线应无破损，保护接地良好。

（4）在接通电源、水源后，应手压扶把使磨盘离开地面，再启动电动机。并应检查确认磨盘旋转方向与箭头所示方向一致，待运转正常后，再缓慢放下磨盘，进行作业。

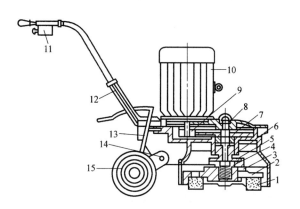

图 11-12 单盘旋转式水磨石机构造示意图
1—磨石；2—砂轮座；3—夹腔帆布垫；4—弹簧；
5—联结盘；6—橡胶密封；7—大齿轮；8—传动轮；
9—电机齿轮；10—电动机；11—开关；12—扶手；
13—升降齿条；14—调节架；15—行走轮

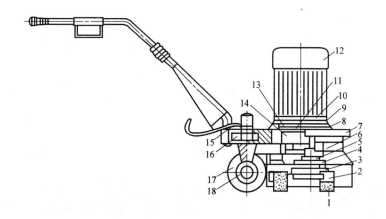

图 11-13 双盘对转式水磨石机构造示意图
1—V砂轮；2—磨石座；3—联结橡皮；4—联结盘；5—接合密封圈；6—油封；7—主轴；
8—大齿轮；9—主轴；10—闷头盖；11—电机齿轮；12—电动机；13—中间齿轮轴；
14—中间齿轮；15—升降齿条；16—齿轮；17—调节架；18—行走轮

（5）作业中，使用的冷却水不得间断，用水量宜调至工作面不发干。

（6）作业中，当发现磨盘跳动或异响，应立即停机检修。停机时，应先提升磨盘后关机。

性能 / 型号	磨盘转数 (r·min⁻¹)	磨削直径 (mm)	效率 (m²·h⁻¹)	电动机功率 (kW)	外形尺寸(mm) 长×宽×高	质量(kg)
DMS350	294	350	4.5	2.2	1040×410×950	160
2MD300	392	360	10~15	3	1200×563×715	180
2MD350	285	345	14~15	2.2	700×900×1000	115
SM240	2000	240	10~35	3	1080×330×900	80
JMD350	1800	350	28~65	3	—	150
SM340	—	360	6~7.5	3	1100×400×980	160
HMJ10-1	1450	—	10~15	3	1150×340×840	100

水磨石机的型号及主要技术性能参数　　　　表 11-3

（7）更换新磨石后，应先在废水磨石地坪上或废水泥制品表面磨 1~2h，待金刚石切削刃磨出后，再投入工作面工作。

（8）作业后，应切断电源，清洗各部位的泥浆，放置在干燥处，用防雨布遮盖。

（9）长期搁置再用的机械，在使用前除必要的机械部分维修保养外，必须测量电动机绝缘电阻，合格后方可使用。

11.9　地面抹光机

11.9.1　概述

地面抹光机适用于水泥砂浆和混凝土路面及楼板、屋面板等表面的抹平压光。按动力源划分，有电动、内燃两种；按抹光装置划分，有单头、双头两种。

11.9.2　构造组成

地面抹光机由电动机、转子、三角带、电气开关等组成，如图 11-14 所示。电动机驱动转子，转子为十字架形转，其底面装有 2~4 把抹刀，抹刀的倾斜方向与转子的旋转方向一致，并能紧贴在所修整的水泥地坪上。三角带紧固在转子上，旋转时，地面抹刀随着转子旋转，对地坪进行抹光工作。地面抹光机由操纵手柄操纵，由电气开关控制电动机。

11.9.3　技术性能参数

地面抹光机的型号及主要技术性能参数见表 11-4。

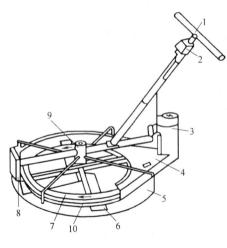

图 11-14　地面抹光机构造示意图
1—操作手柄；2—电气开关；3—电动机；
4—防护罩；5—保护圈；6—抹刀；
7—转子；8—配重；9—轴承架；10—三角带

地面抹光机的型号及主要技术性能参数　表 11-4

型式	型号	抹刀数	抹板倾角（°）	转速（r·min⁻¹）	抹头直径（mm）	功率（kW）	外形尺寸(mm)长×宽×高	质量(kg)
单头	DM60	4	0～10	90	600	0.4	620×620×900	40
	DM69	4	0～10	90	600	0.4	750×460×900	40
	DM85	4	0～10	45/90	850	1.1～1.5	1920×880×1050	75
双头	ZDM650	6	—	120	370	0.37	670×645×900	40
	SDM1	2×3	—	120	370	0.37	670×645×900	40
	SDM68	2×3	6～8	100/200	370	0.55	990×980×800	40
内燃	JK-1	4	5～10	45/60	888	2.9	1480×936×1020	80

11.9.4　地面抹光机安全操作规程

（1）装设有气力除尘装置的木工机械，作业前应先起动排尘风机，经常保持排尘管道不变形、不漏风。

（2）作业前，应调整砂筒上砂带的张紧程度，润滑各轴承和紧固连接件，确认正常后，方可起动。

（3）鼓式抹光机进料时，工件中心轴线应与进料方向成 10°～15°。

（4）鼓式抹光机的三个砂筒应调整至高出工作台面，各为：一筒高出 0.2～0.5mm，二筒高出 0.5～0.8mm，三筒高出 0.8～1.0mm。下进料辊应高出台面 0.3～0.5mm，并与上进料辊轴平行。

（5）磨削小面积工件时应尽量在台面整个宽度内排满工作，磨削时应渐次连续进给。

（6）用砂带抹光机磨光时，对压垫的压力要均匀，砂带纵向移动时应和工作台横向移动互相配合。

（7）作业后，切断电源，锁好闸箱，进行擦拭、润滑，清除木屑，刨花。

思 考 题

1. 简述灰浆搅拌机结构组成及工作原理。
2. 灰浆搅拌机如何进行安全操作？
3. 灰浆泵按其结构特征如何进行分类？
4. 简述隔膜式灰浆泵的工作原理。
5. 根据图 11-4 说明挤压式灰浆泵的工作原理。
6. 简述电动喷浆机的结构组成。
7. 说明高压无气喷涂机的使用要点。
8. 简述水磨石机的使用要点。
9. 简述地面抹光机的安全操作。

12 铆焊设备

12.1 铆焊设备概述

在工业生产中，经常需要将两个或两个以上的零件按一定形式和位置连接起来，这就需要用到铆焊设备。

铆焊设备有很多，常用的有对焊机、点焊机和弧焊机等。用它们代替人工绑扎钢筋，既可以节约材料、提高钢筋混凝土构件质量，又能加速工程建设。

12.2 铆焊设备安全操作规程

（1）铆焊设备上的电器、内燃机、电机、空气压缩机等的使用应执行相关规定，并应有完整的防护外壳，一、二次接线柱处应有保护罩。

（2）焊接操作及配合人员必须按规定穿戴劳动防护用品，并必须采取防止触电、高空坠落、瓦斯中毒和火灾等事故的安全措施。

（3）现场使用电焊机，应设有防雨、防潮、防晒的机棚，并应装设相应的消防器材。

（4）施焊现场 10m 范围内，不得堆放油类、木材、氧气瓶、乙炔发生器等易燃、易爆物品。

（5）当长期停用的电焊机恢复使用时，其绝缘电阻不得小于 0.5MΩ，接线部分不得有腐蚀和受潮现象。

（6）电焊机导线应具有良好的绝缘，绝缘电阻不得小于 1MΩ，不得将电焊机导线放在高温物体附近。电焊机导线和接地线不得搭在易燃、易爆和带有热源的物品上，接地线不得接在管道、机械设备和建筑物金属构架或轨道上，接地电阻不得大于 4Ω。严禁利用建筑的金属结构、管道、轨道或其他金属物体搭接起来形成焊接回路。

（7）电焊钳应有良好的绝缘和隔热能力。电焊钳握柄必须绝缘良好，握柄与导线连接应牢靠，接触良好，连接处应采用绝缘布包好并不得外露。操作人员不得用胳膊夹持电焊钳。

（8）电焊导线长度不宜大于 30m。当需要加长导线时，应相应增加导线的截面。当导线通过道路时，必须架高或穿入防护管内埋设在地下；当通过轨道时，必须从轨道下面通过。当导线绝缘受损或断股时，应立即更换。

（9）对承压状态的压力容器及管道、带电设备、承载结构的受力部位和装有易燃、易爆物品的容器严禁进行焊接和切割。

（10）焊接铜、铝、锌、锡等（有色）金属时，应通风良好，焊接人员应戴防毒面罩、呼吸滤清器或采取其他防毒措施。

（11）当需施焊受压容器、密封容器、油桶、管道、沾有可燃气体和溶液的工件时，应先消除容器及管道内的压力，消除可燃气体和溶液，然后冲洗有毒、有害、易燃物质。

对存有残余油脂的容器，应先用蒸汽、碱水冲洗，并打开盖口，确认容器清洗干净后，再灌满清水方可进行焊接。在容器内焊接应采取防止触电、中毒和窒息的措施。焊、割密封容器应留出气孔，必要时在进、出气口处装设通风设备。容器内照明电压不得超过 12V，焊工与焊件间应绝缘。容器外应设专人监护。严禁在已喷涂过油漆和塑料的容器内焊接。

（12）当焊接预热焊件温度达 150～700℃时，应设挡板隔离焊件发出的辐射热，焊接人员应穿戴隔热的石棉服装和鞋、帽等。

（13）高空焊接或切割时，必须系好安全带，焊接周围和下方应采取防火措施，并应有专人监护。

（14）雨天不得在露天电焊。在潮湿地带作业时，操作人员应站在铺有绝缘物品的地方，并应穿绝缘鞋。

（15）应按电焊机额定焊接电流和暂载率操作，严禁过载。在载荷运行中，应经常检查电焊机的温升，当温升超过 A 级 60℃、B 级 80℃时，必须停止运转并采取降温措施。

（16）当消除焊缝焊渣时，应戴防护眼镜，头部应避开敲击焊渣飞溅方向。

12.3 风动铆接工具

风动铆接工具安全操作规程

（1）风动铆接工具使用时风压应为 0.7MPa，最低不得小于 0.5MPa。

（2）各种规格的风管的耐风压应为 0.8MPa 及以上，各种管接头应无泄漏。

（3）使用各类风动工具前，应先用汽油浸泡，拆检清洗每个部件呈金属光泽，再用干布、棉纱擦拭干净后，方可组装。组装时，运动部分均应滴入适量润滑油保持工作机构干净和润滑良好。

（4）风动铆钉枪使用前应先上好窝头，再用铁丝将窝头沟槽在风枪口留出运动量后，并与风枪上的原铁丝连接绑扎牢固，方可使用。

（5）风动铆钉枪作业时，操作的两人应密切配合，明确手势及喊话。开始作业前，应至少做两次假动作试铆，确认无误后，方可开始作业。

（6）在作业中严禁随意开风门（放空枪）或铆冷钉。

（7）使用风钻时，应先用铣孔工具，根据原钉孔大小选配铣刀，其规格不得大于孔径。

（8）风钻钻孔时，钻头中心应与钻孔中心对正后方可开钻。

（9）加压杠钻孔时，作业的两人应密切配合，压杠人员应听从握钻人员的指挥，不得随意加压。

（10）风动工具使用完毕，应将工具清洗后干燥保管，各种风管及刀具均应盘好后入库保管，不得随意堆放。

12.4 电动液压铆接钳

12.4.1 概述

电动液压铆接钳是夹持焊条并传导焊接电流的操作器具。对电动液压铆接钳的要求是在任何斜度都能夹紧焊条；具有可靠的绝缘和良好的隔热性能；电缆的橡胶包皮应伸入到钳柄内部，使导体不外露，起到屏护作用；轻便、易于操作。电动液压铆接钳的规格和主要技术数据见表 12-1。

电动液压铆接钳的规格和主要技术数据　　　　　表 12-1

规格(A)	额定值			适用焊条直径(mm)	耐电压性能(V/min)	能连接的最大电缆截面(mm²)
	负载持续率(%)	工作电压(V)	工作电流(A)			
500	60	40	500	4.0～8.0	1000	95
300	60	32	300	2.5～5.9	1000	50
100	60	26	160	2.0～4.0	1000	35

12.4.2　电动液压铆接钳安全操作规程

（1）铆焊设备上的电器、内燃机、电机、空气压缩机等的使用应符合相关的规定，并应有完整的防护外壳，一、二次接线柱处应有保护罩。

（2）电焊钳应有良好的绝缘和隔热能力，电阻钳握柄必须绝缘良好，握柄与导线连接应牢靠，接触良好，连接处应采用绝缘布包好并不得外露。操作人员不得用胳膊夹持电焊钳。

（3）作业前，应检查并确认各部螺栓无松动，高压油泵转动方向正确。

（4）应先空载运转，确认正常后，方可作业。在空载情况下，不得开启液压开关。

（5）不得使用扭曲的高压油管。

（6）安装铆钉时，不得按动手柄的开关。

（7）应随时观察工作压力，工作压力不得超过额定值。

12.5　交流电焊机

12.5.1　结构组成

交流电焊机有三个类别，分别是 BX1—330 交流电焊机、BX2—500 型（同体式）电焊机和 BX3—300 型（动圈式）电焊机，它们的结构组成分别如图 12-1～图 12-3 所示。

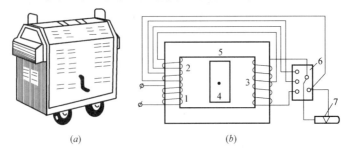

(a)　　　　　　　　　　　(b)

图 12-1　BX1—330 交流电焊机

(a) 外形图；(b) 线路图

1—初级绕组；2、3—次级绕组；4—动铁芯；5—静铁芯；6—接线板；7—摇把

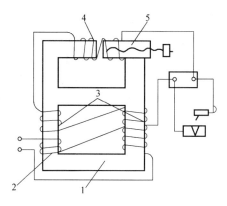

图 12-2　BX2—500 型（同体式）电焊机结构示意图
1—固定铁芯；2—初级绕组；3—次级
绕组；4—电抗线圈；5—活动铁芯

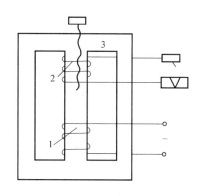

图 12-3　BX3—300 型（动圈式）
电焊机结构示意图
1—初级线圈；2—次级线圈；3—铁芯

12.5.2　工作原理

　　目前应用最广泛的"动铁式"交流焊机如图 12-1 所示，它是一个结构特殊的降压变压器，属于动铁芯漏磁式类型。焊机的空载电压为 60～70V。工作电压为 30V，电流调节范围为 50～450A。铁芯由两侧的静铁芯 5 和中间的动铁芯 4 组成，变压器的次级绕组分成两部分，一部分紧绕在初级绕组 1 的外部，另一部分绕在铁芯的另一侧。前一部分起建立电压的作用，后一部分相当于电感线圈。焊接时，电感线圈的感抗电压降低，使电焊机获得较低的工作电压降，这是电焊机具有陡降外特性的原因。引弧时，电焊机能供给较高的电压和较小的电流，当电弧稳定燃烧时，电流增大，而电压急剧降低，当焊条与工件短路时，也限制了短路电流。

　　焊接电流调节分为粗调、细调两挡。电流的细调靠移动铁芯 4 改变变压器的漏磁来实现。向外移动铁芯，磁阻增大，漏磁减小，则电流增大，反之，则电流减少。电流的粗调靠改变次级绕组的匝数来实现。

　　该电焊机的工作条件应在海拔不超过 1000m，周围空气温度不超过 +40℃，空气相对湿度不超过 85% 等条件下使用，不应在有害工业气体、水蒸气、易燃、多灰尘的场合下工作。

12.5.3　交流电焊机安全操作规程

　　(1) 焊接操作及配合人员必须按规定穿戴劳动防护用品，并必须采取防止触电、高空坠落、瓦斯中毒和火灾等事故的安全措施。

　　(2) 现场使用的电焊机，应设有防雨、防潮、防晒的机棚，并应装设相应的消防器材。

　　(3) 高空焊接或切割时，必须系好安全带，焊接周围和下方应采取防火措施，并应有专人监护。

　　(4) 当需施焊受压容器、密封容器、油桶、管道、沾有可燃气体和溶液的工件时，应先消除容器及管道内压力，消除可燃气体和溶液，然后冲洗有毒、有害、易燃物质。对存有残余油脂的容器，应先用蒸汽、碱水冲洗，并打开盖口，确认容器清洗干净后，再灌满清水方可进行焊接。在容器内焊接应采取防止触电、中毒和窒息的措施。焊、割密封容器内应留出气孔，必须时在进、出气口处装设通风设备。容器内照明电压不得超过 12V，焊工与焊件间应绝缘。容器外应设专人监护。严禁在已喷涂过油漆和塑料的容器内焊接。

（5）对承压状态的压力容器及管道、带电设备、承载结构的受力部位和装有易燃、易爆物品的容器严禁进行焊接和切割。

（6）焊接铜、铝、锌、锡等有色金属时，应通风良好，焊接人员应戴防毒面罩、呼吸滤清器或采取其他防毒措施。

（7）当消除焊缝焊渣时，应戴防护眼镜，头部应避开敲击焊渣飞溅方向。

（8）雨天不得在露天电焊。在潮湿地带作业时，操作人员应站在铺有绝缘物品的地方，并应穿绝缘鞋。

（9）使用前，应检查并确认初、次级线接线正确，输入电压符合电焊机的铭牌规定。接通电源后，严禁接触初线线路的带电部分。

（10）次级抽头联接铜板应压紧，接线柱应有垫圈。合闸前，应详细检查接线螺母、螺栓及其他部件并确定完好齐全、无松动或损坏。

（11）多台电焊机集中使用时，应分接在三相电源网络上，使三相负载平衡。多台焊机的接地位置，应分别由接地极处引接，不得串联。

（12）移动电焊机时，应切断电源，不得用拖拉电缆的方法移动焊机。当焊接中突然停电时，应立即切断电源。

12.6　旋转式直流电焊机

旋转式直流电焊机安全操作规程

（1）新机使用前，应将换向器上的污物擦干净，换向器与电刷接触应良好。

（2）起动时，应检查确认转子的旋转方向符合焊机标识的箭头方向。

（3）起动后，应检查电刷和换向器，当有大量火花时，应停机查明原因，排除故障后方可使用。

（4）当数台焊机在同一场地作业时，应逐台起动。

（5）运行中，当需调节焊接电流和极性开关时，不得在负荷时进行。调节不得过快、过猛。

（6）焊接操作及配合人员必须按规定穿戴劳动防护用品，并必须采取防止触电、高空坠落、瓦斯中毒和火灾等事故的安全措施。

（7）现场使用电焊机，应设有防雨、防潮、防晒的机棚，并应装设相应的消防器材。

（8）高空焊接或切割时，必须系好安全带，焊接周围和下方应采取防火措施，并应有专人监护。

（9）当需施焊受压容器、密封容器、油桶、管道、沾有可燃气体和溶液的工作时，应先消除容器及管道内的压力，消除可燃气体和溶液，然后冲洗有毒、有害、易燃物质。对存有残余油脂的容器，应先用蒸汽、碱水冲洗，并打开盖口，确认容器清洗干净后，再灌满清水方可进行焊接。在容器内焊接应采取防止触电、中毒和窒息的措施。焊、割密封容器应留出气孔，必要时在进、出口处装设通风设备。容器内照明电压不得超过12V，焊工与焊件间应绝缘。容器外应设专人监护。严禁在已喷涂过油漆和塑料的容器内焊接。

（10）对承压状态的压力容器及管道、带电设备、承载结构的受力部位和装有易燃、易爆物品的容器严禁进行焊接和切割。

（11）焊接铜、铝、锌、锡等非铁（有色）金属时，应通风良好，焊接人员应戴防毒面罩、呼吸滤清器或采取其他防护措施。

（12）当消除焊缝焊渣时，应戴防护眼镜，头部应避开敲击焊渣飞溅方向。

（13）雨天不得在露天电焊。在潮湿地带作业时，操作人员站在铺有绝缘物品的地方，并应穿绝缘鞋。

12.7 硅整流电焊机

12.7.1 结构组成

整流或直流电焊机与直流弧焊发电机比较，因没有机械旋转部分，具有噪音小、空载损耗小、效率高、成本低和制造维护简单等优点，因此，有取代直流弧焊发电机的趋势，在这里只介绍整流式电焊机。整流式电焊机常用型号如 ZXG—300、ZXG—400 等。硅整流电焊机是利用硅半导体整流元件（二极管）将交流电变为直流电作为焊接电源。如图 12-4 所示为硅整流电焊机的结构示意图。

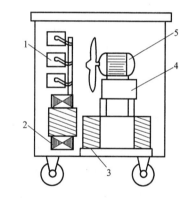

图 12-4 硅整流电焊机的结构示意图
1—硅整流器组；2—三相变压器；3—三相磁饱和电抗器；4—输出电抗器；5—通风机组

12.7.2 工作原理

硅整流电焊机的工作原理如图 12-5 所示。接通开关 K_1，通风机组 FM 运转，风压开关 KEY 闭合，主接触器 J_{c-1} 闭合，三相弧焊变压器 B_1 工作。与此同时 J_{c-2} 闭合，控制变压器 B_2 工作，磁放大器运行，硅整流器工作，输出一定的直流电压，这就是焊机的空载电压。由于没有焊接电流，磁放大器的电抗绕组 FD 电抗压降几乎为零，使焊机输出端具有较高的空载电压，便于引弧。当施焊时，由于有输出，形成电流，电抗绕组 FD 通过交流电，使其得到较大的电抗压降，并随电流的增大，电抗压降随之增大，从而得到陡降外特性。当短路时，由于短路电流很大，FD 通过的交流电急增，它产生的电抗压降使工作电压几乎接近于零，这就限制了短路电流。

改变控制回路磁盘电阻 R_{10}，使磁放大器控制绕组 FK 中直流电发生变化，铁芯中的磁通就相应发生变化，从而改变了磁放大器交流绕组 FD 的电流。为减少网路电压波动对焊接的影响，在控制回路中采用了铁磁谐振式稳压器，以保证激磁电流的稳定，减少对焊接电流的影响。

按动 K_2，通风机组 FM 停止工作，风压开关 KEY 开启，主接触器 J_{c-1} 断开，主回路

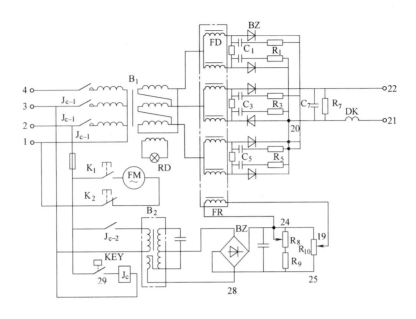

图 12-5　ZXG—300 型硅整流电焊机工作原理图

断电。同时 J_{c-2} 断开，控制回路断电，焊机全部停止工作。

焊接电流的调节依靠面板上的电流调节控制器，来改变磁放大器控制或线圈中直流电大小，使铁芯中的磁通发生相应变化，从而调整了焊接电流的大小。热将接线板烧毁或使焊钳过热而无法工作。

12.7.3　硅整流电焊机安全操作规程

（1）焊机应在出厂说明书要求下作业。

（2）使用前，应检查并确认硅整流元件与散热片连接紧固，各接线端头紧固。

（3）使用时，应先开启风扇电动机，电压表指示值应正常，风扇电动机无异响。

（4）硅整流直流电焊机主变压器的次级线圈和控制变压器的次级线圈严禁用摇表测试。

（5）硅整流元件应进行保护和冷却。当发现整流元件损坏时，应查明原因，排除故障后，方可更换新件。

（6）整流元件和有关电子线路应保持清洁和干燥。启用长期停用的焊机时，应空载通电一定时间进行干燥处理。

（7）搬运由高导磁材料制成的磁放大铁芯时，应防止强烈震击引起磁能恶化。

（8）焊接操作及配合人员必须按规定穿戴劳动防护用品，并必须采取防止触电、高空坠落、瓦斯中毒和火灾等事故的安全措施。

（9）现场使用电焊机，应设有防雨、防潮、防晒的机棚，并应装设相应的消防器材。

（10）高空焊接或切割时，必须系好安全带，焊接周围和下方应采取防火措施，并应有专人监护。

（11）当需施焊受压容器、密封容器、油桶、管道、沾有可燃气体和溶液的工件时，应先消除容器及管道内的压力，消除可燃气体和溶液，然后冲洗有毒、有害、易燃物质。

对存有残余油脂的容器，应先用蒸汽、碱水冲洗，并打开盖口，确认容器清洗干净后，再灌满清水方可进行焊接。在容器内焊接应采取防止触电、中毒和窒息的措施。焊、割密封容器应留出气孔，必要时在进、出气口处装设通风设备。容器内照明电压不得超过 12V，焊工与焊件间应绝缘。容器外应设专人监护。严禁在已喷涂过油漆和塑料的容器内焊接。

（12）对承压状态的压力容器及管道、带电设备、承载结构的受力部位和装有易燃、易爆物品的容器严禁进行焊接和切割。

（13）焊接铜、铝、锌、锡等非铁（有色）金属时，应通风良好，焊接人员应戴防毒面罩、呼吸滤清器或采取其他防毒措施。

（14）当消除焊缝焊渣时，应戴防护眼镜，头部应避开敲击焊渣飞溅方向。

（15）雨天不得在露天电焊。在潮湿地带作业时，操作人员应站在铺有绝缘物品的地方，并应穿绝缘鞋。

（16）停机后，应清洁硅整流器及其他部件。

12.8　氩弧焊机

氩弧焊机安全操作规程

（1）应检查并确认电源、电压符合要求，接地装置安全可靠。

（2）应检查并确认气管、水管不受外压和无外漏。

（3）应根据材质的性能、尺寸、形状先确定极性，再确定电压、电流和氩气的流量。

（4）安装的氩气减压阀、管接头不得沾有油脂。安装后，应进行试验并确认无障碍和漏气。

（5）冷却水应保持清洁，水冷型焊机在焊接过程中，冷却水的流量应正常，不得断水施焊。

（6）高频引弧的焊机，其高频防护装置应良好，亦可通过降低频率进行防护。不得发生短路，振荡器电源线路中的联锁开关严禁分接。

（7）使用氩弧焊时，操作者应戴防毒面罩，钍钨棒的打磨应设有抽风装置，贮存时宜放在铅盒内。钨极粗细应根据焊接厚度确定，更换钨极时，必须切断电源。磨削钨极端头时，操作人员必须戴手套和口罩，磨削下来的粉尘，应及时清除，钍、铈、钨极不得随身携带。

（8）焊机作业附近不宜装置有振动的其他机械设备，不得放置易燃、易爆物品。工作场所应有良好的通风措施。

（9）氮气瓶和氩气瓶与焊接地点不应靠得太近，并应直立固定放置，不得倒放。

（10）焊接操作及配合人员必须按规定穿戴劳动防护用品，并必须采取放置触电、高空坠落、瓦斯中毒和火灾等事故的安全措施。

（11）现场使用的电焊机，应设有防雨、防潮、防晒的机棚，并应装设相应的消防器材。

（12）高空焊接或切割时，必须系好安全带，焊接周围和下方应采取防火措施，并应有专人监护。

（13）当需施焊受压容器、密封容器、油桶、管道、沾有可燃气体和溶液的工件时，应先消除容器及管道内的压力，消除可燃气体和溶液，然后冲洗有毒、有害、易燃物质。对存有残余油脂的容器，应先用蒸汽、碱水冲洗，并打开盖口，确认容器清洗干净后，再灌满清水方可进行焊接。在容器内焊接应采取防止触电、中毒和窒息的措施。焊、割密封容器应留出气孔，必要时在进、出气口处装设通风设备。容器内照明电压不得超过 12V，焊工与焊件间应绝缘。容器外应设专人监护。严禁在已喷涂过油漆和塑料的容器内焊接。

（14）对承压状态的压力容器及管道、带电设备、承载结构的受力部位和装有易燃、易爆物品的容器严禁进行焊接和切割。

（15）焊接铜、铝、锌、锡等非铁（有色）金属时，应通风良好，焊接人员应戴防毒面罩、呼吸滤清器或采取其他防毒措施。

（16）当消除焊缝焊渣时，应戴防护眼镜，头部应避开敲击焊渣飞溅方向。

（17）雨天不得在露天电焊。在潮湿地带作业时，操作人员应站在铺有绝缘物品的地方，并应穿绝缘鞋。

（18）作业后，应切断电源，关闭水源和气源。焊接人员必须及时脱去工作服、清洗手脸和外露的皮肤。

12.9　二氧化碳气体保护焊机

二氧化碳气体保护焊机安全操作规程

（1）作业前，二氧化碳气体应先预热 15min。开气时，操作人员必须站在瓶嘴的侧面。

（2）作业前，检查并确认焊丝的进给机构、电线的连接部分、二氧化碳气体的供应系统及冷却水循环系统合乎要求，焊枪冷却水系统不得漏水。

（3）二氧化碳气体瓶宜放在阴凉处，其最高温度不得超过 30℃，并应放置牢靠，不得靠近热源。

（4）二氧化碳气体预热器端的电压，不得大于 36V，作业后，应切断电源。

（5）焊接操作及配合人员必须按规定穿戴劳动防护用品，并必须采取防止触电、高空坠落、瓦斯中毒和火灾等事故的安全措施。

（6）现场使用的电焊机，应设有防雨、防潮、防晒的机棚，并应装设相应得消防器材。

（7）高空焊接或切割时，必须系好安全带，焊接周围和下方应采取防火措施，并应有专人监护。

（8）当需施焊受压容器、密封容器、油桶、管道、沾有可燃气体和溶液的工件时，应先消除容器及管道内的压力，消除可燃气体和溶液，然后冲洗有毒、有害、易燃物质。对存有残余油脂的容器，应先用蒸汽、碱水冲洗，并打开盖口，确认容器清洗干净后，再灌满清水方可进行焊接。在容器内焊接应采取防止触电、中毒和窒息的措施。焊、割密封容器应留出气孔，必要时在进、出气口处装设通风设备。容器内照明电压不得超过 12V，焊工与焊件间应绝缘。容器外应设专人监护。严禁在已喷涂过油漆和塑料的容器内焊接。

（9）对承压状态的压力容器及管道、带电设备、承载结构的受力部位和装有易燃、易爆物品的容器严禁进行焊接和切割。

（10）焊接铜、铝、锌、锡等非铁（有色）金属时，应通风良好，焊接人员应戴防毒面罩、呼吸滤清器或采取其他防毒措施。

（11）当消除焊缝焊渣时，应戴防护眼镜，头部应避开敲击焊渣飞溅方向。

（12）雨天不得在露天电焊。在潮湿地带作业时，操作人员应站在铺有绝缘物品的地方，并应穿绝缘鞋。

12.10 等离子切割机

等离子切割机安全操作规程

（1）检查并确认电源、气源、水源无漏电、漏气、漏水，接地或接零安全可靠。

（2）小车、工件应放在适当位置，并应使工件和切割电路正极接通，切割工作面下应设有熔渣坑。

（3）应根据工件材质、种类和厚度选定喷嘴孔径，调整切割电源、气体流量和电极的内缩量。

（4）自动切割小车应经空车运转，并选定切割速度。

（5）操作人员必须戴好防护面罩、电焊手套、帽子、滤膜防尘口罩和隔音耳罩。不戴防护镜的人员严禁直接观察等离子弧，裸露的皮肤严禁接近等离子弧。

（6）切割时，操作人员应站在上风处操作。可从工作台下部抽风，并宜缩小操作台上的敞开面积。

（7）切割时，当空载电压过高时，应检查电器接地、接零和割炬手把绝缘情况，应将工作台与地面绝缘，或在电气控制系统安装空载断路继电器。

（8）高频发生器应设有屏蔽护罩，用高频引弧后，应立即切断高频电路。

（9）使用氩弧焊时，操作者应戴防毒面罩，钍钨棒的打磨应设有抽风装置，贮存时宜放在铅盒内。钨极粗细应根据焊接厚度确定，更换钨极时，必须切断电源。磨削钨极端头时，操作人员必须戴手套和口罩，磨削下来的粉尘，应及时清除，钍、铈、钨极不得随身携带。

（10）焊接操作及配合人员必须按规定穿戴劳动防护用品，并必须采取放置触电、高空坠落、瓦斯中毒和火灾等事故的安全措施。

（11）现场使用的电焊机，应设有防雨、防潮、防晒的机棚，并应装设相应的消防器材。

（12）高空焊接或切割时，必须系好安全带，焊接周围和下方应采取防火措施，并应有专人监护。

（13）当需施焊受压容器、密封容器、油桶、管道、沾有可燃气体和溶液的工件时，应先消除容器及管道内的压力，消除可燃气体和溶液，然后冲洗有毒、有害、易燃物质。对存有残余油脂的容器，应先用蒸汽、碱水冲洗，并打开盖口，确认容器清洗干净后，再灌满清水方可进行焊接。在容器内焊接应采取防止触电、中毒和窒息的措施。焊、割密封容器应留出气孔，必要时在进、出气口处装设通风设备。容器内照明电压不得超过12V，焊工与焊件间应绝缘。容器外应设专人监护。严禁在已喷涂过油漆和塑料的容器内焊接。

（14）对承压状态的压力容器及管道、带电设备、承载结构的受力部位和装有易燃、易爆物品的容器严禁进行焊接和切割。

（15）雨天不得在露天电焊。在潮湿地带作业时，操作人员应站在铺有绝缘物品的地方，并应穿绝缘鞋。

（16）作业后，应切断电源，关闭水源和气源。焊接人员必须及时脱去工作服、清洗手脸和外露的皮肤。

12.11 埋弧焊机

12.11.1 概述

埋弧焊机按用途可分为专用焊机和通用焊机两种，通用焊机如小车式的埋弧自焊机，专用焊机如埋弧角焊机、埋弧堆焊机等。

按送丝方式可分为等速送丝式埋弧焊机和变速送丝式埋弧焊机两种，前者适用于细焊丝高电流密度条件的焊接，后者则适用于粗焊丝低电流密度条件的焊接。

按焊丝的数目和形状可分为单丝埋弧焊机、多丝埋弧焊机及带状电板埋弧焊机。目前应用最广的是单丝埋弧焊机。常用的多丝埋弧焊机有双丝埋弧焊机和三丝埋弧焊机。带状电板埋弧焊机主要用作大面积堆焊。

按焊机的结构形式可分为小车式、悬挂式、车床式、门架式、悬臂式等。目前小车式和悬臂式用得较多。

尽管生产中使用的焊机类型很多，但根据其自动调节的原理都可以归纳为电弧自身调节的等速送丝式埋弧焊机和电弧电压自动调节的变速送丝式埋弧焊机。

12.11.2 结构组成及工作原理

1. 小车式埋弧焊机

常用的小车式埋弧焊机的组成如图 12-6 所示。

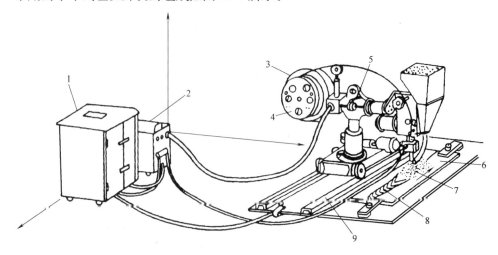

图 12-6 小车式埋弧焊机的组成

1—弧焊电源；2—控制箱；3—焊丝盘；4—控制盘；5—焊接小车；6—焊件；7—焊剂；8—焊缝；9—导轨

2. MZ1—1000 型埋弧焊机

MZ1—1000 型是典型的等速送丝式埋弧焊机。这种焊机的控制系统比较简单，外形尺寸不大，焊接小车结构也较简单，使用方便，可使用交流和直流焊接电源，主要用于焊接水平位置及倾斜小于 15°的对接和角接焊缝，也可以焊接直径较大的环形焊缝。

MZ1—1000 型埋弧焊机由焊接小车、控制箱和弧焊电源三部分组成。

（1）焊接小车。如图 12-7 所示。交流电动机为送丝机构和行走机构共同使用，电动机有两个输出轴，一头经送丝机构减速器送给焊丝，另一头经行走机构减速器带动焊车。

焊接小车的前轮和主动后轮与车体绝缘，主动后轮的轴与行走机构减速器之间装有摩擦离合器，脱开时可以用手推动焊车。焊接小车的回转托架上装有焊剂漏斗、控制板、焊丝盘、焊丝校直机构和导电嘴等。焊丝从焊丝盘经校直机构、送给轮和导电嘴送入焊接区，所用的焊丝直径为 1.6～5mm。

焊接小车的传动系统中有两对可调齿轮，通过改换齿轮的方法，可调节焊丝送给速度和焊接速度。焊丝送给速度调节范围为 0.87～6.7m/min，焊接速度调节范围为 16～126m/h。

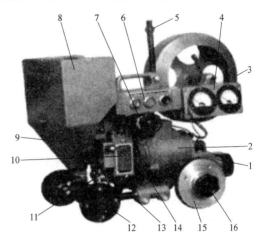

图 12-7　MZ1—1000 型埋弧焊小车

1—减速机构；2—电动机；3—焊丝盘；4—电流表和电压表；5—导丝轮；6—控制按钮板；7—调节手轮；8—焊剂漏斗；9—偏心压紧轮；10—减速箱；11—导电嘴；12—前轮；13—连杆；14—前底架；15—后轮；16—离合器手轮

（2）控制箱。控制箱内装有电源接触器、中间继电器、降压变压器、电流互感器等电气元件，在外壳上装有控制电源的转换开关、接线及多芯插座等。

（3）弧焊电源。常见的埋弧焊交流电源采用 BX2—1000 型同体式弧焊变压器，有时也采用具有缓降外特性的弧焊整流器。

12.11.3　埋弧焊机安全操作规程

（1）作业前，应检查并确认各部分导线连接良好，控制箱的外壳和接线板上的罩壳盖好。

（2）应检查并确认送丝滚轮的沟槽及齿纹完好，滚轮、导电嘴（块）磨损或接触不良时应更换。

（3）作业前，应检查减速箱油槽中的润滑油，不足时应添加。

（4）软管式送丝机构的软管槽孔应保持清洁，并定期吹洗。

（5）作业时，应及时排走焊接中产生的有害气体，在通风不良的舱室或容器内作业时，应安装通风设备。

（6）焊接操作及配合人员必须按规定穿戴劳动防护用品，并必须采取防止触电、高空坠落、瓦斯中毒和火灾等事故的安全措施。

（7）现场使用电焊机，应设有防雨、防潮、防晒的机棚，并应装设相应的消防器材。

（8）高空焊接或切割时，必须系好安全带，焊接周围和下方应采取防火措施，并应有专人监护。

（9）当需施焊受压容器、密封容器、油桶、管道、沾有可燃气体和溶液的工作时，应先消除容器及管道内的压力，消除可燃气体和溶液，然后冲洗有毒、有害、易燃物质。对存有残余油脂的容器，应先用蒸汽、碱水冲洗，并打开盖口，确认容器清洗干净后，再灌满清水方可进行焊接。在容器内焊接应采取防止触电、中毒和窒息的措施。焊、割密封容器应留出气孔，必要时在进、出口处装设通风设备。容器内照明电压不得超过 12V，焊工与焊件间应绝缘。容器外应设专人监护。严禁在已喷涂过油漆和塑料的容器内焊接。

（10）对承压状态的压力容器及管道、带电设备、承载结构的受力部位和装有易燃、易爆物品的容器严禁进行焊接和切割。

（11）焊接铜、铝、锌、锡等非铁（有色）金属时，应通风良好，焊接人员应戴防毒面罩、呼吸滤清器或采取其他防护措施。

（12）当消除焊缝焊渣时，应戴防护眼镜，头部应避开敲击焊渣飞溅方向。

（13）雨天不得在露天电焊。在潮湿地带作业时，操作人员站在铺有绝缘物品的地方，并应穿绝缘鞋。

12.12　竖向钢筋电渣压力焊机

12.12.1　结构组成及工作原理

现浇钢筋混凝土框架结构中竖向钢筋的连接，宜采用自动或手工电渣压力焊进行焊接（直径 14～40mm 的 HRB335 级钢筋）。与电弧焊比较，它工效高、节约钢材、成本低，在高层建筑施工中得到广泛应用。

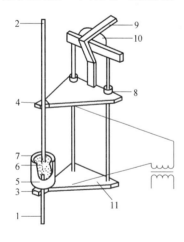

图 12-8　焊接夹具构造示意图

1、2—钢筋；3—固定电极；4—活动电极；
5—药盒；6—导电剂；7—焊药；8—滑动
架；9—手柄；10—支架；11—固定架

电渣压力焊设备包括电源、控制箱、焊接夹具、焊剂盒。自动电渣压力焊的设备还包括控制系统及操作箱。焊接夹具（如图 12-8 所示）应具有一定刚度，要求坚固、灵巧、上下钳口同心，上下钢筋的轴线应尽量一致，其最大偏移不得超过 0.1d（d 为钢筋直径），同时也不得大于 2mm。焊接时，先将钢筋端部约 120mm 范围内的铁锈除尽，将夹具夹牢在下部钢筋上，并将上部钢筋扶直夹牢于活动电极中，上下钢筋间放一小块导电剂（或钢丝小球），装上药盒，装满焊药，接通电路，用手柄使电弧引燃（引弧）。然后稳弧一定时间使之形成渣池并使钢筋熔化（稳弧），随着钢筋的熔化，用手柄使上部钢筋缓缓下送。稳弧时间的长短视电流、电压和钢筋直径而定。如电流 850A、工作电压 40V 左右，ϕ30 及 ϕ32 钢筋的稳弧时间约 50s 左右。当稳弧达到规定时间后，在断电的同时用手柄进行加压顶锻以排除夹渣气泡，形成接头。待冷却一定时间后即拆除药盒，回收焊药，拆除夹具和清除焊渣。引弧、稳弧、顶锻三个过程连续进行。电渣压力焊的参数为焊接电流、渣池电压和焊接通电时间，它们均根据钢筋直径选择。

电渣压力焊的接头，应按规范规定的方法检查外观质量和进行拉力试验。

12.12.2 竖向钢筋电渣压力焊机安全操作规程

（1）应根据施焊钢筋直径选择具有足够输出电流的电焊机。电源电缆和控制电缆的联接应正确、牢固。控制箱的外壳应牢靠接地。

（2）施焊前，应检查供电电压并确认正常，在一次电压降大于8％时，不宜焊接。焊接导线长度不得大于30mm，截面面积不得小于$50mm^2$。

（3）施焊前应检查并确认电源及控制电路正常，定时准确，误差不大于5％，机具的传动系统、夹装系统及焊钳的转动部分灵活自如，焊剂已干燥，所需附件齐全。

（4）施焊前，应按所焊钢筋的直径，根据参数表，标定好所需的电源和时间。一般情况下，时间（s）可为钢筋的直径数（mm），电流（A）可为钢筋直径的20倍数（mm）。

（5）起弧前，上、下钢筋应对齐，钢筋端头应接触良好。对锈蚀粘有水泥的钢筋，应采用钢丝刷清除，并保证导电良好。

（6）施焊过程中，应随时检查焊接质量，当发现倾斜、偏心、未熔合、有气孔等现象时，应重新施焊。

（7）每个接头焊完后，应停留5～6min保温，寒冷季节应适当延长。当拆下机具时，应扶住钢筋，过热的接头不得过于受力。焊渣应待完全冷却后清除。

（8）焊接操作及配合人员必须按规定穿戴劳动防护用品，并必须采取防止触电、高空坠落、瓦斯中毒和火灾等事故的安全措施。

（9）现场使用电焊机，应设有防雨、防潮、防晒的机棚，并应装设相应的消防器材。

（10）高空焊接或切割时，必须系好安全带，焊接周围和下方应采取防火措施，并应有专人监护。

（11）当消除焊缝焊渣时，应戴防护眼镜，头部应避开敲击焊渣飞溅方向。

（12）雨天不得在露天电焊。在潮湿地带作业时，操作人员站在铺有绝缘物品的地方，并应穿绝缘鞋。

12.13 对焊机

12.13.1 结构组成及工作原理

建筑工程中常用UN1系列对焊机。它可焊接截面为300～600mm²的低碳钢以及截面为200mm²以下的铜和铝。

对焊机的工作原理如图12-9所示。钢筋被夹持在电板4、5上，压力机构9能够使安装活动电板5的滑动平板3沿机身1上的导轨左右移动。合上开关8后，向左移动滑动平板3，使两钢筋7的端头移近接触。由于接触处凸凹不平，接触面积小，电流密度和接触电阻很大，接触点迅速熔化，金属蒸汽飞溅，形成闪光现象。闪光连续发生，杂质闪掉，

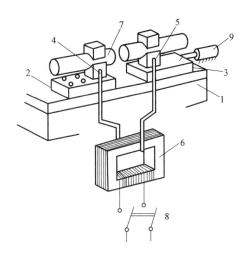

图 12-9   对焊机结构组成及工作原理示意图

1—机身；2—固定平板；3—滑动平板；4—固定电极；5—活动电极；

6—变压器；7—钢筋；8—开关；9—压力机构

接头端面被加热烧平，白热熔化后随即断电，利用压力机构顶锻而形成焊头。

12.13.2   对焊机安全操作规程

（1）对焊机的使用应符合相关的规定。

（2）对焊机应安置在室内，并应有可靠的接地或接零。当多台对焊机并列安装时，相互间距不得小于 3m，应分别接在不同相位的电网上，并应分别有各自的刀型开关。导线的截面不应小于表 12-2 的规定。

导线截面   表 12-2

对焊机的额定功率(kVA)	25	50	75	100	150	200	500
一次电压为 220V 时,导线截面(mm²)	10	25	35	45	—	—	—
一次电压为 380V 时,导线截面(mm²)	6	16	25	35	50	70	150

（3）焊接前，应检查并确认对焊机的压力机构灵活，夹具牢固，气压、液压系统无泄漏，一切正常后，方可施焊。

（4）施焊前，应根据所焊接钢筋截面，调整二次电压，不得焊接超过对焊机规定直径的钢筋。

（5）断路器的接触点、电极应定期光磨，二次电路全部连接螺栓应定期紧固。冷却水温度不得超过 40℃。排水量应根据温度调节。

（6）焊接较长钢筋时，应设置托架，配合搬运钢筋的操作人员，在焊接时应防止火花烫伤。

（7）闪光区应设挡板，与焊接无关的人员不得入内。

（8）焊接操作及配合人员必须按规定穿戴劳动防护用品，并必须采取防止触电、高空坠落、瓦斯中毒和火灾等事故的安全措施。

（9）现场使用电焊机，应设有防雨、防潮、防晒的机棚，并应装设相应的消防器材。

（10）高空焊接或切割时，必须系好安全带，焊接周围和下方应采取防火措施，并应有专人监护。

（11）雨天不得在露天电焊。在潮湿地带作业时，操作人员站在铺有绝缘物品的地方，并应穿绝缘鞋。

（12）冬季施焊时，室内温度不应低于8℃。作业后，应放尽机内冷却水。

12.14 点焊机

12.14.1 结构组成及工作原理

点焊属于电阻焊。钢筋点焊机是用来点焊钢筋网和钢筋骨架的专用设备。

按照加压机构的不同，有杠杆弹簧式、电动凸轮式和气动式三种类型；按照点焊头数量和使用场合不同，有单头点焊机、多头点焊机和悬挂式点焊机等类型。单头点焊机一次焊一点，用于焊接较粗的钢筋。多头点焊机一次焊数点，用于焊接钢筋网。悬挂式点焊机用于焊接平面尺寸大的骨架或网片。此外，手提式点焊机多用于现场焊接。虽然点焊机种类较多，但其工作原理基本相同。

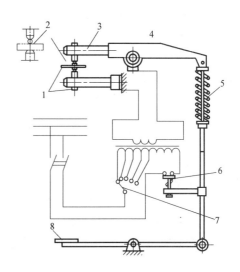

图12-10 杠杆弹簧式点焊机
1—电极；2—钢筋；3—电极臂；4—变压器次级线圈；5—弹簧；6—断路器；7—开关；8—脚踏板

如图12-10所示为杠杆弹簧式点焊机的工作原理。点焊是利用焊件接触处通电后所产生的大量电阻热，使焊件加热熔化时加压焊接的。

点焊时，将表面清理好且平直的钢筋迭合在一起，放在两个电板1之间，踏下脚踏板8，使两钢筋2的交点接触紧密，同时，断路器6也相接触，接通电源，使钢筋交接点在极短的时间内产生大量的电阻热，钢筋很快被加热到熔点面处于熔化状态。放开脚踏板8，断路器随杠杆下降切断电流，在压力作用下，熔化了的交接点冷却凝结成焊点。

为了保证焊机正常工作，与对焊机一样，工作前要先打开冷却水阀，变压器次级线圈4、悬臂、电极等都必须用水冷却。

12.14.2 点焊机安全操作规程

（1）作业前，应清除上、下两极的油污。通电后，机体外壳应无漏电。

（2）启动前，应先接通控制线路的转向开关和焊接电流的小开关，调整好极数，再接通水源、气源，最后接通电源。

（3）焊机通电后，应检查电气设备、操作机构、冷却系统、气路系统及机体外壳有无漏电现象。电极触头应保持光洁。有漏电时，应立即更换。

（4）作业时，气路、冷水系统应畅通。气体应保持干燥。排水温度不得超过 40℃。排水量可根据气温调节。

（5）严禁在引燃电路中加大熔断器。当负载过小引燃管内电弧不能发生时，不得闭合控制箱内的引燃电路。

（6）当控制箱长期停用时，每月应通电加热 30min。更换闸流管时应预热 30min。正常工作的控制箱的预热时间不得小于 5min。

（7）焊接操作及配合人员必须按规定穿戴劳动防护用品，并必须采取防止触电、高空坠落、瓦斯中毒和火灾等事故的安全措施。

（8）现场使用电焊机，应设有防雨、防潮、防晒的机棚，并应装设相应的消防器材。

（9）高空焊接或切割时，必须系好安全带，焊接周围和下方应采取防火措施，并应有专人监护。

（10）当消除焊缝焊渣时，应戴防护眼镜，头部应避开敲击焊渣飞溅方向。

（11）雨天不得在露天电焊。在潮湿地带作业时，操作人员站在铺有绝缘物品的地方，并应穿绝缘鞋。

12.15　气焊设备

12.15.1　结构组成及工作原理

气压焊接钢筋是利用乙炔—氧混合气体燃烧的高温火焰对已有初始压力的两根钢筋端面接合处加热，使钢筋端部产生塑性变形，并促使钢筋端面的金属原子互相扩散，当钢筋加热到约 1250～1350℃（相当于钢材熔点的 0.80～0.90 倍，此时钢筋加热部位呈橘黄色，有白亮闪光出现）时进行加压顶锻，使钢筋内的原子得以再结晶而焊接在一起。

钢筋气压焊接属于热压焊。在焊接加热过程中，加热温度为钢材熔点的 0.8～0.9 倍，钢材未呈熔化液态，且加热时间较短，钢筋的热输入量较少，所以不会出现钢筋材质劣化倾向。另外，它设备轻巧、使用灵活、效率高、节省电能、焊接成本低，可进行全方位（竖向、水平和斜向）焊接，目前已在我国得到推广使用。

气压焊接设备（如图 12-11 所示）主要包括加热系统与加压系统两部分。

加热系统中的加热能源是氧和乙炔。系统中的流量计用来控制氧和乙炔的输入量，焊接不同直径的钢筋要求不同的流量。加热器用来将氧和乙炔混合后，从喷火嘴喷出火焰加热钢筋，要求火焰能均匀加热钢筋，有足够的温度和功率并且安全可靠。

加压系统中的压力源为电动油泵（亦有手动油泵），使加压顶锻时压力平稳。压接器是气压焊的主要设备之一，

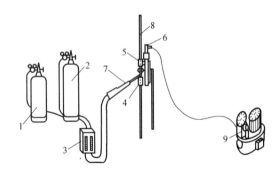

图 12-11　气压焊接设备示意图

1—乙炔；2—氧气；3—流量计；4—固定卡具；
5—活动卡具；6—压接器；7—加热器与
焊炬；8—被焊接的钢筋；9—电动油泵

要求它能准确、方便地将两根钢筋固定在同一轴线上，并将油泵产生的压力均匀地传递给钢筋达到焊接的目的。施工时压接器需反复装拆，要求它重量轻、构造简单和装拆方便。

12.15.2 气焊设备安全操作规程

(1) 一次加电石 10kg 或每小时产生 5m³ 乙炔气的乙炔发生器应采用固定式，并应建立乙炔站（房），由专人操作。乙炔站与厂房及其他建筑物的距离应符合现行国家标准《乙炔站设计规范》GB 50031—91 及《建筑设计防火规范》GB 50016—2006 的有关规定。

(2) 乙炔发生器（站）、氧气瓶及软管、阀、表均应齐全有效，紧固牢靠，不得松动、破损和漏气。氧气瓶及其附件、胶管、工具不得沾染油污。软管接头不得采用铜质材料制作。

(3) 乙炔发生器、氧气瓶和焊炬相互间的距离不得小于 10m。当不满足上述要求时，应采取隔离措施。同一地点有两个以上乙炔发生器时，其相互间距不得小于 10m。

(4) 电石的贮存地点应干燥，通风良好，室内不得有明火或敷设水管、水箱。电石桶应密封，桶上应标明"电石桶"和"严禁用水消火"等字样。电石有轻微的受潮时，应轻轻取出电石，不得倾倒。

(5) 搬运电石桶时，应打开桶上小盖。严禁用金属工具敲击桶盖。取装电石和砸碎电石时，操作人员应戴手套、口罩和眼睛。

(6) 电石起火时必须用干砂或二氧化碳灭火器，严禁用泡沫、四氯化碳灭火器或水灭火。电石粒末应在露天销毁。

(7) 使用新品种电石前，应作温水浸试，在确认无爆炸危险时，方可使用。

(8) 乙炔发生器的压力应保持正常，压力超过 147kPa 时应停用。乙炔发生器的用水应为饮用水。发气室内壁不得用含铜或含银材料制作，温度不得超过 80℃。对水入式发生器，其冷却水温不得超过 50℃；对浮桶式发生器，其冷却水温度不得超过 60℃。当温度超过规定时应停止作业，并采用冷水喷射降温和加入低温的冷却水。不得以金属棒等硬物敲击乙炔发生器的金属部分。

(9) 使用浮筒式乙炔发生器时，应装设回火防止器。在内筒顶部中间，应设有防爆球或胶皮薄膜，球壁或膜壁厚度不得大于 1mm，其面积应为内筒底面积的 60% 以上。

(10) 乙炔发生器应放在操作地点的上风处，并应有良好的散热条件，不得放在供电电线的下方，亦不得放在强烈日光下曝晒。四周应设围栏，并应悬挂"严禁烟火"标志。

(11) 碎电石应在掺入小块电石后装入乙炔发生器中使用，不得完全使用碎电石。夜间添加电石时不得采用明火照明。

(12) 氧气橡胶软管应为红色，工作压力应为 1500kPa；乙炔橡胶软管应为黑色，工作压力应为 300kPa。新橡胶软管应经压力试验。未经压力试验或代用品及变质、老化、脆裂、漏气及沾上油脂的胶管均不得使用。

(13) 不得将橡胶软管放在高温管道和电线上，或将重物及热的物体压在软管上，且不得将软管与电焊用的导线敷设在一起。软管经过车行道时，应加护套或盖板。

(14) 氧气瓶应与其他易燃气瓶、油脂或其他易燃、易爆物品分别存放，且不得同车运输。氧气瓶应有防震圈和安全帽。不得倒置，不得在强烈日光下曝晒，不得用行车或吊车吊运氧气瓶。

（15）开启氧气瓶阀门时，应采用专业工具，动作应缓慢，不得面对减压器，压力表指针应灵敏正常。氧气瓶中的氧气不得全部用尽，应留 49kPa 以上的剩余压力。

（16）未安装减压器的氧气瓶严禁使用。

（17）安装减压器时，应先检查氧气瓶阀门接头，不得有油脂，并略开氧气瓶阀门吹除污垢，然后安装减压器，操作者不得正对氧气瓶阀门出气口，关闭氧气瓶阀门时，应先松开减压器的活门螺丝。

（18）点燃焊（割）炬时，应先开乙炔阀点火，再开氧气阀调整火焰。关闭时，应先关闭乙炔阀，再关闭氧气阀。

（19）在作业中，发现氧气瓶阀门失灵或损坏不能关闭时，应让瓶内的氧气自动放尽后，再进行拆卸修理。

（20）当乙炔发生器因漏气着火燃烧时，应立即将乙炔发生器朝安全方向推倒，并用黄砂扑灭火种，不得堵塞或拔出浮筒。

（21）乙炔软管、氧气软管不得错装。使用中，当氧气软管着火时，不得折弯软管断气，应迅速关闭氧气阀门，停止供氧。当乙炔软管着火时，应先关熄炬火，可采用弯折前面一段软管将火熄灭。

（22）冬季在露天施工，当软管和回火防止器冻结时，可用热水或在暖气设备下化冻。严禁用火焰烘烤。

（23）不得将橡胶软管背在背上操作。当焊枪内带有乙炔、氧气时不得放在金属管、槽、缸、箱内。

（24）氢氧并用时，应先开乙炔气，再开氢气，最后关乙炔气。

（25）作业后，应卸下减压器，拧上气瓶安全帽，将软管卷起捆好，挂在室内干燥处，并将乙炔发生器卸压，放水后取出电石篮。剩余电石和电石滓，应分别放在指定的地方。

思 考 题

1. 简述电动液压铆接机的安全使用。

2. 交流电焊机有哪三个类别？

3. 直流电焊机有哪几种类别？

4. 根据图 12-5 说明硅整流直流电焊机的工作原理。

5. 按结构形式来分埋弧焊机有哪些形式？

6. 简述竖向钢筋电渣压力焊机的结构组成及工作原理。

7. 简述对焊机的工作原理。

8. 叙述气焊设备的结构组成及工作原理。

13　钣金和管工机械

13.1　钣金和管工机械概况

钣金和管工机械是建筑工程机械中的重要组成部分，它已成为现代化建筑业生产中不可缺少的一个组成部分。

本章内容着重介绍国家生产的定型产品，如咬口机、法兰圈圆机、仿形切割机、圆盘下料机、套丝切管机、弯管机、坡口机等的结构组成、工作原理及安全操作规程。

13.2　安全操作规程

（1）钣金和管工机械上的电源电动机、手持电动工具及液压装置的使用应执行相关规定。

（2）钣金和管工机械上的刃具、胎、模具等强度和精度应符合要求，刃磨锋利，安装稳固，坚固可靠。

（3）钣金和管工机械上的传动部分应设有防护罩，作业时，严禁拆卸。机械均应安装在机棚内。

（4）作业时，非操作和辅助人员不得在机械四周停留观看。

（5）作业后，应切断电源，锁好电闸箱，并做好日常保养工作。

13.3　咬口机

13.3.1　概述

咬口工序是通风管道制作过程的重要工序，即保证通风管道质量的工序。过去这个工序大部分是手工操作，利用手工敲打咬口，即增加了通风工的劳动强度，又保证不了通风管道的质量。

咬口机是实现制作通风管道机械化和工厂预制化的主要机械。它按结构型式可分为按口式咬口机、弯头按扣式咬口机、联合角咬口机、弯头联合角咬口机、单平咬口机等。

通过各种型式咬口机，可完成方形管、矩形管、圆形管、方形弯头、矩形弯头、三通、变径管等的咬口工作。

利用咬口机咬口的生产效率比手工制作咬口提高 20 倍左右。咬口成形不仅形状准确，而且表面平整、光滑、尺寸一致，所以保证了管道的制作质量。

咬口机是国防、纺织、化工、矿山、科研、医院、宾馆等空调、通风、排尘工程进行管道咬口成形加工的机械设备。

13.3.2   主要结构及工作原理

1. 单平咬口折边机

单平咬口折边机是专门用来加工单平咬口的，适于加工厚度为 0.5～1.2mm 的薄钢板。它有以下四部分组成（如图 13-1 所示）。

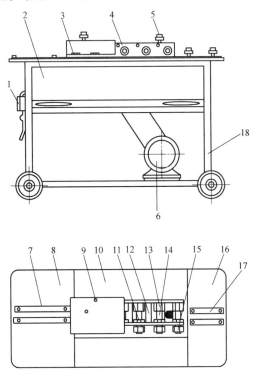

图 13-1   单平咬口折边机

1—按钮开关；2—机壳；3—防护罩；4—上横梁板；5—调整螺栓；6—电机；7—进料靠尺；
8—进料端台里；9—调整螺栓；10—横台板；11—齿轮；12—联系横梁；13—中滚；
14—滚轮轴；15—外滚；16—成型端台面；17—成型端靠尺；18—机架

机架部分：它是由角钢、钢板焊接而成的金属框架，是机器的骨架。

上横梁组：它是由两块横梁板 4 及六根滚轮轴 14，每根轴上配有内、外滚轮 15，齿轮 11，减速齿轮及齿轮轴组成。

下横梁组：其结构与上横梁组基本相同，它是用螺栓固定在机架上。

上、下横梁部件是固定位销及横梁调节螺栓连接，其间隙由横梁调节螺栓进行调整。

使用单平咬口机折边机时，将板材靠紧进料靠尺，板材经六组滚轮先后压折成两种不同型式的沟槽，然后将这两种折边型式相互钩挂，再用手工敲打，即完成了单平咬口工序。

2. 按口式咬口折边机

按口式咬口折边机是新型的通风管道加工机械，可加工 0.5～1.2mm 的薄钢板，其构造如图 13-2 所示。构造和单平咬口折边机基本相似，也是由机架部分、上横梁部分、下横梁部分和传动部分组成。主要区别是按口式咬口机的内外滚各有几组滚轮。

操作时，将板材紧贴进料靠尺，如果使用中滚，板材通过九组滚轮先后压折成 S 型带勾的槽，如果使用外滚，板材被九组滚轮压折成角型勾，然后把这两种折边形式插在一起，稍加敲打，即完成了按口式咬口工序。

13.3.3　咬口机安全操作规程

（1）钣金和管工机械上的电源电动机，手持电动工具及液压装置的使用应符合相关规定。

（2）钣金和管工机械上刃具、胎、模具等强度和精度应符合要求，刃磨锋利，安装稳固，紧固可靠。

（3）钣金和管工机械上的传动部分应设有防护罩，作业时，严禁拆卸。机械均应安装在机棚内。

（4）作业时，非操作和辅助人员不得在机械四周停留观看。

（5）应先空载运转，确认正常后，方可作业。

（6）工件长度、宽度不得超过机具允许范围。

（7）作业中，当有异物进入辊轮中时，应及时停机修理。

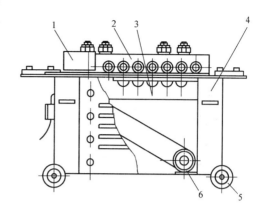

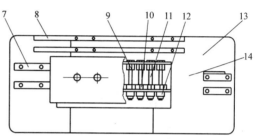

图 13-2　按口式咬口折边机

1—安全罩；2—上横梁组；3—下横梁组；4—机架；
5—胶轮；6—电动机；7—进料靠尺；8—导轨；
9—中滚；10—齿轮；11—液轮轴；
12—外轮；13—台面；14—成型靠尺

（8）严禁用手触摸转动中的辊轮。用手送料到末端时，手指必须离开工件。

（9）作业后，应切断电源，锁好电闸箱，并做好日常保养工作。

13.4　法兰圈圆机

13.4.1　概述

法兰圈圆机具有独立的液压系统与电器控制系统，按钮集中控制具有点动和联动两种操作方式，其压力和行程均可在规定范围内进行调整。其结构合理，具有体积小，能耗低、效率高、无噪音。装卸快速使用方便、操作简单、承载能力强、寿命长、卷圆速度快、一机多用质量可靠等众多优点，代替了原有钢板下料、对接、校正、车床加工等复杂工艺并节省了氧气、乙炔、劳动力、原材料等，是制造法兰的先进母机。如图 13-3 所示为角钢法兰圈圆机的外形图。

13.4.2　结构组成及工作原理

法兰圈圆机由电动机通过皮带轮和蜗轮减速，经齿轮带动两个下辊旋转，当板材送入辊轮间时，上辊因与板材之间的摩擦力而转动，上辊由电机通过变速机构经丝杠，使滑块上下动作，以调节上、下辊的间距。如图 13-4 所示为圈圆机的外形图。

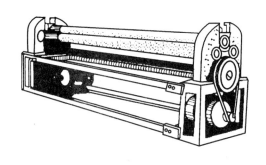

图 13-3 角钢法兰圈圆机   图 13-4 圈圆机

操作时，应先把咬口附近的板边在钢管上用手工拍圆，再把板材送入上下辊之间，辊子带动板材转动，板材即成圆形。上下辊的间距，可根据加工件管径而加以调节。风管圈圆后，应停机取出管子。

F8 型全液压型材圈圆机主要由主机、液压站、电控柜三大部分组成。由电动油泵输出的高压油，经高压油管送入工作油缸或马达内，高压油推动工作油缸或马达内柱塞，产生推力和扭矩，通过模具部件弯曲型材。

13.4.3 法兰圈圆机安全操作规程

（1）法兰圈圆机械上液压装置的使用应符合相关规定。

（2）法兰圈圆机械上的模具强度和精度应符合要求，刃磨锋利，安装稳固，紧固可靠。

（3）法兰圈圆机械上的传动部分应设有防护罩，作业时，严禁拆卸。机械均应安装在机棚内。

（4）加工型钢规格不应超过机具的允许范围。

（5）应先空载运转，确认正常后，方可作业。

（6）当轧制的法兰不能进入第二道型辊时，应使用专用工具送入。严禁用手直接推送。

（7）当加工法兰直径超过 1000mm 时，应采取适当的安全措施。

（8）任何人不得靠近法兰尾端。

（9）作业时，非操作和辅助人员不得在机械四周停留观看。

（10）作业后，应切断电源，锁好电闸箱，并做好日常保养工作。

13.5 仿形切割机

13.5.1 概述

仿形切割机是按照工件的形状制成样板，使割炬按照样板的形状轨迹运行而进行自动切割的一种高效切割工具。由于采用样板仿形，可以很方便地切割各种形状的工件，特别适用于批量生产各种不规则形状和内外同心的各种形状的工件，适应切割的材料为：低碳钢、低碳合金钢等。这种机器特别适宜于野外工作，同时也适宜于大、中、小型工厂使用。如图 13-5 所示为仿形切割机的外形图。

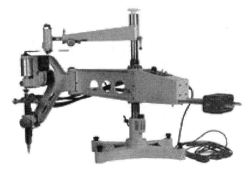

图 13-5　仿形切割机

13.5.2　仿形切割机安全操作规程

（1）仿形切割机械上的电源电动机、手持电动工具及液压装置的使用符合相关规定。

（2）仿形切割机械上的刀具、胎、模具等强度和精度应符合要求，刃磨锋利，安装稳固，紧固可靠。

（3）仿形切割机械上的传动部分应设有防护罩，作业时，严禁拆卸。机械均应安装在机棚内。

（4）作业时，非操作和辅助人员不得在机械四周停留观看。

（5）仿形切割机中气焊设备的使用应符合相关规定。

（6）应按出厂说明书要求接好电控箱到切割机的电缆线，并应做好保护接地措施。

（7）作业前，应先通电后空运转，检查氧、乙炔等配合和加装的仿形样板无误后，方可做试切工作。

（8）作业中，四周不得有易燃、易爆物品堆放。

（9）作业后，应清除设备污物，整理氧气带、乙炔气带及通电电缆线，分别盘好并架起保管。

（10）作业后，应切断电源，锁好电闸箱，并做好日常保养工作。

13.6　圆盘下料机

13.6.1　概述

圆盘下料机是借助于机器运动的作用力加压于刀模，对材料进行切割加工的机器。

13.6.2　圆盘下料机安全操作规程

（1）圆盘下料机械上的电源电动机，手持电动工具及液压装置的使用符合相关规定。

（2）圆盘下料机械上的刀具、胎、模具等强度和精度应符合要求，刃磨锋利，安装稳固，紧固牢靠。

（3）圆盘下料机械上的传动部分应设有防护罩，作业时，严禁拆卸。机械均应安装在机棚内。

（4）作业时，非操作和辅助人员不得在机械四周停留观看。

（5）圆盘下料机下料的直径、厚度等不得超过机械出厂铭牌规定，下料前应先将整板切割成方块料，在机旁堆放整齐。

（6）下料机应安装在稳固的基础上。

（7）作业前，应检查并确认各传动部分连接牢固可靠，先空运转，确认正常后，方可开始作业。

（8）当作业开始需对上、下刀刃时，应先手动盘车，将上下刀刃的间隙调整到板厚的1.2倍，再开机试切。应经多次调整到被切的圆形板无毛刺时，方可批量下料。

（9）作业后，应对下料机进行清洁保养工作，并应清除边角料，保持现场整洁。

（10）作业后，应切断电源，锁好电闸箱，并做好日常保养工作。

13.7 套丝切管机

13.7.1 概述

套丝切管机是一种小型多功能高效机具。在现代建筑施工中，管道的种类和数量相当繁多，它们之间大都采用管螺纹连接。对于管子的切断、套丝、坡口及内口倒角多数还是手工操作，不仅工作效率低且劳动强度大，质量也不易保证。采用套丝切管机，可基本上解决这些矛盾。

常用套丝切管机按其结构型式分两大类。一类是板牙架（铰板），动板牙转动，作为金属切削的主力，管子及卡具不转动或另一类是管子卡具转动，板牙架不转动，但可以纵向移动。目前我国生产的定型套丝切管机大都采用前一种型式。

采用套丝切管机，可进行套丝、管子内口倒角、切断、坡口等多种工序加工，完全取代手工操作，实现管道套丝加工中的机械化，提高工效，减轻工人的劳动强度。

13.7.2 结构组成及工作原理

套丝切管机规格型号比较多，但其结构及原理基本上是一致的。

套丝切管机主要由减速箱、主轴夹头、板牙头、切管器、铣锥、供油系统、机架等部分组成，如图13-6所示。

减速箱：它是由若干级齿轮组成的变速机构，其箱体一般采用含金铸铝铸成，具有重量轻、外表面光滑和坚固耐用的优点。

主轴夹头：它是由主轴及前后卡盘组成，它们都安装在大箱体上，并用滑动轴承作支承。卡盘是用夹持管子的部件，前卡盘用于紧夹工作，后卡盘是用来扶正工作件定位用。电动机经减速器传动，动主轴夹头转动，进而把夹紧的管件旋转，这就是套丝、切断等工作的主运动。

板牙头：它是该机装套丝板牙的部件。板牙头主要由手把、紧固手柄、标牌、板牙、板牙座、板牙盘和销轴组成。板牙套丝的切削深度由标牌上的刻度来确定。板牙安装在板牙头上时，要按顺序号进行，否则套丝时将会出现乱扣或套不出的现象。有的机型备有专用坡口刀（特殊订货），取下板牙更换上专用的坡口刀，即可完成管子的坡口工序。

切管器：它是实现管子切断工序的部件。切管器主要由切口手柄、螺杆、切口架、活

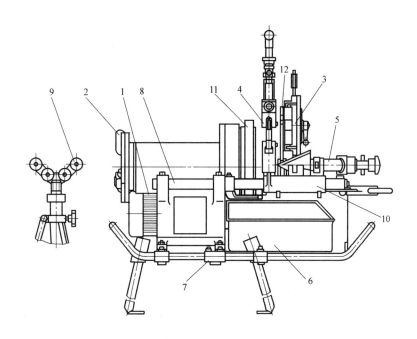

图 13-6　套丝切管机
1—电动机；2—后卡盘；3—板牙头；4—切管器；5—铁锤；6—油箱；7—支架；
8—滑杆；9—支架滚轮；10—支架拖板；11—前卡盘；12—出油管

动刀架、切刀架、底轮和切管器连接头组成。旋转手把通过螺杆可带动活动刀架沿着切刀架上的导轨往复运动，完成管子的切断。当套丝、坡口或内口倒时，可将它直立起来。铣锥主要由铣锥手轮、制动销、铣锥轴、铣锥架和锥形铣刀组成。一般在切断管子时，切断处管子内口缩小，借助铣锥可将管口缩小部分加以扩铣和清除毛刺。

冷却润滑系统：它是套丝、切断、倒角等工序润滑刀具和工作的系统，以保证减少刀具的磨损和提高工件的加工质量。它主要由齿轮泵、油箱、输油管、方向阀、放油嘴等组成。该系统的齿轮泵是由减速器的输出轴带动的。

机架部分：它是由箱体、滑杆、出油管、支架拖板、进刀手把、提把、支腿、机座组成。箱体为合金铸铝，它是安装主轴和卡盘的重要部件。支架拖板上安放着板牙头、切管器和铣锥，它们可沿双柱导轨（滑杆）滑移。通过进刀手柄可驱使支架拖板在双柱导轨上移动，从而带动安放在支架拖板上的切削刀具作轴向进给运动，以便完成套丝，切断和倒角等工作。

13.7.3　套丝切管机安全操作规程

（1）套丝切管机械上的电源电动机，手持电动工具及液压装置的使用符合相关规定。

（2）套丝切管机械上的刃具、胎、模具等强度和精度应符合要求，刃磨锋利，安装稳固，紧固牢靠。

（3）套丝切管机械上的传动部分应设有防护罩，作业时，严禁拆卸。机械均应安装在机棚内。

（4）套丝切管机应安放在稳固的基础上。

（5）应先空载运转，进行检查、调整，确认运转正常，方可作业。

（6）应按加工管径选用板牙头和板牙，板牙应按顺序放入，作业时应采用润滑油润滑板牙。

（7）当工件伸出卡盘端面的长度过长时，后部应加装辅助托架，并调整好高度。

（8）切断作业时，不得在旋转手柄上加长力臂；切平管端时，不得进刀过快。

（9）当加工件的管径或椭圆度较大时，应两次进刀。

（10）作业中应采用刷子清除切屑，不得敲打振落。

（11）作业时，非操作和辅助人员不得在机械四周停留观看。

（12）作业后，应切断电源，锁好电闸箱，并做好日常保养工作。

13.8 弯管机

13.8.1 概述

工业与民用建筑施工中的上水管道或部分下水管道以及燃气管道、导热管道、电线管道等，均采用无缝钢管、焊接钢管、有色金属管等进行加工敷设，这些管子的口径一般不大，根据管道的面置情况，有各种角度的弯曲，弯管机械就是弯制管道施工中管子弯曲的主要机械设备。

这类机械在施工单位中，既有采用定型机械的，又有自制的非定型的弯管机。

在工业管道中施工中，因管径较大（一般超过 100mm 以上），均采用定型的弯管机。

弯管机按其结构可分为机械式和液压式两种。在液压式的弯管机中又分为手持移动式和固定式。

为便于进行施工现场就地安装作业，弯管方法多采用无芯冷顶（拉）弯曲法。常用的弯管机弯管直径可达 60mm，弯曲角度一般≥90°，足以满足民用管道的施工需要。

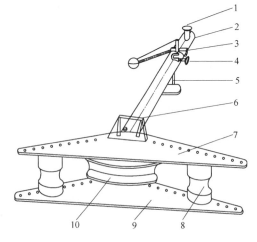

图 13-7 YW-3 型液压弯管机

1—加油塞；2—油箱；3—油泵；4—手轮；
5—工作液压缸；6—横拉轴；7—上轮板；
8—顶轮；9—下轮板；10—弯模

13.8.2 结构组成及工作原理

1. 手动液压弯管机

手动液压弯管机构造主要由油箱、手动液压泵、液压缸和工作头四大部分组成，如图 13-7 所示。

油箱 2 与工作液压缸 5 通过螺纹与泵件连接，其接合处用"O"形密封橡胶圈密封。工作头部分是活动组件，它是通过横拉轴 6 与螺母连接在钩耳 12 上，钩耳与工作液压缸 5 焊接在一起并通过压盖 11 进行加固，这样工作时主机就组成了一个刚体。当操作压杆 13 油泵工作时，使活塞杆向外伸出，顶动弯模前移，就把装在顶轮 8 与弯模 10 之间的管子弯曲成所需的角度。

其工作原理如图 13-8 所示。工作时，首先关闭手动卸载阀 8，拉动两组手动柱塞泵 5、6 的压杆，使油泵的高低柱塞上下运动。当柱塞向上提拉时，泵体油缸内形成真空，油箱内的液压油，在大气作用下，通过滤网 2 打开低压吸油阀 3、高压吸油阀 4 而进入手动泵泵体内。当柱塞向下运动时，由于油压增高而分别打开低压排油球阀 9 和高压排油球阀 10，使油液进入工作液压缸 11，推动活塞杆外伸，进而推动装在活塞杆上的弯模，使被弯曲的管件靠紧顶轮。这样继续不断地拉动油泵压杆，使工作油缸压力继续增加，弯曲工作继续进行，直至将管件弯至需要的弯曲角度（曲率）为止。

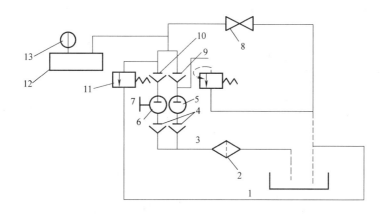

图 13-8　YW-3 型液压弯管机油泵试压传动原理图

1—油箱；2—滤网；3—低压吸油球阀；4—高压油球阀；5—低压手动柱塞泵；
6—高压手动柱塞泵；7—低压安全阀；8—手动卸载阀；9—低压排油球阀；
10—高压排油球阀；11—试验液压缸；12—高压安全阀；13—压力表

当低压油路系统的压力超过额定压力 0.15～0.2MPa 时，则低压安全阀 7 工作，使低压油路系统的油液直接回到油箱 11 内。当高压油路系统油压超过额定压力 2.6～3.0MPa 时，则高压安全阀 12 工作，高压油直接回到油箱 1 内。这样就会保护机件起到安全作用，并使工作效率提高，也使操作者轻松省力。

当弯曲工作完结后，松开手动卸载阀 8，工作液压缸 11 内的油液在复位弹簧的作用下使活塞回位，油液返回油箱 1 内。

2. 电动液压弯管机

这种弯管机与前种的结构和工作原理基本相同，只是手动液压泵改为电动液压泵（图 13-9 所示），是将电动机和液压泵连为一体，单独放置，压力油由高压油路输送给液压缸，进行弯管工作的。这样就节省了工人的劳动强度，而且提高了工效。

为了进一步提高弯管工效，在弯管机的液压系统与电器控制系统中，设置有电磁换向阀、溢流阀、前后即位开关、延时继电器、自动复位装置等，这样就可以自动顶压。当管子被弯曲到所需角度后，顶压装置为自动回位，这就是比较理想的自动液压弯曲机。

13.8.3　使用要求

1. 使用方法（仅以 YW-3 型为例参见图 13-7）

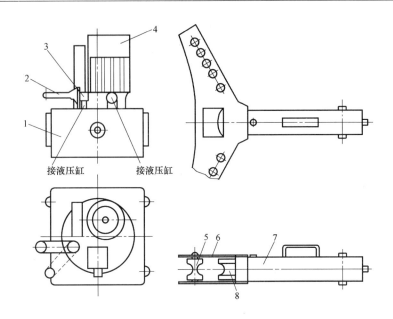

图 13-9 WYQ 型固定式液压弯管机

1—油箱（内部装有油泵）；2—操纵手柄；3—进、出油阀；4—电动机；

5—辊轴；6—固定板；7—液压缸；8—弯管模

（1）扭开加油塞，将油箱 2 加入干净的工作液。冬季用 10 号～20 号机油；夏季用 30 号～40 号机油。然后将加油塞 1 扭上少许几扣，使空气容易进出。

（2）正时针扭紧手轮 4 使油泵 3 内的卸载阀关闭。

（3）安装好工作头部分，其中包括选择好弯模 10，选用好上下轮板 7、9 的孔距，装好顶轮 8，并放好工作件。

（4）工作件及弯模顶轮的圆弧面应在弯曲工作前加机油润滑，以减轻摩擦阻力。

（5）拉动压杆 13 使两级手动油泵 3 的柱塞上下运动，使油箱 2 中的油液进入工作液压缸推动活塞杆及弯模 10 向外伸出，开始弯曲工作。

（6）当管子弯曲达到需用的角度后，松开手轮 4 使油泵 3 中的卸载阀打开工作液压缸 5 中的油液回到油箱内，由于复位弹簧的作用，活塞杆复位。

（7）卸下工作件。

（8）工作结束后，应扭紧卸载阀手轮 4 和加油塞 1。

2. 使用注意事项

（1）工作介质应干净无杂质，冬季和夏季应按规定换油。连续工作时应每隔 6 个月更换一次工作介质。

（2）油泵柱塞及活塞杆外露表面应严禁磕碰划伤及灰尘污物侵入。

（3）严禁自行调整安全阀。

（4）工作时顶轴、顶轮的安放位置必须放在对称位置，严禁一侧放在第三孔，而另一侧放在第四孔或第二孔中。

（5）工作头部分在每次安装使用时应注意上下两板平行，左右对称，各孔中心重合。

（6）每次更换工作场面时应注意将主机放平、放稳。

（7）滤网应每三个月清洗一次，以便保证液压油的清洁。

13.8.4 安全操作规程

1. 操作前认真做到

（1）机床必须良好地接地，导线不得小于 $4mm^2$ 铜质软线。不允许接入超过规定范围的电源电压，不能带电插拔插件，不能用兆欧表测试控制回路，否则可能损坏器件。

（2）在插拔接插件时，不能拉拔导线或电缆，以防焊接拉脱。

（3）接近开关，编码器等不能用硬物撞击。

（4）不能用尖锐物碰撞显示单元。

（5）电气箱必须放在通风处，禁止在尘埃和腐蚀性气体中工作。

（6）不得私自加装、改接 PC 输入输出端。

（7）调换机床电源时必须重新确认电机转向。

（8）机床应保持清洁，特别应注意夹紧块、滑块等滑动槽内不应有异物。

（9）定期在链条及其他滑动部位加润滑油。

（10）在清洗和检修时必须断开电源。

（11）开车前准备：检查油箱油位是否到油位线，各润滑点需加油，开机确认电机转向，检查油泵有无异常声音，开机后检查液压系统有无漏油现象（角度编码器处于不允许加油）。

（12）压力调整：用电磁溢流阀调整压力，保证系统压力达到需要的工作压力，一般不高于 12.5MPa。

（13）模具调整：模具安装要求模具与夹紧块对中心，夹紧块可用螺栓调节。助推块与模具对中心，助推块可调。芯头与模具对中心，松开芯头架螺栓，调整好中心后紧固螺栓。

2. 操作中认真做到

（1）机床开动时注意人体不得进入转臂旋转扫过的范围。

（2）机床工作时，所有人员禁止进入转臂及管件扫过的空间范围。

（3）机床液压系统采用 YA-N32 普通液压油（原牌号 20 号），正常情况下每年更换一次，滤油器必须同时清洗。

（4）调整机床（模具）时，应由调整者自己按动按钮进行调整。绝不可一人在机床上调整，另一人在控制柜上操作。

（5）调整机床或开空车时应卸下芯杆。

（6）液压系统压力不可大于 14MPa。

（7）手动调整侧推油缸速度时，转臂应旋转至 $\geqslant 90°$ 时进行调整，调整速度为转臂转动弯管模具边缘的线速度同步，禁止在手动状态下侧推推进速度大于旋转模具边缘的线速度。

（8）一般机器使用一段时间后应检查链条的张紧程度，保持上下链条松紧一致。

（9）自动操作时在有芯弯曲模式中，弯臂返回前，操作人员必须保证芯头在管子里面，或确保芯轴在弯臂返回时没有阻挡现象，否则，芯头或芯杆有可能被折弯或折断。

3. 工作结束后，切断电源，做好清洁润滑工作。

13.9　坡口机

13.9.1　概述

坡口机是管道或平板在焊接前端面进行倒角坡口的专用工具，解决了火焰切割、磨光机磨削等操作工艺的角度不规范、坡面粗糙、工作噪音大等缺点，具有操作简便，角度标准，表面光滑等优点。

13.9.2　坡口机安全操作规程

（1）坡口机械上的电源电动机、液压装置的使用应执行相关规定。

（2）坡口机机械上的刀具、胎、模具等强度和精度应符合要求，刃磨锋利，安装稳固，紧固牢靠。

（3）坡口机机械上的传动部分应设有防护罩，作业时，严禁拆卸。机械均应安装在机棚内。

（4）应先空载运转，确认正常后，方可作业。

（5）刀排、刀具应稳定牢固。

（6）当管子过长时，应加装辅助托架。

（7）作业中，不得俯身近视工件。严禁用手摸坡口及擦拭铁屑。

（8）作业时，非操作和辅助人员不得在机械四周停留观看。

（9）作业后，应切断电源，锁好电闸箱，并做好日常保养工作。

思　考　题

1. 钣金和管工机械有哪些机型？
2. 简述单平咬口折边机的工作原理。
3. 简述圈圆机的结构组成及工作原理。
4. 说明仿形切割机安全操作。
5. 简述套丝切管机的结构组成及工作原理。
6. 说明手动液压弯管机的工作原理和电动液压弯管机的结构组成。
7. 简述坡口机的安全操作。

14　机械设备安全管理制度

建工企业使用的机械设备是实现施工机械化，通向生产现代化的重要生产工具。施工机械化程度的发展与提高促进了施工技术的进步和工艺的革新，减轻了笨重的体力劳动，提高了建筑业的生产能力。

因此，加强施工企业机械设备的使用管理工作，不断提高机械设备的完好率和利用率，防止机械事故的发生，加强维护，使机械设备经常处于最好状态，保持机械设备的先进性、高效率，这对促进施工企业施工能力，取得更大的社会效益和经济效益，都是十分重要的。

任何机械设备都必须掌握正确操作，都必须由人（个人或机组集体）去操作驾驶，而人是生产力三要素中最主要、最积极的要素。如果操作者能合理、正确掌握，就能充分发挥机械设备的效能，专机专人（或机务班组），同时也要求人员具备过硬的技术本领，越是先进、技术性能高的机械设备，机务职工就要有越高的文化知识和机械业务技术水平，才能熟练操作。因此，机械设备的使用管理，首先对人要作好技术开发和智力投资工作。另一方面，就是建立健全各种规章制度，严格各项技术规范规定，落实岗位责任制。

建工企业各级要建立机械设备管理机构，明确各级责任，有一个管理网络，要配备与机械设备数量、性能、规模相适应的专职技术人员和管理人员，明确其岗位职责。另外，还需要建立具体的、行之有效的各项制度。下面介绍部分制度。

14.1　施工设备管理制度

14.1.1　施工设备的购置、更新、改造管理

（1）新购置的施工设备，必须坚持结构合理、安全可靠、性能稳定、经济合理的原则认真选型定型。经安装验收合格后，及时入账，纳入固定资产。

（2）经常调查研究，掌握好现有机械的技术状况和新品种、新技术的发展动态，做好更新换代工作，及时淘汰性能差、耗能高、不安全、修理改造又不合算的陈旧设备，促进技术进步。

（3）对局部不适应使用的施工设备，要经过技术论证，申报批准后进行技术改造，以求达到安全使用、提高效益、技术性能稳定的良好效果。

14.1.2　财产管理

（1）凡属固定资产的施工机械设备，都要进行分类建立台账、卡片、机械履历书、钉固定资产铭牌。主要机构应建立技术档案，并按规定存档。

（2）随时掌握机械设备使用状态，根据施工任务的实际情况，做好内部调配和借用的协调工作。每年年终对所有施工机械设备清查盘存一次，做到账、卡、物、号、金额五项

符合。发生盈亏，要查清原因，按固定资产审批权限，报上级处理。

14.1.3 现场施工设备管理

（1）对新购置和大修的施工设备应按规定合期及保修期在现场试用评定。

（2）按时进行设备检查，平时经常定期或不定期对现场试用的设备进行检查，发现带病运转一律停机，并签发"设备安全整改通知单"限期整改并复查。

（3）现场在用的机械由操作人员按规定填写"机械运转卡"，每月初由机管员收集汇总后填入机械履历书中的"月运转记录表"。

14.1.4 电动、机动工具和机械配件管理

各下属单位的振捣器、冲击电锤、电钻等电动、机动工具及气压焊等机械零件配件，必须由专人负责管理，建立账、卡。每季度编造收、发、存报表，做到账、卡相符，并将报表报送有关部门。

14.1.5 技术管理

（1）新购机械初次安装试用之前，公司动力科、使用单位机管员及有关人员必须熟悉产品的性能结构、操作规程及安装拆卸应注意的事项和安全操作规程。安装时有关人员必须在场监护，安装完毕经验收合格并使用运转正常后，才能正式投入使用。

（2）需报废设备，必须经鉴定，设备技术负责人需审查核准。按固定资产审批权限，办理报废手续。批准报废后的机械设备应建立账册备查。

（3）做好经常性的培训发证工作，机械设备操作人员必须凭证上岗。

（4）塔式起重机、汽车式起重机及大中型设备实行机长负责制；中小型设备实行现场专机专人操作制，设现场或施工片机长，负责现场或施工片的机械设备维修、保养及操作人员的安排调配。金属切削机床、汽车等实行专人负责制。

（5）掌握机械设备技术状况，及时做好保养、修理工作。大修后的机械设备需报公司物业管理科批准后方能继续使用，并按实填写在机械履历书维修记录中。

14.1.6 现场使用管理

（1）机械设备应按照工程结构、施工方案的要求作好配套选型工作，务必满足在工程施工中应用到合适的、先进的、高效率的施工机械。

（2）各类设备进入施工现场后，都应定机、定人、定岗，挂牌作业，所有机械操作人员应严格遵守安全操作规程和岗位责任制。

（3）进入施工现场的 A、B 类机械设备，应将其安全运转、保养和交接班情况详细记录在设备使用登记书上，各操作人员每天按要求进行正常保养和适当维护，以保证设备的持续工作能力。

（4）设备操作人员和维护人员及设备管理人员应定期对现场所使用的机械设备进行检查，以确定设备的性能。

（5）按时做好机械设备的初级保养、高级保养，在编制施工生产计划的同时，安排对机械设备的保养时间，使设备能得到及时保养。不允许出现机械设备带病运转或只运转不

作定期保养的现象。

（6）施工项目部要为机械设备在施工中创造良好的作业条件，负责生产的人员要善于协调施工与机械使用的矛盾。在不影响施工的要求下，应听取和支持机械操作人员的正确意见，严禁违章作业。

14.1.7　机械设备技术档案管理

（1）机械设备的技术档案是机械管理工作的重要内容，是机械设备自购入开始直至报废的全过程历史资料，已验收合格的机械设备均由设备处建立总台账，各单位、施工项目部均应建立在施工现场所使用的机械设备台账。

（2）机械设备技术档案的主要内容有：

① 机械设备技术资料应包括有：产品使用说明书、产品出厂合格证、装箱清单、附属装置资料、随机工具和备件明细表、易损件和配件图册及目录。

② 开箱检查验收和技术试验记录，交接清单。

③ 设备使用登记书（或使用履历书）。

④ 设备修理记录表和设备大修登记表等。

⑤ 事故报告单，事故分析及处理、处置意见。

⑥ 报废鉴定表。

（3）A、B类机械设备使用同时必须建立设备使用登记书，主要记录设备使用状况和交接班情况，由机长负责运转的情况登记。应建立设备使用登记书的设备有：塔式起重机、外用施工电梯、混凝土搅拌站（楼）、混凝土输送泵等。

（4）公司设备处负责A、B类机械设备的申请、验收、使用、维修、租赁、安全、报废等管理工作。做好统一编号、统一标识。

（5）机械设备的台账和卡片是反映机械设备分布情况的原始记录，应建立专门账、卡档案，达到账、卡、物三项符合。

（6）各部门应指定专门人员负责对所使用的机械设备的技术档案管理，作好编目归档工作，办理相关技术档案的整理、复制、翻阅和借阅工作，并及时为生产提供设备的技术性能依据。

（7）已批准报废的机械设备，其技术档案和使用登记书等均应保管，定期编制销毁。

14.1.8　大型设备安全装拆管理

（1）大型施工设备的装拆工作，必须由具备相应装拆资质的单位来承担装拆工作。没有装拆资质的单位不得擅自承接任务，否则应负法律责任。

（2）大型施工设备装拆前都应编制装拆施工方案，并经总工审批签字后才能实施，并应对施工设备进行检查验收。合格后才能进行安装程序。如不合格应进行检修，合格后方可投入安装，安装前还应对设备的基础进行验收。

（3）装拆人员必须经过专业培训，考核合格的才可以上岗作业。作业前还必须经过安全技术交底，方可进行装拆作业。

（4）装拆时对作业场所应做围栏，并设警示牌。严禁非作业人员进入，装拆时要指配专业安全技术人员在旁监护。

（5）装拆人员应正确使用安全防护用品和劳动保护用品。

（6）安装好的施工设备应进行验收，能正常运转、安全灵敏，并经上级有关部门检验合格后方可投入使用。

14.1.9　机械设备租赁管理制度

（1）为规范租赁经营，提高出租的机械设备及配件的完好率和质量，减少事故的发生，制定安全责任制度。

（2）出租的机械设备和施工机械及配件，应当具备生产（制度）许可证，产品合格证。生产（制造）许可证，产品合格证，应符合国家有关法律法规和安全技术标准、规范的要求。

（3）应当对出租的机械设备和施工机具及配件的安全性能进行检测，检测合格后方可出租。

（4）出租签订租赁协议时，应当出具检测合格证明书，签订协议时应明确双方安全生产职责。

（5）禁止国家明令淘汰的、存在严重事故隐患的、超过安全技术标准规定使用年限的、检测不合格的机械设备和施工机具及配件出租。

（6）出租工作由物业管理科管理实施。

14.1.10　机械安全生产管理

（1）各种机械设备应有安全操作规程，设备上要有安全装置及相应的防护设置，否则不准使用。

（2）塔式起重机、施工外用电梯在现场安装后，由公司设备处总工组织使用单位设备员、安装部门技术人员进行验收；验收合格后，还要向使用单位及机械操作工人进行安全技术交底后方准使用。

（3）起重机械应有相应的各种安全防护装置，各种限位器、制动、触头等安全装置必须灵敏可靠，不允许有误动作。

（4）A、B类机械设备必须专人专机，司机和指挥人员必须持证上岗，严禁无证作业。制定各种机械的岗位责任制和交接班制度。

（5）必须严格遵守安全操作规程。严禁酒后上岗作业。认真执行"不准在运行中进行保养，不准让机械设备带病运行，不准使设备超负荷使用"的"三不"原则，上班前要严格检查机械设备的各种安全防护装置是否可靠，并经空载试车，确认无问题后方准进行工作。

14.1.11　施工机械操作证管理

（1）为加强对施工机械使用和对操作人员的管理，保障机械设备的合理使用、安全运转，充分发挥机械设备的效能，凡施工机械操作人员必须经过考试合格，取得相关的操作证后，方可上机操作。

（2）凡是操作下列施工机械的人员，都必须持有关部门颁发的操作证：起重工（包括塔式起重机驾驶员和指挥人员、汽车起重机、龙门吊、桥吊等）、外用施工电梯、混凝土搅拌机、混凝土泵车、混凝土搅拌站、混凝土输送泵、电焊机、电工等作业人员及其他专人操作的专用施工机械。

（3）凡符合下列条件的人员，经培训考试合格，取得合格证后方可独立操作机械设备：

① 年满十八岁，具有初中以上文化程度。

② 身体健康，听力、视力、血压正常，适合高空作业和无影响机械操作的疾病。

③ 经过一定时间的专业学习和专业实践，懂得机械性能、安全操作规程、保养规程和有一定的实际操作技能。

（4）公司培训中心为管理机械操作证的主管部门，在设备处、电力、劳动部门共同组织下负责培训、考试、审验等工作。机械操作证的签发，由培训中心和设备处共同负责办理。培训中心建立操作人员的发证台账，记录发证情况。

（5）机械操作人员应随身携带操作证以备随时检查，如出现违反操作规程而造成事故，除按情节进行处理外，并对其操作证暂时收回或长期撤销。

（6）严禁无证操作机械，更不能违章操作，如领导命其操作而造成事故，应由领导负全部责任。学员或实习人员必须在有操作证的指导师傅在场指挥下，方能操作机械设备，指导师傅应对其实习人员的操作负责。

（7）凡属国家规定的交通、劳动及其主管行业部门负责考核发证的驾驶证、司炉证、起重工证、电焊工证、电工证等，一律由主管部门按规定办理，公司不再另发操作证。

14.2　安全检查制度

（1）项目部机械安全检查每月不少于三次，工长、班组长每天普查。

（2）按照《建筑施工安全检查标准》（JGJ 59—2011）对现场实施定期和不定期检查，重点检查机械制动和安全装置是否齐全、有效、可靠。机械设备是否带病作业，是否有异常现象；金属结构部分是否开焊、开裂、变形；连接部位是否牢固、可靠；是否定期保养、清洁；操作人员是否持证上岗；有无违章指挥、违章作业行为等。

（3）对塔吊轨道接地装置、机身垂直度等，应定期检查、检测，并认真做好记录，备案待查。

（4）对检查中发现的问题要采取相应措施，定人、定时间、定措施落实解决，并及时进行复查，填写检查、整改记录表。

（5）每次检查后，进行全面评估，对违章指挥、违章操作和事故隐患按照"三不放过"的原则，进行严肃处理，并做好记录，归档备查。

14.3　使用与维修保养制度

14.3.1　一般规定

机械设备在其使用过程中，其产生故障的原因大致分为两类：一类是由于不正确的安装与调整或违反安全操作规程及疏忽大意误操作等其他意外情况所造成的非自然性故障，对该类型故障的管理方面的防范措施主要是通过对职工进行培训、教育，以及贯彻机械设备"安全技术规程"与"安全操作规程"来控制，出现故障后一般是进行修理来解决；另一类则是机械零件的自然磨损，对该类型故障的管理方面的防范措施主要是通过对机械设备进行保养，故保养是设备管理工作中的重要部分。

机械设备在其使用过程中，由于机件的运动磨损及自然腐蚀、润滑油减少或变质、紧固件松动等现象，导致机械的动力性和安全性的降低，甚至会出现突发性的机械损坏事故。针对这种规律，在机械零件未达到极限磨损程度或发生故障以前，应采用相应的预防性措施，以保证机械设备的正常工作，延长使用寿命，这就是对机械的保养。我国自20世纪50年代来，基本上沿袭了由前苏联引进的一套计划预期检修制，即定期保养制。它是在预防为主的方针指导下，根据机械零件的磨损规律，把各种零件的寿命划分为简单的等时间间隔期，从而得到机械的各级保养期及作业项目，其定期保养的作业内容，主要是清洁、调整、润滑、防腐，通常称作"十字作业"方针。应该肯定，在当时的国情及企业体制情况下，此引用的一套保养制度，起到了一定的积极作用。

进入2000年，随着园内建筑规模的飞速发展及企业体制的改变，特别在贯彻 ISO 标准过程中，很明显，旧的一套保养制度是很难适应实际情况了。

由于建筑机械类型结构复杂，其大型机械如塔式起重机的重量有100多吨，而小的如钢筋弯曲机只有几百千克，体形结构相差很大，即使是同型机械如塔式起重机，也有新型、旧型的差异。考察以前颁发的相关保养规程，在定级分级上，名为实行三级保养制，其中心内容是：①每班保养（又称为日保、例保）；②一级保养；③二级保养；④三级保养。可以看出，它实际上分为四级保养，这种看似细致化的保养制度在实用中很难落实执行。另外，对种类繁多的建筑机械，也不可能对各种机械的设计、工艺可靠程度完全进行检测诊断。诸多因素均表示，要对建筑机械的保养规程的制定达到符合实际使用情况的科学性，还存在有相当的难度。我们根据建筑工地实际情况，将机械设备的定期保养重分级，统一为真正的三级保养制，其中心内容是：①例行保养：基本同前；②初级保养：以检查、润滑、调整、紧固为中心；③高级保养：以消除隐患为中心。按此新的定期保养，将例行保养作业定为每班进行；将初级保养定为每月进行；将高级保养定为工作中一年进行一次。这样的时间安排，工地上一般都能较系统地统筹安排人力进行。在技术要求方面，即对每段定期保养范围的工序要求，在实际收集到各种机械的磨损情况及容易引发故障的部位后，将其作业技术状态再新界定，再分拆排列到各级保养的作业项目及要求中，保证技术上的连贯、严谨。指出一点，保养作业不与修理发生冲突，如在保养作业中还做了修理的工作，只能理解为保养加修理项目。

在使用与维修保养过程中，一般应做到如下几点：

（1）机械设备应有专人负责管理、使用。凡执行操作证的设备，必须实行"管用结合，人机固定"的原则，执行定人、定机、定岗位责任的"三定"制度。多班作业时，必须有交接班制度。

（2）大型设备要委托司机机长，一般设备要委托责任司机。

（3）机械设备操作人员要熟悉本机情况，做到"四懂，三会"，即"懂原理、懂结构、懂性能、懂用途，会操作、会维修保养、会排查排除故障"。

（4）在用的机械设备应保持技术性能良好，运转正常，安全装置齐全、灵敏、可靠，

"失修"或"带病"的机械设备不得投入使用。

（5）严格执行日常保养，换季保养，走合期保养、停放保养制度。加强机械设备在作业前、运行中、作业后所进行的"清洁、紧固、调整、润滑、防腐"十字作业，保持设备的应有效能，消除事故隐患。

（6）大型机械设备要实行日常检查和定期检查，并做好记录，归档备查。

下面将一般建筑企业所用机械的保养规程推出，也贯彻"在现场所使用的机械设备一个也不能少"的原则，以供同行参考。

14.3.2 使用与维修保养总则

（1）为确保现场施工机械设备的正常运转，防止机械零件的过早磨损，使机械设备保持良好的持续运行能力，从而提高机械的完好率和最大的经济效益，特制定本规程。

（2）对于进口机械设备和国产的新型机械设备要参照原厂说明书的规定进行，公司现场使用的机械设备的保养，必须按规程的保养周期进行。

（3）对于现场使用的机械设备，一般仍采用预期检修制，根据土建项目施工的实际情况，将保养级别分为例行保养、初级保养、高级保养共三个级别。例行保养即为日保，要求每天工作时进行；初级保养要求每月进行一次；高级保养要求工作一年内进行一次。

（4）各级保养与机械设备的小修、大修均不产生冲突与交叉，若在保养工作进行中出现了修理，只能理解为保养加修理，即在保养作业的内容中增加了修理的项目。

（5）据土建施工的实际情况，公司的设备处所管的大、中型设备，在进入项目前，由设备处负责进行高级保养加（中级）修理后，才能进入现场。工期超过一年时间的工地，设备处应及时组织人力到现场做好其需进行的高级保养作业，其余小型机械设备的保修，均由工地项目部组织机务人员进行。

14.3.3 附件：中华人民共和国建设部令第 166 号

《建筑起重机械安全监督管理规定》已于 2008 年 1 月 8 号经建设部第 145 次常务会议讨论通过，自 2008 年 6 月 1 日起施行。

建筑起重机械安全监督管理规定

第一条 为了加强建筑起重机械的安全监督管理，防止和减少生产安全事故，保障人民群众生命和财产安全，依据《建设工程安全生产管理条例》、《特种设备安全监察条例》、《安全生产许可证条例》，制定本规定。

第二条 建筑起重机械的租赁、安装、拆卸、使用及其监督管理，适用本规定。

本规定所称建筑起重机械，是指纳入特种设备目录，在房屋建筑工地和市政工程工地安装、拆卸、使用的起重机械。

第三条 国务院建设主管部门对全国建筑起重机械的租赁、安装、拆卸、使用实施监督管理。

县级以上地方人民政府建设主管部门对本行政区域内的建筑起重机械的租赁、安装、拆卸、使用实施监督管理。

第四条 出租单位出租的建筑起重机械和使用单位购置、租赁、使用的建筑起重机械应当具有特种设备制造许可证、产品合格证、制造监督检验证明。

第五条　出租单位在建筑起重机械首次出租前，自购建筑起重机械的使用单位在建筑起重机械首次安装前，应当持建筑起重机械特种设备制造许可证、产品合格证和制造监督检验证明到本单位工商注册所在地县级以上地方人民政府建设主管部门办理备案。

第六条　出租单位应当在签订的建筑起重机械租赁合同中，明确租赁双方的安全责任，并出具建筑起重机械特种设备制造许可证、产品合格证、制造监督检验证明、备案证明和自检合格证明，提交安装使用说明书。

第七条　有下列情形之一的建筑起重机械，不得出租、使用：

（一）属国家明令淘汰或者禁止使用的；

（二）超过安全技术标准或者制造厂家规定的使用年限的；

（三）经检验达不到安全技术标准规定的；

（四）没有完整安全技术档案的；

（五）没有齐全有效的安全保护装置的。

第八条　建筑起重机械有本规定第七条第（一）、（二）、（三）项情形之一的，出租单位或者自购建筑起重机械的使用单位应当予以报废，并向原备案机关办理注销手续。

第九条　出租单位、自购建筑起重机械的使用单位，应当建立建筑起重机械安全技术档案。

建筑起重机械安全技术档案应当包括以下资料：

（一）购销合同、制造许可证、产品合格证、制造监督检验证明、安装使用说明书、备案证明等原始资料；

（二）定期检验报告、定期自行检查记录、定期维护保养记录、维修和技术改造记录、运行故障和生产安全事故记录、累计运转记录等运行资料；

（三）历次安装验收资料。

第十条　从事建筑起重机械安装、拆卸活动的单位（以下简称安装单位）应当依法取得建设主管部门颁发的相应资质和建筑施工企业安全生产许可证，并在其资质许可范围内承揽建筑起重机械安装、拆卸工程。

第十一条　建筑起重机械使用单位和安装单位应当在签订的建筑起重机械安装、拆卸合同中明确双方的安全生产责任。

实行施工总承包的，施工总承包单位应当与安装单位签订建筑起重机械安装、拆卸工程安全协议书。

第十二条　安装单位应当履行下列安全职责：

（一）按照安全技术标准及建筑起重机械性能要求，编制建筑起重机械安装、拆卸工程专项施工方案，并由本单位技术负责人签字；

（二）按照安全技术标准及安装使用说明书等检查建筑起重机械及现场施工条件；

（三）组织安全施工技术交底并签字确认；

（四）制定建筑起重机械安装、拆卸工程生产安全事故应急救援预案；

（五）将建筑起重机械安装、拆卸工程专项施工方案，安装、拆卸人员名单，安装、拆卸时间等材料报施工总承包单位和监理单位审核后，告知工程所在地县级以上地方人民政府建设主管部门。

第十三条 安装单位应当按照建筑起重机械安装、拆卸工程专项施工方案及安全操作规程组织安装、拆卸作业。

安装单位的专业技术人员、专职安全生产管理人员应当进行现场监督，技术负责人应当定期巡查。

第十四条 建筑起重机械安装完毕后，安装单位应当按照安全技术标准及安装使用说明书的有关要求对建筑起重机械进行自检、调试和试运转。自检合格的，应当出具自检合格证明，并向使用单位进行安全使用说明。

第十五条 安装单位应当建立建筑起重机械安装、拆卸工程档案。

建筑起重机械安装、拆卸工程档案应当包括以下资料：

（一）安装、拆卸合同及安全协议书；

（二）安装、拆卸工程专项施工方案；

（三）安全施工技术交底的有关资料；

（四）安装工程验收资料；

（五）安装、拆卸工程生产安全事故应急救援预案。

第十六条 建筑起重机械安装完毕后，使用单位应当组织出租、安装、监理等有关单位进行验收，或者委托具有相应资质的检验检测机构进行验收。建筑起重机械经验收合格后方可投入使用，未经验收或者验收不合格的不得使用。

实行施工总承包的，由施工总承包单位组织验收。

建筑起重机械在验收前应当经有相应资质的检验检测机构监督检验合格。

检验检测机构和检验检测人员对检验检测结果、鉴定结论依法承担法律责任。

第十七条 使用单位应当自建筑起重机械安装验收合格之日起 30 日内，将建筑起重机械安装验收资料、建筑起重机械安全管理制度、特种作业人员名单等，向工程所在地县级以上地方人民政府建设主管部门办理建筑起重机械使用登记。登记标志置于或者附着于该设备的显著位置。

第十八条 使用单位应当履行下列安全职责：

（一）根据不同施工阶段、周围环境以及季节、气候的变化，对建筑起重机械采取相应的安全防护措施；

（二）制定建筑起重机械生产安全事故应急救援预案；

（三）在建筑起重机械活动范围内设置明显的安全警示标志，对集中作业区做好安全防护；

（四）设置相应的设备管理机构或者配备专职的设备管理人员；

（五）指定专职设备管理人员、专职安全生产管理人员进行现场监督检查；

（六）建筑起重机械出现故障或者发生异常情况的，立即停止使用，消除故障和事故隐患后，方可重新投入使用。

第十九条 使用单位应当对在用的建筑起重机械及其安全保护装置、吊具、索具等进行经常性和定期的检查、维护和保养，并做好记录。

使用单位在建筑起重机械租期结束后，应当将定期检查、维护和保养记录移交出租单位。

建筑起重机械租赁合同对建筑起重机械的检查、维护、保养另有约定的，从其约定。

第二十条　建筑起重机械在使用过程中需要附着的，使用单位应当委托原安装单位或者具有相应资质的安装单位按照专项施工方案实施，并按照本规定第十六条规定组织验收。验收合格后方可投入使用。

建筑起重机械在使用过程中需要顶升的，使用单位委托原安装单位或者具有相应资质的安装单位按照专项施工方案实施后，即可投入使用。

禁止擅自在建筑起重机械上安装非原制造厂制造的标准节和附着装置。

第二十一条　施工总承包单位应当履行下列安全职责：

（一）向安装单位提供拟安装设备位置的基础施工资料，确保建筑起重机械进场安装、拆卸所需的施工条件；

（二）审核建筑起重机械的特种设备制造许可证、产品合格证、制造监督检验证明、备案证明等文件；

（三）审核安装单位、使用单位的资质证书、安全生产许可证和特种作业人员的特种作业操作资格证书；

（四）审核安装单位制定的建筑起重机械安装、拆卸工程专项施工方案和生产安全事故应急救援预案；

（五）审核使用单位制定的建筑起重机械生产安全事故应急救援预案；

（六）指定专职安全生产管理人员监督检查建筑起重机械安装、拆卸、使用情况；

（七）施工现场有多台塔式起重机作业时，应当组织制定并实施防止塔式起重机相互碰撞的安全措施。

第二十二条　监理单位应当履行下列安全职责：

（一）审核建筑起重机械特种设备制造许可证、产品合格证、制造监督检验证明、备案证明等文件；

（二）审核建筑起重机械安装单位、使用单位的资质证书、安全生产许可证和特种作业人员的特种作业操作资格证书；

（三）审核建筑起重机械安装、拆卸工程专项施工方案；

（四）监督安装单位执行建筑起重机械安装、拆卸工程专项施工方案情况；

（五）监督检查建筑起重机械的使用情况；

（六）发现存在生产安全事故隐患的，应当要求安装单位、使用单位限期整改，对安装单位、使用单位拒不整改的，及时向建设单位报告。

第二十三条　依法发包给两个及两个以上施工单位的工程，不同施工单位在同一施工现场使用多台塔式起重机作业时，建设单位应当协调组织制定防止塔式起重机相互碰撞的安全措施。

安装单位、使用单位拒不整改生产安全事故隐患的，建设单位接到监理单位报告后，应当责令安装单位、使用单位立即停工整改。

第二十四条　建筑起重机械特种作业人员应当遵守建筑起重机械安全操作规程和安全管理制度，在作业中有权拒绝违章指挥和强令冒险作业，有权在发生危及人身安全的紧急情况时立即停止作业或者采取必要的应急措施后撤离危险区域。

第二十五条　建筑起重机械安装拆卸工、起重信号工、起重司机、司索工等特种作业人员应当经建设主管部门考核合格，并取得特种作业操作资格证书后，方可上岗作业。

省、自治区、直辖市人民政府建设主管部门负责组织实施建筑施工企业特种作业人员的考核。

特种作业人员的特种作业操作资格证书由国务院建设主管部门规定统一的样式。

第二十六条 建设主管部门履行安全监督检查职责时，有权采取下列措施：

（一）要求被检查的单位提供有关建筑起重机械的文件和资料；

（二）进入被检查单位和被检查单位的施工现场进行检查；

（三）对检查中发现的建筑起重机械生产安全事故隐患，责令立即排除；重大生产安全事故隐患排除前或者排除过程中无法保证安全的，责令从危险区域撤出作业人员或者暂时停止施工。

第二十七条 负责办理备案或者登记的建设主管部门应当建立本行政区域内的建筑起重机械档案，按照有关规定对建筑起重机械进行统一编号，并定期向社会公布建筑起重机械的安全状况。

第二十八条 违反本规定，出租单位、自购建筑起重机械的使用单位，有下列行为之一的，由县级以上地方人民政府建设主管部门责令限期改正，予以警告，并处以 5000 元以上 1 万元以下罚款：

（一）未按照规定办理备案的；

（二）未按照规定办理注销手续的；

（三）未按照规定建立建筑起重机械安全技术档案的。

第二十九条 违反本规定，安装单位有下列行为之一的，由县级以上地方人民政府建设主管部门责令限期改正，予以警告，并处以 5000 元以上 3 万元以下罚款：

（一）未履行第十二条第（二）、（四）、（五）项安全职责的；

（二）未按照规定建立建筑起重机械安装、拆卸工程档案的；

（三）未按照建筑起重机械安装、拆卸工程专项施工方案及安全操作规程组织安装、拆卸作业的。

第三十条 违反本规定，使用单位有下列行为之一的，由县级以上地方人民政府建设主管部门责令限期改正，予以警告，并处以 5000 元以上 3 万元以下罚款：

（一）未履行第十八条第（一）、（二）、（四）、（六）项安全职责的；

（二）未指定专职设备管理人员进行现场监督检查的；

（三）擅自在建筑起重机械上安装非原制造厂制造的标准节和附着装置的。

第三十一条 违反本规定，施工总承包单位未履行第二十一条第（一）、（三）、（四）、（五）、（七）项安全职责的，由县级以上地方人民政府建设主管部门责令限期改正，予以警告，并处以 5000 元以上 3 万元以下罚款。

第三十二条 违反本规定，监理单位未履行第二十二条第（一）、（二）、（四）、（五）项安全职责的，由县级以上地方人民政府建设主管部门责令限期改正，予以警告，并处以 5000 元以上 3 万元以下罚款。

第三十三条 违反本规定，建设单位有下列行为之一的，由县级以上地方人民政府建设主管部门责令限期改正，予以警告，并处以 5000 元以上 3 万元以下罚款；逾期未改的，责令停止施工：

（一）未按照规定协调组织制定防止多台塔式起重机相互碰撞的安全措施的；

（二）接到监理单位报告后，未责令安装单位、使用单位立即停工整改的。

第三十四条　违反本规定，建设主管部门的工作人员有下列行为之一的，依法给予处分；构成犯罪的，依法追究刑事责任：

（一）发现违反本规定的违法行为不依法查处的；

（二）发现在用的建筑起重机械存在严重生产安全事故隐患不依法处理的；

（三）不依法履行监督管理职责的其他行为。

第三十五条　本规定自 2008 年 6 月 1 日起施行。

14.4　机械设备使用监督检查制度

（1）公司设备处和安技处（或委派的监察检查人员），在每两月一次的综合考评检查及其他检查中，检查机械管理制度和各项技术规定的贯彻执行情况，以保证机械设备的正确使用、安全运行。

（2）监督检查工作内容是：

① 积极宣传有关机械设备管理的规章制度、标准、规范，并监督各项目施工中的贯彻执行。

② 对机械设备操作人员、管理人员进行违章的检查，对违章作业、瞎指挥、不遵守操作规程和带病运转的机械设备及时进行纠正。

③ 向企业主管部门领导反映机械设备管理、使用中存在的问题和提出改进意见。

（3）监督检查不遵守规程、规范使用机械设备的人和事，经劝阻制止无效时，有权令其停止作业，并开出整改通知单；如违章单位或违章人员未按"整改通知单"的规定期内解决提出的问题，应按规定依据情节轻重处以罚款或停机整改。

（4）各级领导对监督检查员正确使用职权应大力支持和协助。经监督检查员提出"整改通知单"后拒不改正，而又造成事故的单位和个人，除按事故进行处理外，应追究拒之者的责任，应视事故损失的情况给予罚款或行政处分，直到追究刑事责任。

14.5　机械设备报废制度

（1）当机械设备使用过程中出现下列情况之一时，均达到报废条件：

① 磨损严重，基础件已坏，再进行大修理已不能使其达到使用和安全要求者。

② 由于意外事故使机械设备受到严重损坏，无法进行修复且又无改造价值者。

③ 修理费用高，在经济上不如更新合算者。

④ 技术性能落后，耗能高，配件无供应，又不能满足生产要求者。

（2）凡符合上述条件之一者，设备处总工组织技术鉴定小组对申请报废的机械设备进行技术鉴定，填写机械设备报废鉴定表。

（3）各单位、施工项目部所自购的 C 类设备，由设备管理员依据设备报废规定经各单位、施工项目部的领导批准后，自行报废，并上报设备处备案。

（4）公司设备处设备管理员于年底汇总设备报废鉴定表经公司纠织相关部门逐一鉴定后，报总公司、省国有资产管理局批复后方可实施报废。

（5）经批准报废的机械设备如折旧未提足，应按财务规定将折旧补提足额。

（6）已批准报废的机械设备，不得转让他用或继续使用，应作好残值回收，对还能利用的零部件、总成，要尽量利用并估价作为残值变价收入。

（7）机械设备不论报废或变价处理，在办完实物清理或交换手续后，应及时办理财务事宜。

（8）机械设备因遭自然灾害或其他非人力能挽回的原因丢失，应由使用单位认真清查。机械设备应报公司主管经理及财务部门按规定处理。属于保管不善而丢失者，应由责任者负责赔偿部分或全部损失，不得按报废处理。

14.6　机械设备装备规划编制制度

（1）为适应现代建筑的需要，应有计划、有目标、有步骤地改善和发展装备结构，公司设备处和施工项目部应根据施工方案的要求编制装备规划和设备更新规划。

（2）机械设备装备原则：

① 根据施工项目的工程结构、施工方案作好机械设备的品种和数量的合理配套，以保证施工中具备合适的、先进的机械设备。

② 必须优先解决劳动力占用多、体力劳动繁重以及非用机械设备难以保证工程进度和工程质量的工程部位。

③ 讲究经济效益，重视发展专业化、社会化协作。利用率低于80％的机械设备，应提倡租赁，一般不购置，以充分发挥投资效益。

④ 必须管好、养好、用好现有的机械设备，通过挖潜、更新、改造，充分利用现有机械设备。

（3）结合工程结构和施工方案的需要，设备部门应根据装备规划和设备更新计划组织有关部门进行技术、经济等方面的论证，防止盲目购进机械设备。

（4）装备规划的规模，必须结合实际，量力而行，防止超出财力使规划落空。

（5）A、B类设备的添置，须由公司设备处申请，经公司领导审批、总经理批准后，方可执行。

14.7　机械设备申请购置制度

（1）根据工程的需要，需增添或更新 A、B 类设备时（A 指大型机械、B 指中型机械），由公司设备处填写机械设备购置申请（审批）表，经生产副总经理审核，报总经理后，由设备处负责购置。

（2）需自行添置 C 类机械设备的单位，由各单位设备负责人写出申请报告，各单位领导批准后方可自行购买（C 指小型机械）。

（3）机械设备的选型、采购，必须对设备的安全可靠性、节能性、生产能力、可维修性、耐用性、配套性、经济性、售后服务及环境等因素进行综合论证，择优选用。

（4）购置进口设备，必须经主管经理审核，总经理批准，委托外贸部门与外商联系，公司设备处和主管经理应参与对进口机械设备的质量、价格、售后服务、安全性及外商的资质和信誉度进行评估、论证工作，以决定进口设备的型号、规格和生产厂家。

（5）进口机械设备所需的易损件或备件，在国内尚无供应渠道或不能替代生产时，应在引进主机的同时，适当地订购部分易损、易耗配件以备急需用。

（6）公司各单位在购置机械设备后，应将机械设备购置申请（审批）表、发票、购置合同、开箱检验单、原始资料登记表等复印件交设备管理员验收、建档，统一办理新增固定资产手续。

（7）各单位、施工项目部所自购的 C 类设备经验收合格后，填写相关机械设备记录报设备处建档。

14.8 机械设备开箱检验制度

（1）A、B 类机械设备购置到货后，由设备处负责组织技术人员、设备管理人员按国家、行业规范和合同要求进行开箱验收。项目部自行购置的 C 类设备由项目设备负责人进行验收，均应填写设备开箱检查记录表。

（2）验收人员应认真核对设备生产厂家是否有生产许可证和产品合格证。无生产许可证和产品合格证不予验收。

（3）验收人员应依据订货合同核对发票、货运单、设备型号、规格，按装箱单检查包装箱完整情况，件数无误，方可安装运行，且必须在索赔期内完成。如发现问题应进行详细记载并向生产厂家或经销商提出质询、更换或索赔。

（4）顺序进行设备的外观、空运转、满负荷试验，测定设备的技术性能和使用性能是否符合国家规范和产品使用说明书的要求。

（5）对安全装置不全或不能可靠工作的机械设备拒绝验收。

（6）进口设备开箱前应对其技术资料和装箱单进行认真阅读和翻译，对设备外包装和开箱后整机外观从不同角度拍照，发现问题及时要求经销商解决。

（7）对试运行中不合格的机械设备的处置如下：

① 分项方负责修理；

② 供方赔款；

③ 退货。

（8）已验收合格的机械设备，填写施工机械开箱检查记录和机械设备卡片交设备处建档，设备入库或交付使用。

还可以制定其他一些行之有效的制度，如：人机固定制度、岗位责任制度、交接班制度、安全使用制度、机械设备使用档案制度等。此处不逐一叙述了，读者可自行按实际需要去制定。

15 建筑机械安全事故案例

案例一：福建省"10.30"起重机械伤害事故

1. 事故简介

2008年10月30日，福建省某房地产开发项目施工现场发生一起施工升降机吊笼坠落事故，造成12人死亡，直接经济损失521.1万元。

该项目总建筑面积183134m²，总造价23843.22万元，共计8栋楼，发生事故的3号楼高85.45m，共计28层。事故当日上午6时左右，3号楼木工班组、钢筋班组共计12名施工人员，吃完早饭后，乘坐施工升降机准备到25层工作面作业，由其中1人（非操作人员）擅自开机。由于第43标准节间西侧两根连接螺栓紧固螺母脱落，东侧吊笼产生的倾覆力矩大于上部四节标准节自重及钢丝绳拉力产生的稳定力矩，造成第43～46标准节倾倒在3号楼东面外钢管脚手架上，因吊笼重力和冲击力的作用，致使吊笼滚轮和安全钩滑脱标准节，对重钢丝绳脱离顶部滑轮，吊笼坠落在2号楼与3号楼之间的2层平台上，坠落点与施工升降机机架的中心点距离约6m。

根据事故调查和责任认定，对有关责任方作出以下处理：建设单位法人、副总经理、

图15-1 福建省"10.30"起重机械伤害事故现场
（坠落的吊笼）

总监理工程师代表等 18 名责任人移交司法机关依法追究刑事责任。借出资质的施工、劳务单位法人、项目经理、升降机安装单位负责人等 33 名责任人受到相应行政处罚。建设、监理等单位受到相应经济处罚。

2. 事故原因

1）直接原因

施工现场设备管理严重缺失，施工升降机安装、检测、日常检查、维护保养不到位。当东侧吊笼行至第 44、第 45 标准节时，由于施工升降机第 42、第 43 标准节间西侧两根连接螺栓紧固螺母已脱落，倾覆力矩大于稳定力矩，致使第 42 节以上四节标准节倾倒，吊笼滚轮和安全钩滑脱标准节，对重钢丝绳脱离顶部滑轮，吊笼坠落。

2）间接原因

（1）现场安全管理混乱，建设单位严重违反工程建设质量和安全生产的法律法规，集开发、施工和设备安装于一体，签订"阴阳"合同，私招乱雇，把分项工程发包给无相应施工资质的农民工组织施工。

（2）项目部安全管理缺失，现场管理混乱。项目部未成立安全生产管理机构，未配备专职安全管理人员，现场安全管理人员未经专门安全培训，无证上岗。项目经理长期不到位，施工人员岗前三级安全教育制度不落实。

（3）施工单位把资质提供给建设单位使用，从中收取管理费。允许他人以本单位的名义进行建筑施工，且未履行《建设工程施工合同》的约定，未派出项目经理进驻施工现场，严重违反了工程建设质量和安全生产的法律法规。

（4）劳务分包、脚手架专业分包单位把各自的模板作业劳务分包、脚手架劳务分包资质提供给建设单位使用，从中收取管理费，允许他人以本单位的名义进行模板工程、脚手架安装工程施工，且均未履行《建设工程施工劳务分包合同》上的约定，未派出项目经理进驻施工现场管理，严重违反工程建设质量和安全生产的法律法规。

（5）监理单位违反《建设工程监理规范》，监理人员未按投标承诺到位，未认真履行监理职责，总监长期不到位，现场管理力量弱化。一是未认真履行《建设工程委托监理合同》，违规协助、配合建设单位降低工程监理收费标准，降低监理标准；二是协助施工单位造假；三是未能依法履行工程监理职责；四是监理人员安全意识淡漠。

（6）工程质量监督检测机构不重视施工升降机检测前置条件相关资料项目的检查，未按施工升降机检测技术标准和规范要求认真组织检测，凭经验编写检测数据，不负责任地出具检测合格报告，为非法安装的施工升降机顺利通过检测提供方便。

3. 事故教训

（1）建设单位无视法律法规，一味追求经济利益。建设单位置国家相关法律法规于不顾，借资质自己搞施工，签订"阴阳"合同，集开发、施工和设备安装于一体，现场安全管理混乱。

（2）个别施工单位，提供资质，收取管理费。协助建设单位签订"阴阳"合同，属于明显的卖牌子行为。而签订《公司内部经济责任承包合同》，是典型的项目经理大包干现象，为建设单位弄虚作假提供了途径。

（3）工程监理形同虚设。建筑工程咨询监理事务所置法律法规不顾，同建设单位签订《委托监理补充协议》，明确监理费一次包干，低成本必然造成管理粗放，一名监理管多个项目，人员不到岗，形成经营、管理上的恶性循环。

（4）检测单位安全管理存在漏洞。作为特种设备检测单位，某省建筑工程质量监督检测中心不重视前置条件检查，未按要求组织检测，凭经验编写数据，不负责任地出具检测合格报告，在安全管理上存在死角，为非法安装的施工升降机顺利通过检测提供方便。

（5）在工程施工过程中，从建设单位开始，分部工程被层层转包，最终由没有任何资质的包工队完成。

（6）执法管理存在漏洞。有关主管部门执法不严、日常监管不力，对建设单位利用施工单位资质自行组织施工，层层转包，私招乱雇等情况，未能及时发现并制止，对发现的重大安全隐患，对多次重复出现同类安全隐患的施工单位，未采取任何措施，也未依法进行行政处罚。

4. 专家点评

这是一起由于施工现场机械管理失控引发的生产安全责任事故。事故的发生暴露出建设单位违法发包、施工单位安全管理缺失、监理单位不认真履行职责等一系列问题。我们应认真吸取教训，做好以下几项工作：

（1）切实加强建设工程安全生产监督管理。各级政府安全生产监督管理部门应认真执行《中华人民共和国安全生产法》、《中华人民共和国建筑法》、《中华人民共和国合同法》和《建筑企业资质管理规定》等法律法规，从源头上严把房地产开发等企业的项目招投标、施工许可关。地方监管部门的不良作为，致事故隐患长期存在，终酿成较大安全事故。

（2）严格执法，严厉查处项目开发、设计、施工、监理、安装、检测等各环节中存在的弄虚作假行为，严格查处违法分包、转包和挂靠等行为。这起事故中，建设单位为追求利益最大化，置国家法律于不顾，串通有资质单位，签订"阴阳"合同，自行组织施工，同时管理力量薄弱，层层转包，私招乱雇，只追求效益和进度，不要质量和安全。个别施工单位内部管理混乱，出卖企业资质的行为，为其弄虚作假提供了便利。

（3）严格建筑市场准入管理，完善建筑市场清出机制。加强企业资质审批后监管，加大对建设工程违法发包行为的查处力度。施工升降机的安装和拆除作业专业性强、危险性大，必须由具备相应资质的专业队伍完成。安装前要编制方案，安装后经技术试验确认合格后方可投入运行。

（4）依法监理，严格自律，认真履行监理职责。工程监理虽是受业主委托和授权，但它是作为独立的市场主体为维护业主的正当权益服务的，在维护业主正当权益的同时，监理也应维护承包商的正当权益，按现行监理制度规定的监理依据、程序、方法规范化地履行职责。

（5）切实落实建筑施工企业的安全生产主体责任。建立建筑市场信用体系，督促建筑施工单位建立健全本单位安全生产管理规章制度，严厉打击建筑施工企业卖牌子的行为，同时加大安全隐患排查整治力度。

案例二：山东省"10.10"塔吊倒塌事故

1. 事故简介

2008年10月10日，山东省某居民楼工程发生一起塔吊倒塌事故，由于施工地点临近某幼儿园，造成5名儿童死亡、2名儿童重伤，直接经济损失约300万元。

该工程建筑面积4441m²，合同造价355.21万元。施工单位与某私人劳务队签订承包合同，将该工程进行了整体发包。该工程的监理通过伪造，使用某监理公司的技术专用章（不能作为合同、协议用章）承揽到此项工程的监理任务。

图15-2   山东省"10.10"塔吊倒塌事故现场

事发当日，塔吊司机（无塔式起重机操作资格证）操作QTZ—401型塔式起重机向作业面吊运混凝土。当装有混凝土的料斗（重约700kg）吊离地面时，发现吊绳绕住了料斗上部的一个边角，于是将料斗下放。在料斗下放过程中塔身前后晃动，随即塔吊倾倒，塔吊起重臂碰到了相邻的幼儿园内，造成惨剧。

根据事故调查和责任认定，对有关责任方作出以下处理：施工队负责人、施工现场负责人、现场监理等5名责任人移交司法机关依法追究刑事责任。建设单位负责人、塔吊安装负责人、施工单位负责人等14名责任人受到行政或党纪处分。施工、政府有关部门等责任单位分别受到罚款、通报批评等行政处罚。

2. 事故原因

1）直接原因

塔式起重机塔身第3标准节的主弦杆有1根由于长期疲劳已断裂，同侧另1根主弦杆存在旧有疲劳裂纹。该塔吊存在重大隐患，安装人员未尽安全检查责任。

2）间接原因

(1) 使用无塔吊安装资质的单位和人员从事塔吊安装作业。安装前未进行零部件检查；安装后未进行验收。

(2) 塔吊安装和使用中，安装单位和使用单位没有对钢结构的关键部位进行检查和验收。未及时发现非常明显的重大隐患并采取有效防范措施。

(3) 塔吊的回转半径范围覆盖毗邻的幼儿园达10m，未采取安全防范措施。

(4) 塔吊操作人员未经专业培训，无证上岗。

(5) 建设、城管、教育等主管部门贯彻执行国家安全生产法律法规不到位，没有认真履行安全监管责任，对辖区存在的非法建设项目取缔不力，安全隐患排查治理不力。

3. 事故教训

(1) 建设单位要依法办理并完善有关行政审批手续，按照招投标规定，使用有资质、有技术力量、具备安全生产条件的施工单位和监理单位，确保工程的安全与质量。

(2) 施工单位要认真履行主体责任，加强安全管理，消除事故隐患。

(3) 各有关单位要依据有关法律法规加强管理，规范其中机械设备的制造、安装、使用、检验、操作和日常检查，确保设备安全运行。

（4）各级政府和负有安全监管职责的有关部门要认真履行安全生产管理职责，严禁无资质施工单位进入建筑市场。

4. 专家点评

这是一起由于塔吊安装单位无资质施工且未严格履行验收手续而引发的生产安全责任事故。事故的发生暴露出该工程在大型机械设备管理上存在严重的缺陷和问题。我们应认真吸取教训，做好以下几方面的工作：

（1）参建各方必须严格遵守相关法规。这起事故中建设、施工、监理单位无视国家相关法律法规。总包单位违法将工程转包给无施工资质的施工队，建设、监理单位监督不到位。惨痛的教训再次要求施工单位要认真履行主体责任，加强安全管理，消除事故隐患。建设单位要依法办理并完善有关行政审批手续，按照招投标规定，使用有资质、有技术力量、具备安全生产条件的施工单位和监理单位，确保工程的安全与质量。

（2）加强机械设备日常维护保养管理。事故塔吊标准节主弦杆断裂这一现象，充分暴露了设备日常管理、维修保养不到位等问题。目前建筑业市场发展较快，一些大中型机械设备逐渐开始由规模较小的租赁单位，甚至由劳务队伍管理，造成设备日常维护不到位，直接导致了很多设备带故障运行。这也是目前亟待解决的一个问题。

（3）强化政府监管职责。各级政府负有安全监管职责的有关部门要认真履行安全生产管理职责，严禁无资质施工单位进入建筑市场。要依据有关法律法规加强管理，规范起重机械设备的制造、安装、使用、检验、操作和日常检查，确保设备安全运行。

案例三：陕西省"07.14"塔吊倒塌事故

1. 事故简介

2008年7月14日，陕西省某商住楼工程施工现场，发生一起塔式起重机在顶升过程中倒塌的事故，造成3人死亡、3人受伤，直接经济损失155万元。

该工程共30层，1、2层为底商，3层以上为住宅，建筑面积45000m²，合同造价4409.8万元。2007年11月，在尚未取得审批手续和施工许可证的情况下，工程擅自开工建设，截至2008年7月14日事发时，已施工至12层。

事故发生时，塔式起重机高度约60m，已经安装两道附着，第一道附着高度23.5m，第二道附着高度41.5m。2008年7月14日12时左右，施工单位临时招来无特种作业资格证书的6名施工人员，对工程西侧的塔式起重机进行顶升作业。16时左右，正在顶升第2节标准节，当油缸顶升高度700mm时，塔帽晃动，连接平衡臂与塔帽的拉杆在塔帽顶端连接处销轴脱落，平衡臂失稳，塔吊产生晃动，两块配重断裂，砸向平衡臂下约16m处，平衡臂整体砸向臂下约13m处，第2道附着拉断，塔吊失稳，塔身扭转倒塌，塔上作业人员坠落。

根据事故调查和责任认定，对有关责任方作出以下处理：建设单位法人代表、施工单位项目经理2人移交司法机关依法追究刑事责任。施工单位副经理、项目经理、监理单位项目总监等8名责任人分别受到撤职、暂停执业资格、吊销岗位证书等行政处罚。建设、施工、监理等单位分别受到罚款、暂扣安全生产许可证90天且两年内不得在该市参与工程施工投标，暂扣监理资质证书等行政处罚。

2. 事故原因

1）直接原因

塔式起重机塔帽与平衡臂拉杆连接处销轴脱落。由于在"5.12"地震时平衡臂晃动，销轴、销孔严重变形，销轴末端开口销被切断、脱落，未进行修复或更换。顶升作业产生晃动，使已变形松动的销轴在南耳板拉杆孔处滑脱，平衡臂失稳，塔式起重机倒塌。

2）间接原因

（1）建设单位在未取得建设工程规划许可证和施工许可证的情况下擅自开工，未按规定程序自行选定施工单位、监理单位，未委托质量安全监督机构对该工程进行监督，未将保证安全施工的措施报送建设主管行政部门备案。

（2）施工单位作为塔式起重机的产权、安装和使用单位，无特种设备安装、拆除资质，塔吊安装前，未制定塔吊安装方案，安装后，无设备验收、自检等资料。

（3）施工单位在塔式起重机使用前未按要求委托具有相应资质的检测机构进行特种设备检测，未作自检和日常维护保养，致使塔吊销轴、孔的公差配合超差等隐患长期存在，未得到整改。

（4）施工单位在塔式起重机顶升作业前，未对作业人员进行安全技术交底，未对作业人员进行相关业务培训，作业过程中无具体的安全措施，也无专人现场负责。

（5）施工单位项目部无特种设备管理制度，无操作人员岗位职责，无特种设备日常维修、保养记录，项目部虽建立了安全生产责任制和相关制度，但未落到实处，对现场疏于管理，安全跟踪不到位。

（6）监理单位未按规定程序进场监理，对未办理施工许可证，未办理质量安全监督手续的违法行为采取措施不力。在工程监理过程中，监理人员更换频繁，总监代表不在现场办公，未能履行工程监理的职责。

3. 事故教训

（1）安全意识淡薄。施工单位在无特种设备安装、拆除资质的情况下，擅自组织塔式起重机安装、顶升，严重违反了《建筑起重机械安全监督管理规定》。

（2）缺乏特种设备安全管理常识。施工单位在塔式起重机使用前未按要求委托具有相应资质的检测机构进行特种设备检测，未按操作规程要求，组织自检和日常维护保养，在"5.12"地震后，没有及时进行全面检查和验收，致使隐患长期存在，发生事故。

（3）安全管理制度不健全。该项目部无特种设备管理制度，无操作人员岗位职责，无日常维修、保养记录，安全管理制度严重缺失。

（4）法律意识淡漠。建设单位无视国家有关法规要求，擅自组织施工，自行选定施工单位、监理单位。

（5）监理不到位。某工程技术质量咨询公司进场程序本身违法，所以对未办理施工许可证、未办理质量安全监督手续的违法行为视而不见。

（6）执法不到位。从工程开工到发生事故，8个月间，违法建筑已建设12层，但有关部门视而不见，监管不严，直致事故发生。

4. 专家点评

这是一起由于违章顶升塔式起重机而引发的生产安全责任事故。事故的发生暴露出该工程参建各方安全法制意识淡薄、机械管理缺失等问题。我们应认真吸取事故教训，做好以下几方面工作：

（1）严格执行法规、部门规章及规范、标准。建筑起重机械应严格按照《建筑起重机械安全监督管理规定》办理备案手续，由具备相关资质的单位组织安装、拆除，并按规定组织检测，合格后方可使用。这起事故中，塔吊产权单位（也是使用单位）违反对塔式起重机进行顶升作业。

（2）进一步明确和强化建设单位主体责任。建设单位违反《中华人民共和国城市规划法》、《中华人民共和国建筑法》，在未获得审批手续和施工许可证的情况下擅自组织施工，使工程长期脱离监管，未能及时发现处理事故隐患。应加强城市规划执法检查，认真组织建筑施工安全检查，并及时发现违法行为，并及时制止和处理。

（3）建立健全安全管理规章制度。施工单位应根据《建筑起重机械安全监督管理规定》，建立特种设备管理制度，明确相关人员岗位职责，做好日常维修、保养记录。加强特种设备安全培训。塔式起重机使用过程中，应严格按照操作规程要求，进行自检和日常维护保养，特殊情况下，应组织全面检查和验收。

（4）依法监理，认真履行监理职责。根据我国工程建设法律法规，工程监理是受业主委托和授权的，但它是作为独立的市场主体为维护业主的正当权益服务的，应严格执行有关法律法规。

案例四：北京市"04.30"起重机械伤害事故

1. 事故简介

2008年4月30日，北京市某住宅楼工程施工现场，使用汽车起重机拆卸塔式起重机过程中，汽车起重机发生侧翻，塔式起重机起重臂撞在临近一台正在运行的施工升降机上，导致升降机梯笼坠落，造成3人死亡、2人重伤。

该工程总包单位与起重设备安装工程专业资质为三级的某机械租赁站签订《塔式起重机租赁合同》和《塔式起重机安全管理协议》，租用其一台QTZ160F（JL6516）塔式起重机，在该工程2号楼工地实施起重作业。根据双方租赁合同和管理协议，机械租赁站负责该塔式起重机的安装、拆除工作。机械租赁站出租的塔式起重机实际产权属于私人所有，挂靠在该机械租赁站，由塔机产权人组织施工人员，负责该塔式起重机的安装作业。

图15-3　北京市"04.30"起重机械伤害事故现场

经监理单位同意，塔吊产权人指派一名现场代表负责组织人员并指挥拆卸该塔式起重机。同时，他租用某个人的汽车起重机，实施拆卸塔式起重机的吊装作业。4月30日7时左右，塔吊产权人指派的现场代表开始组织拆卸作业。9时左右，在拆卸吊装塔吊起重臂作业过程中，汽车起重机倾覆，塔吊起重臂撞到3号楼施工升降机轨道上，导致正在运行的施工升降机坠落至地面。

根据事故调查和责任认定，对有关责任方作出以下处理：塔吊产权人、拆卸现场负责人、汽车起重机司机3人移交司法机关依法追究刑事责任。施工单位项目经理、总监理工程师、机械租赁站负责人等4名责任人分别受到吊销执业资格、暂停执业资格、罚款等行政处罚。施工、监理、机械租赁单位分别受到暂扣安全生产许可证并暂停在北京市建筑市场投标资格90天、暂停在北京市建筑市场投标资格30天、吊销专业承包资质和安全生产许可证等行政处罚。

2. 事故原因

1）直接原因

汽车起重机超载吊装，塔式起重机起重臂吊点位置不正确。该塔式起重机起重臂长度60m，经现场测量，汽车起重机吊装起重臂时，出臂长度28.1m，幅度2m，此时允许起重力矩98.4t·m，实际吊装力矩129.6t·m，超载32%。汽车起重机吊钩中心线应位于距塔式起重机起重臂根部24m处，而实际位置在23.5m处，由于选择吊钩中心线与塔式起重机起重臂重心不重合，吊钩起升力与塔式起重机起重臂重心形成扭矩，塔式起重机起重臂与塔身分离后，摆动造成的冲击荷载导致汽车起重机失去平衡发生侧翻。

2）间接原因

（1）机械租赁站超资质范围从事该塔式起重机的安装和拆卸作业。该机械租赁站的起重设备安装工程专业三级资质只能承接不超过800kN·m的塔式起重机拆装，不具备拆装该塔式起重机的资质。

（2）塔式起重机拆卸现场安全管理混乱。拆装方案针对性不强，未向施工人员进行安全技术交底，拆卸人员不具备起重设备拆装作业证。拆卸现场警戒区域存在安全隐患，位于拆卸作业影响范围内的3号楼施工升降机在塔吊拆除期间未停止作业。

（3）施工单位项目经理部，未严格审核机械租赁站资质及拆装方案、特种作业人员资格证书等资料，拆卸过程中，未对拆卸作业现场实施有效的监督和管理，对拆卸现场警戒区域存在的隐患未及时发现和消除。

（4）监理单位未认真履行安全监理职责，未严格审查机械租赁站资质及拆装方案、特种作业人员资格证书等资料，对拆卸现场警戒区域存在的隐患未及时发现和消除。

3. 事故教训

（1）存在侥幸心理。拆装单位不具备拆装此类塔式起重机的资质，拆卸人员不具备起重设备拆装作业资格证书。盲目组织拆除作业，主要是存在侥幸心理，认为凭经验就可以拆除，所以超资质承揽该工程。

（2）安全管理缺乏预见性。总包和监理单位对塔式起重机拆卸作业过程未实施有效的监督和管理，对拆卸现场警戒区域存在的隐患未及时发现和消除。

（3）安全意识淡薄，技术能力欠缺。塔式起重机拆装单位现场负责人不重视安全生产工作，使用不具备拆卸作业资质的人员从事拆卸作业，未向作业人员进行安全技术交底，在拆卸现场警戒区域存在安全隐患的情况下指挥作业。

4. 专家点评

这是一起由于吊点不合理且超载引发的生产安全责任事故。事故的发生暴露出该工程现场管理失控、违章组织塔吊拆除作业、安全管理缺失等问题。我们应认真吸取教训，做好以下几方面工作：

（1）完善起重吊装施工技术措施。这起事故中，由于吊点选择有误，致使塔式起重机起重臂脱离塔身后摆动，而汽车起重机超载吊装，不能有效抵御起重臂摆动造成的冲击荷载而侧翻。所以，塔式起重机拆装作业中，拆装单位必须认真考察作业现场，根据实际情况，编制详细的施工方案，通过计算，选择汽车起重机型号，确定起重吊装位置。塔式起重机拆装单位应严格按照《建筑企业资质管理规定》承揽任务，认真进行现场考察，根据具体作业位置选择起重设备，针对现场实际情况编写拆装方案，对作业人员进行有针对性的安全技术交底，明确具体措施和方法。

（2）加强拆装作业资格预审。塔式起重机安装、拆除前，总分包、监理单位一定要认真审查塔式起重机拆装单位的资质，实际考察其是否具备作业所需条件。总包和监理单位应按照有关规定，严格审核塔式起重机拆装单位的资质、拆装方案和特种作业人员资格证书。

（3）注重拆装作业安全防范。拆装作业过程中，要明确警戒区域，有预见性地确定拆装作业可能影响的范围，排查事故隐患并及时消除，并对拆卸作业全过程实施严格的监督管理。本案例中，如果施工升降机在拆塔过程中停止运输，那么即使出现重大的设备损失，人员伤亡一定会大大减少。

（4）认真组织隐患排查。总包和监理单位在塔式起重机拆卸作业过程中，应对拆卸作业现场实施严格的监督和管理，划定警戒区域，查找存在的隐患并及时消除。加强安全生产教育，认真组织安全检查。应加强对塔式起重机拆装单位现场负责人的安全教育，对拆装过程的各个环节严格把关，认真落实方案和安全技术交底的要求。

案例五：湖北省"03.22"起重机械伤害事故

1. 事故简介

2008年3月22日，湖北省某小区工程发生一起施工升降机吊笼坠落事故，造成3人死亡，直接经济损失129.2万元。

该工程总建筑面积4.65万 m^2，高24层，其中1～3层为商铺，3层以上为住宅，于2007年5月开工。事发时，工程已施工到22层。发生事故的施工升降机为人货两用升降机（以下简称升降机），型号为SS（R）—80。2007年10月由制造单位出售并负责安装。3月22日13时左右，施工单位3名施工人员装载3个手推车混凝土、1个手推车水泥砂浆搭乘工地升降机，当升降机上升运行到20～21层区间时，电气控制系统突发故障，卷扬机的电动机失去动力，电磁制动器处于开启状态，吊笼开始从上升运行转为自由下滑，在20～13层区间，吊笼上两只防坠安全器中有一只先后动作两次均未能使吊笼有效制停，吊笼坠落至地面，造成人员伤亡。

根据事故调查和责任认定，对有关责任方作出以下处理：项目经理、升降机操作工、项目总监理工程师等8名责任人受到撤职、辞退、暂停执业资格等行政处罚。施工、监理、升降机制造等单位分别受到相应经济处罚。对建设、施工、监理及政府有关部门在全市范围予以通报批评。

2. 事故原因

1) 直接原因

升降机在运行中电器控制系统突发故障，导致卷扬机失去动力，电磁制动器处于开启状态，自动抱闸不能闭合，吊笼失控下坠。下坠过程中，吊笼上两个防坠安全器只有一个动作，未能有效制停自由下滑的吊笼。

2) 间接原因

(1) 升降机制造单位未按照安装说明书安装升降机限速器重锤，只是用铁丝把重锤捆绑在门架上。升降机安装后，未自检、未出具合格证明、未验收，就将升降机交付使用。升降机每次加节后，未对设备进行调试和校验，未经过检验部门检验，使设备带病运行。

(2) 施工单位在升降机未经检测检验，未验收并未办理验收手续的情况下投入使用，且升降机司机无证上岗，施工人员违章擅自操作。

(3) 监理单位未对升降机安装使用过程进行程序监理。对特种作业人员无证上岗未进行有效监督。

3. 事故教训

这起事故暴露出升降机在生产、安装、使用过程中存在的诸多问题。升降机制造单位出具的产品合格证与发生事故的升降机产品编号不符，发生事故的升降机无产品合格证。在升降机安装、使用过程中未按有关规定把好自检关、验收关、调试关和检测关。施工、监理单位未对升降机安全状况及特种作业持证上岗情况进行有效监理，教训深刻。

4. 专家点评

这是一起由于施工升降机电控故障导致卷扬机丧失动力，同时防坠保险装置失效引发的生产安全责任事故。事故的发生暴露出该工程施工升降机在生产、安装、检验和使用过程中都存在缺乏有效监控等问题。我们应认真吸取事故教训，做好以下几方面工作：

(1) 强化设备检验和审核。在这起事故中，事故升降机的出厂编号与制造单位提供的产品合格证的出场编号不符。根据《建筑起重机械安全监督管理规定》，升降机的产权单位应向使用单位提交"5证1书"（制造许可证、产品合格证、制造监督检验证明、备案证明和自检合格证明，安装使用说明书）。升降机安装完毕后，安装单位应当按照安全技术标准及安装使用说明书的要求对建筑起重机械进行自检、调试和试运转。自检合格的，出具证明，并向使用单位进行安全使用说明。使用单位组织出租、安装、监理等有关单位进行验收，或者委托具有相应资质的检验检测机构进行验收。验收合格后方可投入使用，未经验收或者必须经技术试验以确认结构及传动系统符合要求，并要对各项安全技术装置按要求进行试验，例如施工升降机的防坠落装置。

(2) 加强起重设备日常的监督管理。根据《建筑起重机械安全监督管理规定》等国家及行业有关规定，升降机的安全管理应严把设备备案、安装自检、检测验收、使用备案四关，按规定程序进行技术试验（包括坠落试验），加强日常的维护保养和安全检查，加强特种作业持证上岗及人员安全教育，保证设备设施运行安全。租赁单位或使用单位应定期对在用升降机及其安全保护装置进行检查、维护和保养，并做好记录。

(3) 加强施工现场对起重机械的审核与检查。施工、监理单位应严格审核升降机原始技术资料；审核安装单位、使用单位的资质证书、安全生产许可证和特种作业人员的操作资格证；审核安装、拆卸工程专项施工方案及事故应急救援预案；监督检查日常使用情况。

案例六：浙江省"01.07"起重机械伤害事故

1. 事故简介

2008年1月7日，浙江省某工程施工现场发生一起施工升降机吊笼坠落事故，造成3人死亡，直接经济损失70万元。

该工程分为两期，于2006年1月开工，总建筑面积20.23万 m²，合同造价约3亿元。发生事故的为2期4号楼，18层，主体结构基本完工。4号楼施工升降机为人货两用施工升降机（以下简称为升降机），2007年7月9日初次安装验收，安装高度为51m，绍兴市特种设备检测院进行了检测。当日13时左右，2名施工人员搭乘升降机到14层进行地面清理。当升降机上升至9层时，吊笼突然整体下坠，坠落至地面。

根据事故调查和责任认定，对有关责任方作出以下处理：施工单位驻地主任、项目经理、项目总监理工程师等8名责任人分别受到吊销执业资格、罚款等行政处罚。施工、监理、劳务、设备制造等单位分别受到相应经济处罚。

2. 事故原因

1）直接原因

升降机在使用过程中由于曳引轮防钢丝绳脱槽措施失效，发生钢丝绳脱槽，造成主轴磨削，发生断裂，在升降机吊笼整体下坠过程中，防坠安全器未起作用，导致事故发生。

2）间接原因

（1）施工升降机存在产品缺陷，滑轮、曳引轮未设置有效防止钢丝绳脱槽措施。防松绳开关选用自动复位开关，钢丝绳松脱时，防钢丝绳松、断绳装置未能有效动作。限速安全器动作时，带动偏心夹紧轮夹紧导轨的连杆因强度不足而破坏，使防坠动作失效。极限开关选用自动复位型。吊笼和对重底部未设置缓冲装置。

（2）防坠安全器未进行有效封闭，内外粘有大量黄油和杂物。

（3）升降机二次升高后，未进行检测检验，未做防坠试验。

（4）施工现场对升降机的维护、保养不到位，未在设备运行前检查曳引轮、钢丝绳等关键部位。

3. 事故教训

这起事故暴露出升降机制造单位未能严格执行国家的有关法律法规和国家标准、行业标准，设备的安全装置未正确选型，产品质量不合格，给施工现场安全使用埋下重大隐患。升降机在使用过程中没有及时维护、保养，二次升高后检验检测工作把关不严。施工、监理单位未对升降机安全状况进行有效监理。

4. 专家点评

这是一起由于施工升降机曳引轮防脱槽装置失效造成主轴削磨断裂引发的生产安全责任事故。事故的发生暴露出生产制造单位产品质量低劣、日常使用过程缺乏维护保养等问题。我们应认真吸取教训，做好以下几项工作：

（1）施工机械安全装置是机械安全的基本保证。在这起事故中，几道防护措施均失效导致了事故的发生。一是曳引轮防钢丝绳脱槽措施和防松、断绳装置失效，在使用中，钢丝绳从曳引轮上脱槽，进入齿轮箱与曳引轮之间间隙，使主轴被钢丝绳磨削而断裂，升降机吊笼整体下坠。二是在下坠过程中，两只限速安全器因关键零件强度不足断裂而失效。三是两只防坠安全器因内部沾有大量油污，吊笼处于非自由落体运动，防坠安全器未动作，造成两套防坠装置均未有效工作。四是井架底部未设置缓冲装置，结果造成人员死亡。施工单位应严格按照《建筑起重机械安全监督管理规定》，把好升降机安装、提升的验收和检测检验关，加强设备日常的维护和保养，加强班前自检，加强操作人员安全教育培训。监理单位应加强对升降机的日常管理，发现事故隐患或不安全的施工行为及时制止或上报，确保安全生产。

（2）确保产品质量是施工机械本质安全的保证。根据国家标准《施工升降机》、《施工升降机安全规程》规定，钢丝绳式施工升降机在设计制造中应确保以下设施、装置安全可靠：一是滑轮或曳引轮应有防止钢丝绳脱槽的措施；二是极限开关应选用非自动复位型的，吊笼越程超出限位开关后，极限开关须切段总电源使吊笼停车；三是防松绳开关应选用非自动复位型的，当两条钢丝绳其中一条出现相对伸长量超过允许值或断绳时，该开关切断控制电路，吊笼停车；四是防坠安全器应防止由于外界物体侵入或因气候条件影响而不能正常工作。五是人货两用升降机，其底架上应设置吊笼和对重用的缓冲器。升降机制造单位应严格依照国家的有关法律、法规和国家标准、行业标准生产制造设备，把好产品质量关、监测检验关，确保设备的本质安全。

（3）做好施工机械进场检验至关重要。对于施工升降机这类容易发生群死群伤事故的机械设备，施工单位特别是总包单位一定要做好其进场检验工作。不仅要检查设备的相关资料是否齐备，还要监督设备产权单位对升降机按规定进行检测检验，并督促其加强设备的日常维护保养等。注意其主体结构、传动系统的可靠性，还必须经过试验验证其安全防护装置的灵敏度、可靠性。

案例七：重庆市"06.21"塔吊倒塌事故

1. 事故简介

2007年6月21日，重庆市某标准厂房C幢工程，发生了一起塔吊倒塌事故，造成4人死亡、2人重伤。

该工程建筑面积15806.59m²，工程造价1426.9万元。事故发生时处于基础施工阶段。发生倒塌的塔式起重机型号为QTZ4210型，于2007年5月19日进场。6月3日某私人劳务队受挂靠的设备租赁公司委托，与施工单位项目部签订了塔吊租赁合同，合同中有塔吊安装、拆除等内容。塔吊安装完毕后没有经有关部门验收和备案登记，就于6月3日投入使用。因该工地所使用的两台塔吊安装高度接近，运行中相互发生干扰。劳务队队长指派4人对塔吊进行顶升标准节作业。18时许，将第12节标准节引进塔身就位后，在尚未固定的情况下，塔吊向右转动约为135°时，塔吊套架以上部分向平衡臂方向翻转倾覆，致使塔帽、起重臂、平衡臂坠落至地面。

根据事故调查和责任认定，对有关责任方作出以下处理：设备租赁单位负责人移交司法机关依法追究法律责任。建设单位现场代表、项目经理、监理单位现场总监等13名责任人员分别受到撤职、吊销执业资格、罚款等行政处罚。施工、监理、设备租赁等单位分别受到罚款、暂扣安全生产许可证等行政处罚。责成该工业园区管委会向当地人民政府作出书面检查。

2. 事故原因

1）直接原因

该塔机顶升作业时，操作人员违反了"起重机顶升作业时，使回转机构制动，严禁塔机回转"的安装规定，在标准节引入塔身就位尚未固定的情况下，操作塔机回转，造成塔机倒塌。

2）间接原因

（1）设备租赁公司无塔吊安装资质，违法组织施工人员进行塔机安装和顶升标准节作业。塔机未经验收，就投入使用，在施工的过程中，使用无操作资格的施工员，现场安全管理失控。

（2）施工总包单位未认真执行塔机安装使用的相关规定，造成非法安装塔吊且未经验收就投入使用。塔吊顶升操作人员未经培训，不具备上岗资格。在顶升作业的下方安排施工人员作业，形成立体交叉作业，加重了事故伤害程度。

（3）监理单位未认真履行安全监理职责。该工程总监、现场监理未履行核查塔吊安装验收手续职责，不采取措施制止塔机非法安装和使用。

（4）建设单位未认真履行安全管理职责，未制止该塔吊非法安装和使用。

3. 事故教训

（1）安装、顶升、拆除塔吊必须由取得相应资质的单位完成，操作人员必须具备执业操作证书，熟练掌握安全操作技能。

（2）使用单位应认真执行塔吊安装使用相关规定，塔吊安装后必须组织有关部门进行验收合格方可投入使用。

（3）监理单位应认真履行安全监理职责。核查塔吊安装验收手续，确保安全。

4. 专家点评

这是一起典型的由于无资质、超范围违法施工引发的生产安全责任事故，事故的发生暴露出该工程施工单位机械设备管理失控，违规组织塔式起重机安装作业且未经验收就投入使用、安全管理缺失等问题。我们应认真吸取教训，做好以下几方面工作：

（1）严格把守准入关。安装单位必须取得相应资质，在资质范围内从事塔吊安装、顶升、拆除作业。操作人员必须考取操作证书，熟练掌握基本安全操作技能。

（2）加强过程监管。塔吊顶升属危险性较大的分部分项工程作业，按照相关规定，应设置危险作业区域并指派专人看护，无关人员不得入内，更不得交叉作业。塔吊在拆装顶升过程中必须严格遵守如下几点：一是起重力矩和抵抗力矩必须平衡，二是顶升作业时不得同时进行吊物作业，三是严禁转向回转。

（3）严格设备验收制度。使用单位应遵守相关规定，在塔吊安装后必须组织有关部门进行验收合格后方可投入使用。

案例八：浙江省"02.02"升降机吊笼坠落事故

1. 事故简介

2007年2月2日，浙江省某拆迁安置工程施工现场，发生一起施工升降机吊笼坠落事故，造成4人死亡，直接经济损失90余万元。

该工程为6幢21层的高层建筑，总建筑面积为58122m²。合同造价6337.9万元。事故发生时，6幢高层楼土建工程已完工，并于2007年1月30日下午开始拆卸6幢楼的升降机。2月2日9时许，劳务单位6名施工人员开始拆卸3号楼升降机。根据分工，4人乘载吊笼到井架顶端拆卸吊笼上4根钢丝绳中的3根，留住1根钢丝绳吊住吊笼，地面人员将拆下来的钢丝绳盘绕在卷扬机的小卷筒上。11时许，当钢丝绳拆完后，顶部的4名施工人员进入吊笼，当吊笼往下了7m左右时，溢出在小卷筒上的钢丝绳缠绕到曳引轮和减速器的夹缝中被卡住，吊笼的重力致使钢丝绳被拉断，并迅速从60多米坠落至地面。

根据事故调查和责任认定，对有关责任作出以下处理：劳务单位项目负责人、架子工班长、劳务单位项目安全员等4人移交司法机关依法追究刑事责任。总包项目经理、监理单位项目总监、劳务单位负责人等6名责任人分别受到吊销、暂停执业资格、罚款等行政处罚。总包、监理、劳务等单位分别受到停业整顿、暂扣安全生产许可证、罚款等相应行政处罚。

2. 事故原因

1) 直接原因

地面人员将拆下来的钢丝绳盘绕在卷扬机的小卷筒上。吊笼下降时，钢丝绳溢出小卷筒缠绕到曳引轮和减速器的夹缝中被卡住，吊笼的重力将钢丝绳拉断，吊笼坠落至地面。

2) 间接原因

(1) 架子工班长无视安全生产，组织无升降机拆卸资格的人员拆卸升降机。特别是在2号楼的升降机拆卸后，现场作业人员提出此类井架拆卸太危险，不愿再拆。当他们离开后，该班长再次临时招募无拆卸资格的人员，冒险组织拆卸3号楼升降机。

(2) 劳务分包单位安全生产意识淡薄。劳务用工不规范，尤其在工程收尾阶段，施工现场管理混乱，安全防护措施不落实。升降机拆卸未严格履行报审手续，并将升降机拆卸交付给无升降机拆卸资格的架子工进行，导致事故发生。

(3) 升降机防坠器缺少日常维护。防坠器护罩未能有效阻挡尘土来侵，以致吊笼下坠时，防坠器未能动作，并未起到有效的防坠作用。

(4) 施工单位没有认真履行总包单位安全生产管理职责。对分包的各项业务以包代管。在工程收尾阶段，对施工现场违章作业行为未及时制止，现场安全管理工作不落实。

(5) 监理单位未认真履行安全生产管理的职责。虽未接到关于要求拆卸升降机的报审报告，但现场监理人员在工地巡视中发现升降机正在拆卸，对应报审而未报审的拆卸行为，没有采取有效措施予以制止。

(6) 当地地区改造建设指挥部对辖区内建设项目扫尾阶段放松了安全监管，对施工现场存在的安全隐患，检查督办不力。

3. 事故教训

(1) 施工单位应认真履行总包单位安全生产管理职责。督促分包单位落实各级安全生产责任制和各项专业技术措施，避免以包代管现象。

(2) 劳务分包单位应增强安全生产意识。强化规范劳务用工管理，严禁无拆卸资格的人员违章操作，严格履行报审手续，落实安全防护措施。

（3）监理单位应认真履行监理安全生产管理职责。在工地巡视中发现应报审而未报审的施工行为，必须采取有效措施予以制止。

（4）产权（租赁）单位应严格执行设备检查制度，强化关键部位的日常维护保养，保证安全部件灵敏可靠有效。

4. 专家点评

这是一起由于升降机钢丝绳溢出卷筒，缠绕曳引轮和减速器夹缝发生卡绳并最终造成断绳而引发的生产安全责任事故。事故的发生暴露出该工程安全管理失控、违章组织升降机拆除等问题。我们应认真吸取教训，做好以下几方面工作：

（1）要从法规上进一步明确建设单位主体责任。建设单位应对辖区内建设项目实施全过程安全管理，对存在的安全隐患，立即督办责任单位制定有针对性措施及时整改。这起事故中，由劳务公司架子班长组织升降机拆卸严重违反了相关法律法规的规定，《中华人民共和国建筑法》第十三条规定："从事建筑活动的施工企业……经资质审查合格，取得相应等级的资质证书后，方可在其资质等级许可范围内从事建筑活动。"他们不是专业队伍，更不懂组装工艺，作业前也没有进行安全技术交底。

（2）监理单位应认真履行监理安全生产管理职责。发现施工中有违反安全生产的行为，必须责成责任单位采取有效措施予以制止。

（3）切实加强施工单位机械专业管理。现场设备缺少专职安全生产管理人员的日常检查维护，保养不到位，未按规定进行试验，未能及时发现隐患，防坠器失效的问题未能及时整改。总包单位应认真履行总包单位安全生产管理职责。督促分包单位落实各级安全生产责任制和各项专业技术措施，加强日常协调管理，避免以包代管现象。

（4）进一步完善劳务企业的安全生产主体责任。劳务分包单位应增强安全生产意识，提升企业管理水平。建立健全各项规章制度，严格履行报审手续。强化规范劳务用工管理，严禁人员违章操作，落实安全防护措施。

案例九：河北省"08.19"塔吊倒塌事故

1. 事故简介

2006年8月19日，河北省某幼儿师范专科学校新校区学生宿舍楼工程施工现场在拆除塔吊过程中，发生了一起塔吊倒塌事故，造成3人死亡、1人轻伤，直接经济损失约45万元。

该工程为砖混结构，建筑面积8072m²，合同造价450万元。施工中使用1台QTZ—60型自升式塔吊。17日，项目经理在明知某私人拆装队没有相关资质的情况下，与其关系拆卸事宜，并于18日签订了"塔吊拆除协议书"，由拆装队提供了1份拆卸方案并开始作业。至18日下午，拆装队相继拆除了塔吊上部的第8、第9标准节。19日上午8时继续拆塔，4人爬上25.5m的塔吊，1人在驾驶室操作，1人在引进平台的西北侧，1人在引进平台的东南侧，另1人操作油泵，将起重臂回转至标准节引进方向，塔吊顶升油缸活塞杆伸出将塔吊上部顶起，第7节标准节移出放至引进平台后，发生塔吊重心失稳，自顶部向东整体倒塌。

根据事故调查和责任认定，对有关责任方作出以下处理：项目经理、技术负责人、监理单位项目总监等13名责任人分别受到罚款、吊销执业资格、记过、警告等行政处罚。施工、监理单位分别受到暂扣安全生产许可证、降低资质等级、罚款等相应行政处罚。

2. 事故原因

1) 直接原因

塔吊拆卸人员未按照塔吊说明书中所规定的拆卸程序进行作业，在回缩油缸瞬间，仅靠一侧的爬爪难以承受塔吊上部近9t的重量，致使该侧爬爪受力变形，同时造成顶升油缸一侧板断裂落地，顶升套架急速下滑，另一侧的爬爪受阻断裂落。破坏了塔吊在下落过程中的两侧的杠杆平衡，使塔吊系统重心偏移失衡，平衡配重及平衡大臂力矩发生改变，平衡配重力矩由大减少，上部巨大的冲击力、扭曲力矩造成塔吊基础节主弦、底梁发生扭曲变形，致使基础横梁连接螺栓拉断，基础节连底板拉弯后撕裂，最终塔吊整体倾覆。

2) 间接原因

（1）施工单位项目经理违反有关条例和规程，私自将拆塔做承包给无塔吊拆装资质的个人安装队。安装队未采取可靠安全技术措施，违章指挥，冒险作业是此次事故的主要原因。

（2）现场的监督检查和安全监理不到位，施工单位没有根据现场的环境和条件、塔吊状况，制定拆卸方案，也没有企业技术负责人审批手续。监理单位现场监理人员既未对拆装队伍资质进行审查也未对拆除作业技术方案进行审批，同时也没有对施工现场拆塔工作中的违章行为加以制止，最终导致了事故的发生。

3. 事故教训

这是一起典型的违反安全法规、规范、标准的安全生产责任事故。项目经理将拆塔工作交给无资质的个人安装队，总包单位、监理单位对拆塔方案没有实施审批制度，拆塔作业过程中也没有进行现场管理。个人安装队不具备拆塔作业能力，违反操作规程，冒险蛮干。

4. 专家点评

这是一起由于使用无资质施工队伍违章拆除塔式起重机导致塔身重力失衡倾覆的生产安全责任事故。事故的发生暴露出该工程管理失控，安全生产监督管理严重缺失等问题。我们应认真吸取教训，做好以下几方面工作：

（1）遵章守纪、依法施工。在这起事故中违法、违章的现象十分明显，施工单位将拆塔作业交给没有塔吊安装资质的队伍进行，严重违反了《中华人民共和国建筑法》、《建设工程安全生产管理条例》及其他相关法律、法规的规定。建设工程必须严格控制依法组织施工生产，加强安全生产培训教育，提高生产指挥人员和施工人员的遵纪守法的意识。

（2）严格监管、杜绝违章。塔式起重机的安装与拆卸既是危险作业，也是一项专业技术要求很高的工作，必须按照《建设工程安全生产管理条例》的要求，由具备相应资质、专业技术能力和经验的队伍完成，各种塔式起重机的构造形式、安装方法和要求均有所不同，在安装和拆除前，必须认真研究图纸和说明书，制定有针对性的拆卸方案，并经施工单位的技术负责人和总监进行审批，对所有拆塔人员进行培训和交底。在实施过程中要严格按照工作程序，统一指挥，各司其职，每一道工序完成后要进行检查，确认无误方可进行下一道工序，只有这样才能保证安全。

（3）在这起事故中，总包、监理单位管理缺失，没有对拆塔作业方案进行认真的审批，在拆塔作业过程中也没有进行全过程的监控，从而导致了事故的发生。

案例十：陕西省"05.02"起重机械伤害事故

1. 事故简介

2006 年 5 月 2 日，陕西省某工程施工现场，施工人员在拆除施工电梯时，梯笼突然从 12 楼坠落至地面，造成 4 人死亡。

该住宅楼为剪力墙结构，地下 1 层，地上 22 层，建筑面积 42000m²，在施工过程中使用型号为 SCD200/200A 施工升降机。

2006 年 4 月中旬，工程施工已基本结束，施工单位通知电梯提供单位尽快组织拆除施工电梯。21 日，拆除了电梯钢丝绳和配重，22 日将施工电梯拆至 19 层。此时，由于双方对租赁费的支付产生了分歧，23 日起暂停了拆除作业。由于建设单位催促进度，施工单位负责人在未认真审查该项目部某私人架子队相关资质和技术能力的情况下，于 29 日将该施工电梯拆除任务承包给该架子队组织实施。在机修工和操作工人的配合下，当日架子队将施工电梯拆除至 17 层。架子队 30 日将施工电梯拆除到 15 层时，东侧电梯梯笼出现运行故障，拆除作业暂时停止。5 月 1 日，在反复检测查找后，现场人员更换了损坏的电器配件（二极管）排除了电梯故障。2 日，架子队继续进行施工电梯拆除作业。当日 16 时左右，施工电梯拆至 12 楼时，电梯司机发现电梯西侧梯笼防坠装置又出现卡阻故障。随即机械工长、施工人员、机械工人等 4 人再次对该电梯进行检修。17 时许，4 名正在进行检修的施工人员打开防坠装置端盖，拆除了调整螺母。随后开动梯笼上升，欲使限速器复位，但梯笼在上升过程中滑轮脱离标准节轨道，致使传动机构向西倾斜。随即梯笼在重力作用下急速坠落。

根据事故调查和责任认定，对有关责任方作出以下处理：项目负责人移交司法机关依法追究刑事责任。施工单位经理、项目经理、监理单位项目总监等 13 名责任人分别受到罚款、吊销执业资格、撤职等行政处罚。施工、监理、塔吊制造等单位分别受到暂扣安全生产许可证、停止在当地投标活动半年、罚款等相应行政处罚。

2. 事故原因

1) 直接原因

在排除故障时，梯笼内作业人员卸下了限速器的端盖及调整螺母，欲使限速器复位，但未成功。在限速器端盖打开，调整螺母被拆除的状态下，施工人员开动梯笼上升，再次欲使限速器复位，梯笼上部传动机构离标准节顶端仅有约 1m 距离，致使传动机构在上升过程中滑轮脱离标准节轨道，传动机构向西倾斜，此时驱动装置无法继续控制梯笼动作。随即，梯笼在重力作用下开始下降，而由于调整螺母被拆除，使限速器不能正常工作，致使梯笼快速坠落。

2) 间接原因

(1) 总包单位严重违反国家有关规定，将施工难度大、危险程度高的施工电梯拆除工作交给不具备相应资质和技术能力的架子班负责人组织实施，并且未能及时发现并制止作业人员的违章冒险作业行为。

(2) 监理单位对于拆除施工电梯这样的危险作业，未审核拆除单位的从业资格和拆除方案，在拆除过程中也没有做到旁站式监理和监督，因此不能及时发现并制止作业人员违章冒险作业行为。

（3）施工使用的电梯存在一定的技术缺陷。制造单位在该部施工电梯使用说明书中对有关安全装置——限速器的使用说明描述不完整，特别是对限速器的安全注意事项强调不够，发现施工单位在该机报停后擅自使用和拆除的现象时，未能及时告知该机无防冒顶装置这一隐患。

3. 事故教训

（1）施工单位现场负责人，在出租方未能按时拆除升降机的情况下，片面强调施工进度，将拆除任务交给不具备相应资质和技术能力的私人架子队。在出租方已经对擅自拆除行为发出停工通知后，仍安排人员进行拆除作业，也未能及时发现并制止拆除过程中的冒险违章行为。

（2）架子队组织不具备相应资质和技术能力的人员进行施工电梯拆除作业，在拆除作业中严重违反有关规定，违章拆除了升降机防坠装置的调整螺母，致使安全装置失效。

（3）总包、监理单位对现场的监督检查不到位，对拆除单位的资质、拆除人员的资格、拆除方案的审查、现场拆除作业的安全性都没有进行有效的监督。

4. 专家点评

这是一起由于擅自组织施工电梯拆除作业导致其传动机构脱轨失控而引发的生产安全责任事故。事故的发生暴露出该工程项目负责人违反国家规定，擅自组织施工人员冒险作业等一系列问题。我们应认真吸取教训，做好以下几方面工作：

（1）加强拆装队伍资格预审。施工电梯属于定型设备，为了防止安装拆除过程中发生事故，按照《建设工程安全生产管理条例》中的相关规定，在拆装大型或专业技术要求较高的施工设备时，必须选择具备相应资质、受过专业培训并完成考核、具备相应技术水平的施工队伍和专业人员。

（2）加强拆装方案的编制与审核。拆装单位在施工设备的安装拆除开始之前，必须编制切实可行的方案，方案中应包括拆装工艺、顺序、方法、人员、分工职责、信号指挥、信号传递等。此方案必须经总包技术负责人及监理单位总监进行审批，并在作业前进行安全技术交底。

（3）加强拆装过程的监督与管理。为保证安全运行，施工升降机专门设计了安全装置，包括限速器、上下限位、安全钩、门连锁等。这些安全装置是不允许随意拆除的，如有问题需及时修复。在没有修复前升降机是不能运行的。因此，在拆装过程中，拆装、总包、监理单位的有关人员必须在现场实施全过程的监督，以便发现隐患时及时消除。

案例十一：浙江省"03.22"塔吊伤害事故

1. 事故简介

2006年3月22日，浙江省某商住楼工程施工现场，在塔吊拆卸过程中发生一起爬升架坠落事故，造成3人死亡、1人重伤，直接经济损失60万元。

该商住楼为框剪结构，地下1层，地上5～7层，建筑面积19027m²，合同造价1400万元。事故发生时，工程主体已通过结构验收，进入装饰装修阶段。

2005 年 5 月 8 日，杭州某建筑机械安装有限公司（无塔吊安装拆卸资质，以下简称机械安装公司）借用杭州某建筑施工有限公司（起重设备安装工程专业承包三级，以下简称建筑公司）的名义，与该项目的施工单位签订 2 台塔吊租赁合同。2006 年 3 月 21 日，机械安装公司与私人劳务队（无资质）签订塔吊安拆协议，将塔吊的拆卸作业转包。

22 日 7 时左右，施工人员（不具备相应资格）开始对塔吊进行拆卸作业。至当日 15 时左右，已完成塔机起重臂、平衡臂、司机室和塔顶的拆卸作业。在准备拆卸塔吊回转机构时，由于施工人员已拆除回转机构与爬升架的 4 根销轴联接，致使爬升架失去支撑而沿着塔身滑落。从 31m 高的塔身顶部下滑约 15m，其间，由于爬升架顶升油缸穿入塔身的标准节内，致使爬升架制停。造成在爬升架操作平台中作业的 4 名拆卸人员在其滑落过程中被甩出。

根据事故调查和责任认定，对有关责任方作出以下处理：塔吊拆卸作业承包人、塔吊出租公司负责人和业务员 3 名责任人移交司法机关依法追究刑事责任。施工单位项目经理、技术负责人、总监理工程师等 10 名责任人分别受到相应经济处罚和政纪处分。施工、监理、塔吊拆卸等单位受到相应经济处罚。责成有关责任部门领导向当地政府作出书面检查。

2. 事故原因

1）直接原因

施工人员盲目施工和冒险操作，在没有塔吊拆卸专项方案的情况下，采用错误的步骤拆卸塔吊的回转机构。在未检查并确认顶升横梁挂板是否挂住塔身踏步、爬爪是否处于正确位置以及爬升架有无可靠安全支撑前，拆除回转机构与爬升架的联接销轴，致使爬升架失去支承而沿塔身滑落。

2）间接原因

（1）施工人员缺乏安全常识，未使用安全带，违章作业，自我保护意识差。

（2）塔吊出租单位无资质承揽塔机安装、拆卸业务，并违法转包给无施工资质的个人组织并实施作业。未编制专项施工方案，对施工现场也未采取措施进行有效的安全生产管理。

（3）施工单位违法将塔吊安装、拆卸业务分包给无资质、无安全许可证的企业，同时未能在实施过程中切实履行总承包方的安全生产职责。没有督促工程项目部落实安全管理责任，并进行有效地管理，造成塔吊拆卸过程安全管理工作失控。项目部管理人员对塔吊拆卸的安全作业管理不力，未能制止违章、违规行为。

（4）建筑公司违法出借资质，并为机械安装公司在塔吊安装、拆卸作业中提供技术服务，在塔吊的安装、使用和拆卸中出具报审备案证明，但未对其作业进行安全管理。

（5）监理单位未严格执行《建设工程监理规范》，对施工安全监督失职。未对机械安装公司的施工资质、专项施工方案以及安装、拆卸、使用施工机械的违章、违规行为和作业人员有无作业资格采取有效的监督措施，并予以制止。

3. 事故教训

（1）塔吊的安装与拆卸是事故的多发环节，一旦发生生产安全事故，多会造成群死群伤。并且，塔式起重机的品种、型式多样，爬升机构多样，安装拆卸程序不同，每一种型式有其不同的安装与拆卸方法与步骤，每一个步骤都必须严格按程序进行操作、检查、确认，然后进入下一个步骤，因此安装拆卸方案是不可或缺的操作指导性文件。

（2）安装队伍必须有相应的资质和专业技术能力，操作人员必须经过专业培训持证上岗，掌握安装机型的特点，按程序操作，此次事故的教训主要是：一是无施工方案，凭经验操作并操作错误，发生错误时，无检查和纠正，盲目进行下一步操作。二是安装队伍无资质，操作人员无作业资格，冒险蛮干。三是拆卸过程无有效管理，安全管理失控。

4. 专家点评

这是一起由于违章组织塔吊拆卸且作业顺序存在严重错误造成塔机爬升架滑落而引发的生产安全责任事故。事故的发生暴露出塔吊出租单位违法转包拆装工程，施工、监理单位现场管理缺失等问题。我们应认真吸取教训，做好以下几方面工作：

（1）要有效防止安全管理缺失。这起事故是典型的队伍无资质、施工人员无操作资格、施工无方案、过程无管理的"四无"案件。多年来此类事故屡禁不止，反映出现场安全管理人员、操作人员安全意识淡薄，专业知识缺乏，培训严重缺失，安全管理体系漏洞甚多。

（2）要建立完整的可操作性强的塔吊安全管理程序。施工单位必须明确安全管理的重点内容：一是拆装队伍的选择原则，重点审核队伍有无资质，人员是否有能力；二是针对装拆塔机的特点，制定完整的施工方案，明确操作步骤及操作人；三是确定安全检查负责人，对每一个工序完成后的状态进行检查和确认，然后再进入下一程序。方案应有针对性，要在消化和理解安装对象的安装说明书前提下制定。条款一定是针对装拆对象，不可泛泛而谈，对于特殊机型，方案必须经过专家论证。

（3）要严格贯彻执行相关法规。预防此类事故，管理是关键，制度是保障，从塔机技术上、标准上解决才是最根本的途径。在新版的《塔式起重机安全规程》和《塔式起重机》两个国家标准中，已对类似此案例中由于误操作而引起事故的技术问题，进行了明确规定，在产品构造和机构上进行了规定，以保证此类问题不再发生。

案例十二：云南省"03.17"塔吊倒塌事故

1. 事故简介

2006 年 3 月 17 日，云南省某建设工程施工现场在塔吊顶升作业的过程中，发生一起塔吊倒塌事故，造成 6 人死亡，直接经济损失 160 万元。

该工程为新型干法水泥熟料生产线技改项目，总投资 26353 万元。工程施工中使用和引发事故的塔机其出租单位是云南某机械设备公司，安装单位是昆明某建设工程公司。

当日早上，负责塔吊顶升工作的机长带领 7 名施工人员，进行顶升作业。安装完第 1 个标准节后，操作人员先将第 3 个标准节吊到预定的高度位置，准备将第 2 个标准节推到安装位置。这时候，塔吊的平衡臂、配重、起重臂、塔冒（套架）、驾驶室等主体部分，从第 14 节（28m）的高度倾倒坠落。塔吊后倾翻转 180°落到地上，顶升作业的 6 人随之一起坠落。

根据事故调查和责任认定，对有关责任方作出以下处理：项目经理、副经理、机械负责人等 7 名责任人分别受到吊销执业资格、安全生产考核合格证书、上岗证等行政处罚并给予相应经济处罚。施工、监理、塔机拆装等单位受到降低施工资质等级、暂停投标资格、吊销安全生产许可证等行政处罚及相应经济处罚。责成当地有关责任部门向上级作出书面检查。

2. 事故原因

1) 直接原因

塔吊进行爬升加节安装时，施工人员违反塔吊使用说明书中关于塔机顶升的操作程序。爬升套架上升至最大行程，塔吊上部结构处于不稳定状态。两个爬升轴右侧一个推到最里端起到支承作用，而左侧爬升轴未推到位，没起到支承作用。在左侧爬升轴未进入工作位置的情况下，拆除内套架下端与标准节的连接螺栓，在此状况下起动爬升电机，内套架沿齿条上升脱离标准节的瞬间，塔吊上部结构的载荷由两爬升齿轮转换到完全由右侧爬升轴承担，上部重心向左侧发生偏移。同时，由于平衡臂侧不平衡力矩过大，上部的不平衡力矩在标准节上承担的力臂长度减小，造成标准节与滚轮接触处轮压过大，标准节承担不了塔吊上部的瞬间下坠冲击和滚轮轮压突然增大的载荷变化，左侧后主弦杆下部最先变形失稳，致使塔吊上部结构倾翻坠落。

2) 间接原因

(1) 施工现场管理混乱，塔吊顶升违反《建设工程安全生产管理条例》、《塔式起重机拆装管理暂行规定》和《建筑机械使用安全技术规程》的相关要求。施工总承包单位违法违规，将承接的工程交给不具备法定资质的个人，且管理不力。安装使用单位安全管理不善，使用不具备塔吊安装资格的人员安装塔机，严重违反塔吊安装相关规定。监理单位不履行监理职责，对违规安装塔机未制止、不报告。

(2) 拆装人员对塔吊的构造、原理不清楚，安全意识淡薄。另外，顶升作业前，距塔机 250m 有一处爆破作业，导致施工人员承受了一定的心理压力，上塔后情绪不稳定，对塔吊所处的状态没有认真检查就匆忙开始工作。

(3) 塔吊使用说明书对塔机顶升配平未明确规定配平质量、幅度。套架设计过短，使用说明书对套架锁紧装置和吊重配平可误导为具有同样作用。套架爬升过程中的安全保护考虑不足。塔吊的外套架四套锁紧装置也存在严重缺陷，已失去应有的功能，顶升时由导向轮承担不平衡力矩。

(4) 塔吊发生事故时装有 3 块配重，每块重 1167kg，共约 3500kg。按照说明书的相关参数，计算得出塔机在无风非工作状态下的不平衡力矩为 240.4kN·m，接近塔机最大起重力矩 250kN·m，显然与《塔式起重机设计规范》中"回转塔式起重机应按塔身受载最小的原则确定平衡重质量"的要求不相符合，也使塔吊在升降塔身顶升作业时难于将起重臂和平衡臂配平衡，使顶升作业时不平衡力矩过大。

3. 事故教训

(1) 事故塔吊本身就带有严重缺陷，其外套架四套锁紧装置已失去应有的功能，埋下了事故隐患。但已经安装使用了两个多月，竟无人过问，按安全使用规程要求，在安装前必须对塔机进行全面检查，但此项工作无人做。

(2) 施工人员大部分无操作资格，不具备从事此项工作的基本能力。

(3) 施工现场管理混乱，安装过程无任何监管和检查。此外，在进行顶升作业的过程中，临近地点还同时进行爆破活动，对作业造成一定的干扰。

4. 专家点评

这是一起由于违反塔吊顶升操作程序造成爬升套架锁紧装置失效而引发的生产安全责任事故。事故的发生暴露出该工程机械管理工作失控、缺少日常检查、违章冒险作业等问题。我们应认真吸取教训，做好以下几方面工作：

（1）加强设备选型、施工用人的审查和管理。这起事故，是典型的队伍无资质、人员无能力、施工无方案、过程无监督的"四无"事故。塔吊本身已存在致命缺陷，根本不具备出租和使用条件。2006年，建设部已下发了塔机使用寿命限制性文件，按塔吊的分类规定了相应的安全使用年限，对超过年限的，明确指出必须经过安全评估合格后才能投入使用，而该事故塔吊按此规定已超龄服役。

（2）加强施工过程的管理与控制。首先要健全和完善塔吊安全管理制度，强化塔机拆装资质、人员上岗资格、能力管理，严禁非法分包。施工单位、监理单位以及当地政府相关部门都应加强起重机械生产、拆装和施工的全过程监督管理，有效防止无资质、无方案、无审批、无监管拆装塔吊。

综 合 题

一、填空题

1. 手持电动工具严禁超载使用，作业中应注意音响及温升，当机具温升超过_____时，应停机，_____冷却后再使用。

2. 使用角向磨光机磨削作业时，应使砂轮与工件表面保持_____的倾斜位置，切削作业时，砂轮不得_____，且不得_____。

3. 电动机的集电环与电刷的接触面不得小于满接触面的_____。电刷高度磨损超过原标准_____时应换新。

4. 吊索与物体的夹角宜采用_____，且不得小于_____，吊索与物件棱角之间加_____。

5. 塔式起重机安装后，必须按_____通过后，方可使用。

6. 履带式起重机作业时，起重臂的最大仰角不得超过出厂规定。当无资料可查时，不得超过_____。

7. 起吊物件应捆扎牢固。电动葫芦吊重物行走时，重物离地不宜超过_____m高。

8. 吊篮应做额定起重量_____的静超载实验和_____的动超载实验，要求升降_____，限位装置_____。

9. 在新建的道路上进行碾压作业时，应从_____向_____碾压。碾压时距路基边缘不应少于_____m。

10. 风动凿岩机工作时，当钻孔深度要求2m以上时，应先采用_____钻孔，待钻到1.0~1.3m深度后，再换用_____钻孔。

11. 蛙式夯实机多机作业时，其平列间距不得小于_____m，前后间距不得小于_____m。

12. 打桩机类型应根据桩的_____，_____，_____，_____，_____等综合考虑选择。

13. 桩机导向板的间隙磨损超过_____mm时，应予更换。

14. 深井泵不得在_____情况下空转。水泵的一、二级叶轮应浸于水位_____以下。运转中应经常观察井中水位的变化情况。

15. 喷浆机喷嘴孔径宜为_____mm，当孔径大于_____mm时，应及时更换。

16. 水磨石机宜在混凝土达到设计强度_____时进行磨削作业。

17. 风动铆接工具使用时风压应为_____，最低不得小于_____。

18. 高空焊接或切割时，必须_____，焊接周围和下方应采取_____，并应有_____。

19. 对_____的压力容器及管道，_____承载结构的_____和装有_____、_____物品的容器严禁进行焊接和切割。

20. 当消除焊缝焊渣时，应_____，头部应_____敲击焊渣飞溅方向。

21. 轮式起重机主要分为_____、_____和_____三种。

22. 桅杆式起重机由 _____、_____、_____ 装置和 _____、_____、_____ 机构组成。

23. 静力式光碾压路机一般都是由动力装置、_____、_____、机身和 _____ 等组成。

24. 离心泵的用途可分为清水泵 _____、_____、_____、_____。

25. 混凝土泵车系统由臂架、泵送、_____、_____、_____ 五部分组成。

26. 当布料杆处于全伸状态时，不得移动车身。作业中需要移动车身时，应将上段布料杆 _____，移动速度不超过 _____。

27. 插入式振动器由电动机、_____、_____、_____ 等部分组成。

二、选择题

1. 电钻和电锤为 _____ 断续工作制，不得长时间连续使用。

A. 20%   B. 30%   C. 40%   D. 60%

2. 使用电剪时应根据 _____ 调节刀头间隙量。

A. 剪切速度   B. 钢板厚度   C. 钢板的长宽   D. 电压

3. 履带式起重机起吊载荷达到额定起重量的 _____ 及以上时，升降动作应慢速进行，并严禁同时进行两种及以上动作。

A. 50%   B. 70%   C. 90%   D. 120%

4. 碾压傍山道路时，应由 _____ 碾压，距路基边缘不应少于1m。

A. 外侧向里侧   B. 里侧向外侧   C. 中间向两边   D. 两边向中间

5. 在装完炸药的炮眼 _____ 以内，严禁钻孔。

A. 1m   B. 3m   C. 5m   D. 10m

6. 蛙式夯实机应适用夯实 _____ 的地基地坪及场地平整。

A. 坚硬或者软硬不一   B. 冻土或者混有砖块的杂土   C. 所有的   D. 冻土和素土

7. 桩锤在施打过程中，操作人员必须在桩锤中心 _____ 以外监视。

A. 1m   B. 3m   C. 5m   D. 10m

8. 提起桩锤脱出砧座后，其下滑长度不宜超过 _____，超过时应调整桩帽绳扣。

A. 50mm   B. 100mm   C. 200mm   D. 500mm

9. 潜水泵应装设保护接零或漏电保护装置，工作时泵周围 _____ 以内水面，不得有人、畜进入。

A. 10m   B. 30m   C. 50m   D. 100m

10. 沉桩时，应以桩前的前端定位，调整导轨与桩的 _____，不应使倾斜超过2°。

A. 垂直度   B. 相对距离   C. 平行度   D. 重合度

11. 插入式震动器作业时，震动棒软管的 _____ 不得小于500mm，并不得多于两个弯。

A. 长度   B. 直径   C. 弯曲半径   D. 连接头

12. 钢筋弯曲机芯轴直径应为钢筋直径的 _____，挡铁轴应有轴套。

A. 1倍   B. 2.5倍   C. 3.5倍   D. 5倍

13. 灰浆泵停泵时间较长时，应每隔 _____ 泵送一次，泵送时间宜为0.5min，以防灰浆凝固。

A. 1～2min   B. 2～4min   C. 3～5min   D. 5～8min

14. 氮气瓶和氧气瓶与焊接地不应靠得 _____，不得倒放。

A. 太远，并应平放　　　　B. 太近并应平放

C. 太远，并应直立固定　　D. 太近，并应直立固定

15. 电渣压力焊每个节头焊完后，应停留_____保温，寒冷季节应适当延长。

A. 1～2min　　　　　　B. 5～6min　　　　　C. 8～10min　　D. 10～15min

16. 乙炔发生器，氧气瓶和焊炬相互的距离不得小于_____。

A. 1m　　　　　　　　B. 5m　　　　　　　　C. 10m　　　　　D. 20m

17. 泵车就位后，应支起支腿并保持机身的水平和稳定。当用布料杆送料时，机身倾斜度不得大于_____。

A. 3°　　　　　　　　B. 5°　　　　　　　　C. 8°　　　　　　D. 10°

三、简述

1. 使用射钉枪时应符合什么要求？

2. 简述塔式起重机的主要特点。

3. 简述履带式起重机的构造。

4. 简述单斗挖掘机的构造组成。

5. 简述卷扬机的构造组成。

6. 简述颚式破碎机的构造组成及特点。

7. 简述螺旋式钻孔机的工作原理。

8. 离心泵按叶轮结构可以分为哪几种形式？

9. 简述潜水泵的工作原理。

10. 简述 GW-40 型钢筋弯曲机的工作原理。

11. 起重机的吊钩和吊环严禁补焊。当出现什么情况时应更换？

12. 塔式起重机的混凝土基础应符合什么要求？

13. 施工常用的起重吊装机械有哪几种？

14. 简述高强度螺栓的使用及操作要求？

15. 碎石机作业中应如何操作？

16. 施工升降机作业前重点检查项目应符合如何要求？

17. 挤压操作应符合什么要求？

18. 喷浆泵长期存放前应作何处理？

四、判断题

1. 内燃机起动前，离合器应处于分离位置，起动时离合器应处于啮合位置。（　　）

2. 塔式起重机应有专职司机操作，司机必须持证上岗。（　　）

3. 电动葫芦在额定载荷制动时，下滑位移量不应小于 80mm，否则应清除污垢更换制动环。（　　）

4. 在拉铲或反铲作业时，履带距工作面边缘距离应大于 1.0 mm，轮胎距工作面边缘距离应大于 1.5m。（　　）

5. 压路机转移工地距离较远时，应采用汽车或平板拖车装运，不得用其他车辆拖拉牵运。（　　）

6. 蛙式夯实机夯实填高土方时，应在边缘 100～150mm 以内夯实 2～3 遍后，再夯实边缘。（　　）

7. 吊桩，吊锤回转或行走等动作能够同时进行。（　　）

8. 转盘钻孔机钻架的吊重中心，钻机的卡瓦和护进管中心应在同一垂线上，钻杆中心允许偏差为 0.2m。（　　）

9. 泥浆泵运转中，应经常测试泥浆含沙量。泥浆含沙量不得超过 10%。（　　）

10. 混凝土搅拌机应检查并校正供水系统的指示水量与实际水量一致性。当误差超过 2% 时，应检查管路的漏水点或应校正节流阀。（　　）

11. 混凝土搅拌输送车在运输中，搅拌筒应高速旋转或停转运送混凝土的时间不得超过规定的时间。（　　）

12. 垂直向上泵送中断后再次泵送时，应先进行反向推送，使分配阀内混凝土吸回料斗，经搅拌后再正向泵送。（　　）

13. 钢筋切断机不得剪切直径及强度超过规定的钢筋和烧红的钢筋，一次切断多根钢筋时，其总面积应在规定的范围内。（　　）

14. 灰浆搅拌机运转中，可用手或木棒等伸进搅拌筒内，或在筒口清理灰浆。（　　）

15. 不得用手指试高压无气喷涂机的高压射流，射流严禁正对其他人员。喷涂间隙时，应随手关闭喷枪安全装置。（　　）

16. 对于承压状态的压力容器及管道，带电设备，承载结构的受力部位和装有易燃，易爆物品的容器严禁进行焊接和切割。（　　）

17. 高空焊接或切割时必须系好安全带，焊周围和下方应采取防火措施，并应有专人监护。（　　）

18. 二氧化碳气体瓶宜放在阴凉处，其最高温度不得超过 30℃，并应放置牢靠，不得靠近热源。（　　）

五、叙述题

1. 某施工工地，使用混凝土搅拌机进行混凝土的搅拌，钢筋调直切断机进行钢筋加工。根据已学过的相关安全规程，叙述如何保证以上机械的安全及机械施工的安全？

2. 某工地开始进行一高层建筑的基础施工，使用履带式挖掘机进行基坑开挖，转盘钻孔机进行桩孔的施工。根据已学过的相关安全规程，叙述如何保证以上机械的安全及机械施工的安全？

参 考 文 献

[1] 张庭祥. 通用机械设备（第2版）[M]. 北京：冶金工业出版社，2010.

[2] 纪士斌，李世华，章晶. 施工机械 [M]. 北京：中国建筑工业出版社，2000.

[3] 中央电大建筑施工课程组. 建筑施工技术 [M]. 北京：中央广播电视大学出版社，2002.

[4] 汤振华. 监理员专业基础知识 [M]. 北京：中国建筑工业出版社，2007.

[5] 住房和城乡建设部工程质量安全监管司. [M]. 北京：中国建筑工业出版社，2011.

[6] 张洪. 现代施工工程机械 [M]. 北京：机械工业出版社，2009.

[7] 马铁椿. 建筑设备（第2版）[M]. 北京：高等教育出版社，2009.

[8] 张洪. 贾志绚. 工程机械概论 [M]. 北京：冶金工业出版社，2006.

[9] 成凯. 吴守强，李相锋. 推土机与平地机 [M]. 北京：化学工业出版社，2007.

[10] 卢和铭，刘良臣. 现代铲土运输机械 [M]. 北京：人民交通出版社，2003.

[11] 周萼秋. 邓爱民，李万莉. 现代工程机械 [M]. 北京：人民交通出版社，2004.

[12] 王进. 施工机械概论 [M]. 北京：人民交通出版社，2004.

[13] 黄长礼，刘古岷. 混凝土机械 [M]. 北京：机械工业出版社，2001.

[14] 何挺继，胡永彪. 水泥混凝土路面施工与施工机械 [M]. 北京：人民交通出版社，1999.

[15] 姚谨英. 建筑施工技术 [M]. 北京：中国建筑工业出版社，2002.

[16] 鄂俊太，韩志强，林慕义. 压路机选型及压实技术 [M]. 北京：人民交通出版社，1991.

[17] 黄太巍. 李凤. 现代起重运输机械 [M]. 北京：化学工业出版社，2006.

[18] 张质文，虞和谦，王金诺. 起重机设计手册 [M]. 北京：中国铁道出版社，1998.

[19] 刘佩衡. 塔式起重机使用手册 [M]. 北京：机械工业出版社，2002.

[20] 陈道南. 起重运输机械 [M]. 北京：冶金工业出版社，2003.

[21] 严大考，郑兰霞. 起重机械 [M]. 郑州：郑州大学出版社，2003.

[22] 于庆达. 静液压传动平地机 [J]. 工程机械. 2006 (4)，7-9.

[23] 宗存元. 推土机铲刀自动找平控制系统 [J]. 建筑机械. 2006 (4)，76-77.